新工科·普通高等教育机电类系列教材

PLC编程控制实战

主　编　黄辉宇　杨　洋

副主编　龙建宇　张　斐　李东洋

参　编　左　力　周护朋　宋振中　万君社

主　审　齐晓杰

机械工业出版社

本书编写的目的是使读者能快速具备生产现场电气工程师的编程能力，并掌握调试方法。全书注重学用结合、学训结合，以 GX Works3 软件与 EasyBuilder Pro 应用软件为工具，以实训设备为平台，以项目任务为引导，采用取自生产实际的先进案例进行示范教学，并辅设实战训练题目进行同步训练，使读者从 PLC 编程控制，到触摸屏界面设计，再到实训设备的实际操作调试，由浅入深地快速掌握复杂逻辑编程的方法和技巧。本书学习过程要求读者同步操作训练，书中分单元提供了同步训练的题目，以强化读者的实战能力。

本书的编写特点是紧密结合先进自动化技术控制生产实际，以掌握 PLC 编程控制能力和技巧为出发点，以实操调试过程为提升手段，力求简单明了，使读者在学习与实践中快速掌握实际工程项目的解决方法，以便快速完成编程及调试工作。

本书可作为应用型本科、高职院校相关专业产学融合的教材使用，也可作为制造业企业自动化控制领域人才培训的参考教材。

图书在版编目（CIP）数据

PLC编程控制实战 / 黄辉宇，杨洋主编. -- 北京 ：机械工业出版社，2024. 9. --（新工科·普通高等教育机电类系列教材）. -- ISBN 978-7-111-76575-2

Ⅰ. TM571.6

中国国家版本馆CIP数据核字第2024AF7275号

机械工业出版社（北京市百万庄大街22号　邮政编码100037）
策划编辑：段晓雅　　　　责任编辑：段晓雅
责任校对：曹若菲　刘雅娜　　封面设计：张　静
责任印制：刘　媛
唐山三艺印务有限公司印刷
2024年11月第1版第1次印刷
184mm × 260mm · 12.75印张 · 314千字
标准书号：ISBN 978-7-111-76575-2
定价：43.60 元

电话服务　　　　　　　　网络服务
客服电话：010-88361066　　机　工　官　网：www.cmpbook.com
　　　　　010-88379833　　机　工　官　博：weibo.com/cmp1952
　　　　　010-68326294　　金　　书　　网：www.golden-book.com
封底无防伪标均为盗版　　机工教育服务网：www.cmpedu.com

前 言

随着社会经济的快速发展以及电子信息技术的不断完善，电气自动控制技术得到了突飞猛进的发展，极大地促进了航空航天、医学、交通、现代制造技术、人工智能等技术的发展，很多行业已经开始将自动控制技术作为生产中的重要装备技术。在各个领域，电气自动控制都充分发挥着自己的作用，对社会进步做出了巨大贡献。

过去的电气控制主要是以低压电器件为主，结构复杂，功能单一，保护功能不完善，因此新型电气控制系统应运而生。如对电动机的软起动、变频起动、步进伺服控制等，使运动更精准，且电路简单，功能齐全，加之可以与 PLC、触摸屏相结合，轻松实现智能自动控制，因此 PLC、触摸屏及步进伺服的应用会越来越广泛。行业的发展离不开高素质技术技能人才，为培养行业发展急需的卓越工程师人才，推动“3+1，T 型”厚基础、宽口径的新工科专业改革与建设，编写了本书。

为了更好地解决工程人才培养中工程思维、实战训练难培养的瓶颈，本书突显以下特色。

1）以立德树人为核心。PLC 控制技术是电气自动控制相关专业的核心课程，本书育人育才并重，深入挖掘课程的思想政治教育资源，坚定社会主义核心价值观，传授基础知识，紧抓技能训练，突出实践教学，使学生在掌握知识体系的同时，锻炼动手操作能力，培养学生自强不息、爱岗奉献的精神和团结协作、勇于创新的意识，强化学生精益求精、零缺陷、无差错的工匠精神，提升学生的职业综合素养。

2）以典型项目为主。本书有 5 个项目、多个典型任务，采用“项目引导+知识支撑+案例教学+实战训练+成果评价”的学工、学做、学创一体化教学模式，强化学生的工程意识和工程素养，引导学生树立热爱工业自动化制造技术、提升国家工业实力的理想信念，厚植学生的爱国主义情怀。

3）坚持产教融合。本书在编写过程中，坚持企业“典型性、实用性、先进性”应用案例进教材的原则，分别以 PLC、变频器、伺服控制系统、触摸屏等电气控制典型案例为项目任务，将行业企业典型、实用、操作性强的工程项目引入教材，读者可以举一反三，直接将其用于工控系统的设计以及解决工作岗位现场安装、操作、控制等方面遇到的问题。

本书由黄辉宇、杨洋担任主编，龙建宇、张斐、李东洋担任副主编，左力、周护朋、宋振中、万君社参与编写，全书由齐晓杰教授主审。

限于编者水平，书中不足之处在所难免，恳请读者批评指正。

编 者

目　录

01

项目一

>>>>> PLC应用认知与体验

单元1 认识 PLC

一、任务概要

任务目标：了解 PLC 控制的基本知识，熟悉 PLC 可编程序控制系统的组成，掌握 PLC 的工作原理及编程语言。

任务要求：通过 PLC 的硬件结构组成、CPU 模块组成、PLC 运行模式下的工作过程、PLC 的 I/O 分配表及接线讲解和实战练习，让学生了解 PLC 的基本结构，掌握可编程序控制系统的组成知识，使学生熟悉 PLC 的工作原理及编程语言。

条件配置：GX Works3 软件，Windows 7 以上系统计算机，PLC 控制实操训练台。

任务书：

任务名称	熟悉 PLC 可编程序控制技术的基本知识，通过练习能够独立绘制 I/O 分配表及接线图
任务要求	能够为具体给定任务用 Excel 表格制作 I/O 分配表，能够在 PLC 控制实操训练台上按接线图完成硬件线路连接
任务设定	1. 为具体给定任务绘制 I/O 分配表 2. 在 PLC 控制实操训练台上按接线图完成硬件线路连接 3. 通电测试，符合要求
预期成果	按给定任务制定 PLC 控制器 I/O 分配表；按给定接线图在 PLC 控制实操训练台上完成接线，通电测试合格

二、单元知识

1. 认识 PLC

PLC 是一种数字运算操作的电子系统，专为工业环境应用而设计，是工业控制的核心部分。PLC 具有高可靠性、编程简单、使用方便、适用于恶劣的工业环境、体积小及扩展方便等特点。图 1-1、图 1-2 所示为不同品牌 PLC。它们采用了可以编制程序的存储器，用来在其内部存储执行逻辑运算、顺序运算、计时、计数和算术运算等操作的指令，并能通过数字式或模拟式的输入和输出，控制各种类型的机械或生产过程。PLC 及其有关的外围设备都应该按照易于与工业控制系统形成一个整体，易于扩展其功能的原则而设计。

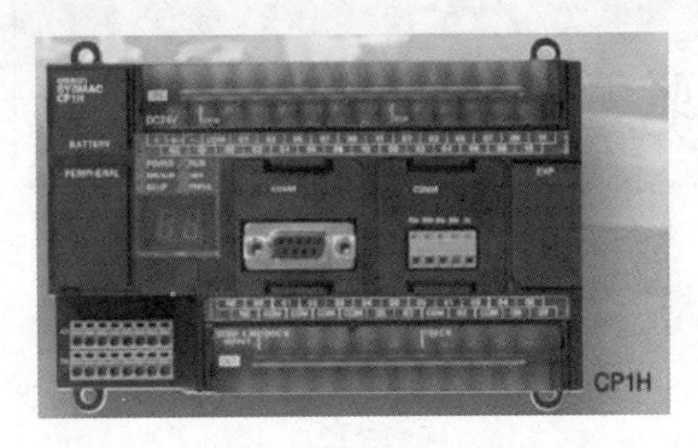

图 1-1 欧姆龙 PLC

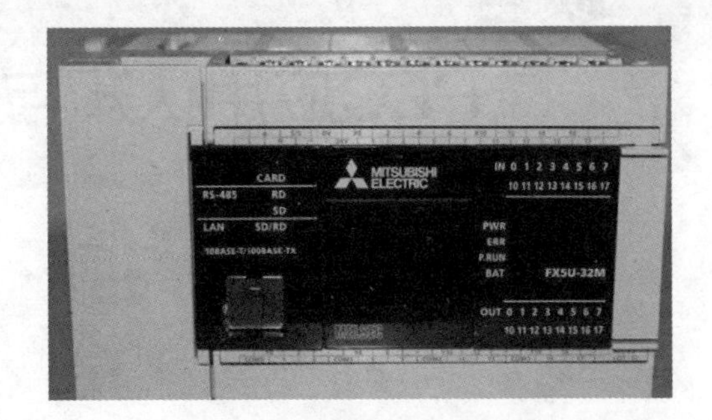

图 1-2 三菱 iQ-F 系列 PLC

下面针对本课程用到的三菱新型产品 iQ-F 系列 PLC 中的 FX5U-32MT/ES 控制进行详细的介绍。

2. iQ-F 系列 PLC 型号体系

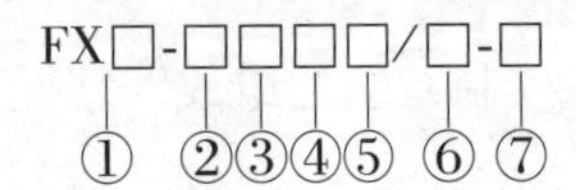

① CPU 分类：FX5U、FX5UJ、FX5UC 等。

② 类型分类。

- C：扩展连接器型。
- 无：扩展电缆型。

③ 输入、输出合计点数：8、16、24、32、40、64、80、96 等。

④ 模块分类。

- M：CPU 模块。
- E：输入、输出混合的扩展模块。
- EX：输入扩展模块。
- EY：输出扩展模块。

⑤ 输出形式。

- R：继电器输出。
- T：晶体管输出。

⑥ 电源、输入/输出方式。

- ES 电源：AC；输入形式：DC24V、漏型/源型；晶体管输出形式：漏型。
- ESS 电源：AC；输入形式：DC24V、漏型/源型；晶体管输出形式：源型。
- DS 电源：DC；输入形式：DC24V、漏型/源型；晶体管输出形式：漏型。
- DSS 电源：DC；输入形式：DC24V、漏型/源型；晶体管输出形式：源型。
- D 电源：DC；输入形式：DC24V、漏型；晶体管输出形式：漏型。

⑦ 其他末尾符号。

- H：高速输入/输出功能扩展。
- TS：弹簧夹端子排。

例如，FX5U-32MT/ES，含义为扩展电缆型，16 输入、16 输出，合计 32 点数，AC 电源、DC24V 输入，晶体管漏型输出的 CPU 模块。

3. FX5U 控制器各部位的名称

FX5U 控制器各部位的名称如图 1-3 所示：

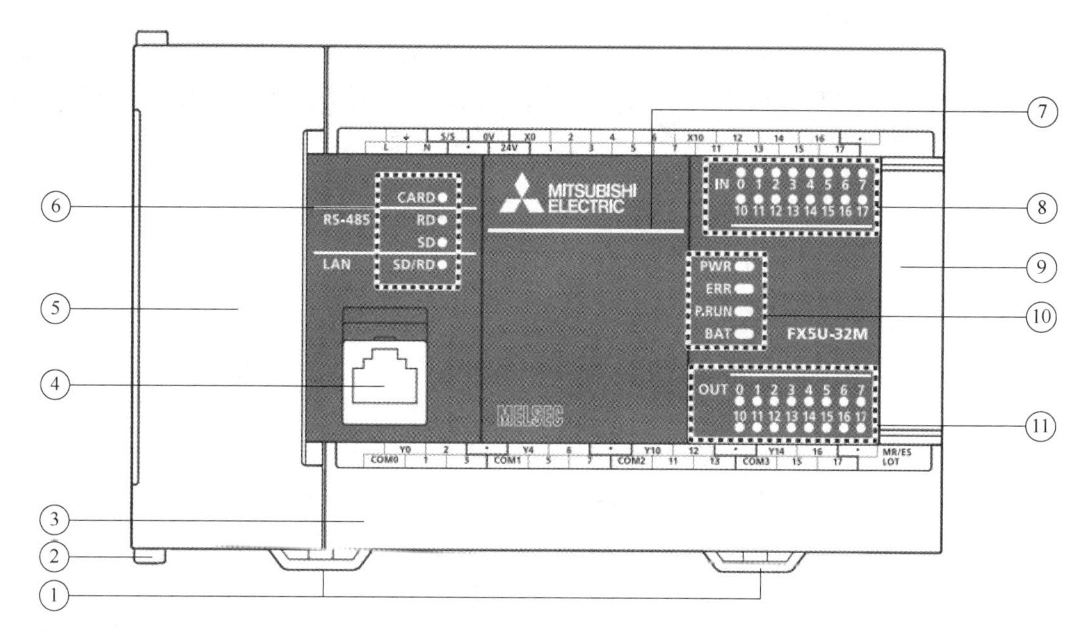

图 1-3　FX5U 控制器各部位的名称

① DIN 导轨安装用卡扣。用于将 CPU 模块安装在 DIN46277（宽度 35mm）的 DIN 导轨上。

② 扩展适配器连接用卡扣。连接扩展适配器时，用此卡扣固定。

③ 端子排盖板。保护端子排的盖板，连接线时可打开此盖板作业，运行（通电）时，应关上此盖板。

④ 内置以太网通信用连接器。用于连接支持以太网设备的连接器。

⑤ 上盖板。用于保护 SD 存储卡槽、RUN/STOP/RESET 开关等。

⑥ CARD LED。显示 SD 存储卡是否可以使用。

- 灯亮：可以使用，或不可拆下。
- 闪烁：准备中。
- 灯灭：未插入，或可拆下。

RD LED：用内置 RS-485 通信接收数据时灯亮。

SD LED：用内置 RS-485 通信发送数据时灯亮。

SD/RD LED：用内置以太网通信收发数据时灯亮。

⑦ 连接扩展板用的连接器盖板。用于保护连接扩展板用的连接器、电池等。

⑧ 输入显示 LED。输入接通时灯亮。

⑨ 次段扩展连接器盖板。用于保护次段扩展连接器，并将扩展模块的扩展电缆连接到位于盖板下的次段扩展连接器上。

⑩ PWR LED。显示 CPU 模块的通电状态。

ERR LED。显示 CPU 模块的错误状态。

P. RUN LED。显示程序的动作状态。

BAT LED。显示电池的状态。

⑪ 输出显示 LED。输出接通时灯亮。

4. PLC 的内部结构

PLC 主要由 CPU 模块、输入模块、输出模块、电源和编程器（或编程软件）组成，CPU 模块通过输入模块将外部控制现场的控制信号读入 CPU 模块的存储器中，经过用户程序处理后，再将控制信号通过输出模块来控制外部控制现场的执行机构。PLC 的内部结构如图 1-4 所示。

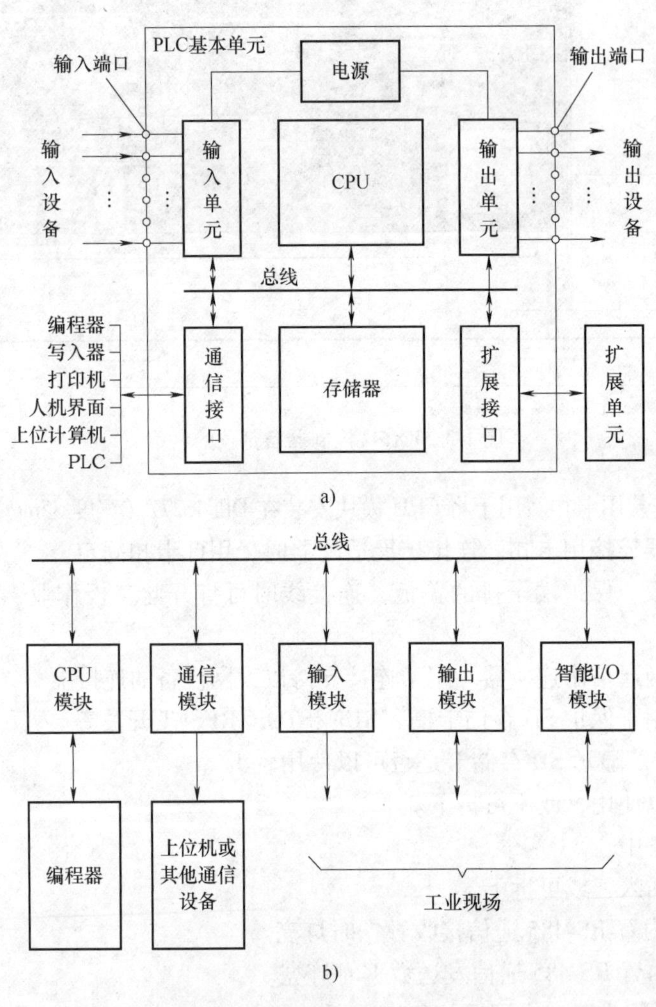

图 1-4 PLC 的内部结构

（1）中央处理单元（CPU）模块 PLC 的 CPU 模块由 CPU 芯片和存储器组成。CPU 是 PLC 的核心部件，整个 PLC 的工作过程都是在 CPU 的统一指挥和协调下进行的，它包括微处理器和控制接口电路。

微处理器是可编程序控制器的运算控制中心，由它实现逻辑运算、数学运算，协调控制系统内部各部分的工作。它的运行是按照系统程序所赋予的任务进行的，主要任务如下。

1）控制、接收与存储来自编程器的用户程序和数据。

2）进行自诊断（电源、PLC 内部电路、语法错误）。

3）执行用户程序。用扫描的方式接收现场输入信号的状态或数据（开关量/模拟量），并存入输入映像寄存器或数据存储器中。

4）执行用户程序时，从存储器逐条读取指令，经过命令解释后按指令规定的任务进行数据传递、逻辑运算或算术运算等。

5）根据运算结果，更新有关标志位的状态和输出映像寄存器的内容，再经由输出部件实现输出控制、制表打印或数据通信等功能。

6）控制接口电路是微处理器与主机内部其他单元进行联系的部件（实现信息交换、时序配合），主要有数据缓冲、单元选择、信号匹配、中断管理等功能。

（2）存储器

1）随机存取存储器（RAM）：可读可写，没有断电保持功能。

2）只读存储器（ROM）：只读，不能写。

3）可擦除可编程序的只读存储器（EPROM）：具有非易失性，若用紫外线照射芯片上的透镜窗口，可以擦除已写入的内容，写入新内容。

4）可电擦除（EPPROM）存储器：是非易失存储器，兼有 ROM 的非易失性和 RAM 的随机存取的优点，但价格比较高。

5. 开关量输入/输出（I/O）接口

PLC 与工业过程相连接的接口即为 I/O 接口。I/O 接口有两个要求：一是接口有良好的抗干扰能力，二是接口能满足工业现场各类信号的匹配要求，所以接口电路一般都包含光电隔离电路和 RC 滤波电路。

（1）开关量输入接口　开关量输入电路的作用是将现场的开关量信号变成 PLC 内部处理的标准信号。开关量的输入形式可分为漏型和源型。PLC 输入回路使用外部电源的结构如图 1-5、图 1-6 所示。

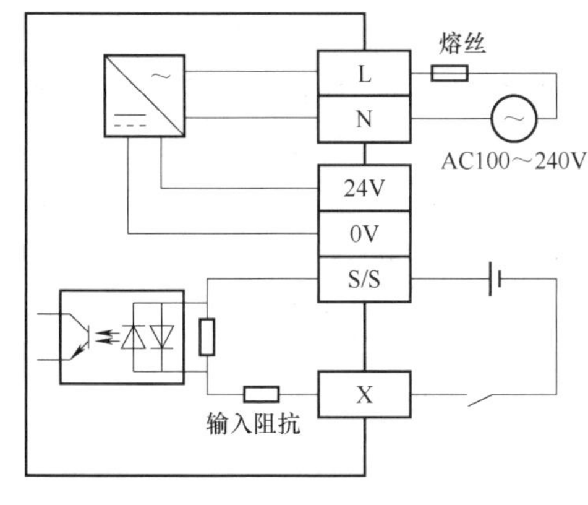

图 1-5　漏型输入接线

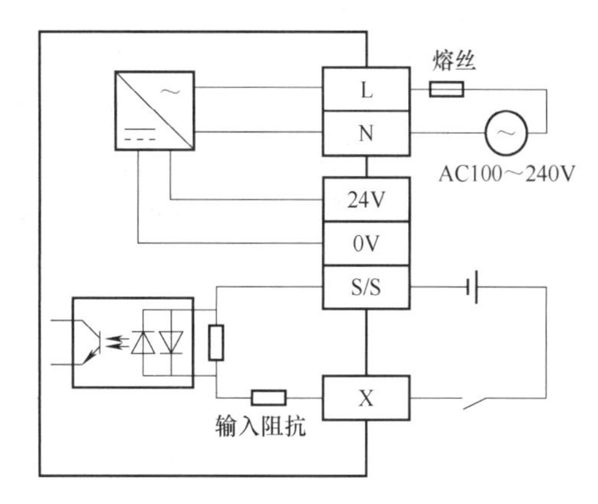

图 1-6　源型输入接线

（2）开关量输出接口　开关量输出电路的作用是将 PLC 的输出信号传送到用户输出设备（负载）。开关量输出电路可分为三类：直流输出接口，交流输出接口，交直流输出接口。按输出开关器件的种类不同，开关量输出电路也可分为三类，即继电器输出型、晶体管漏型输出型和晶体管源型输出型，分别如图 1-7~图 1-9 所示。

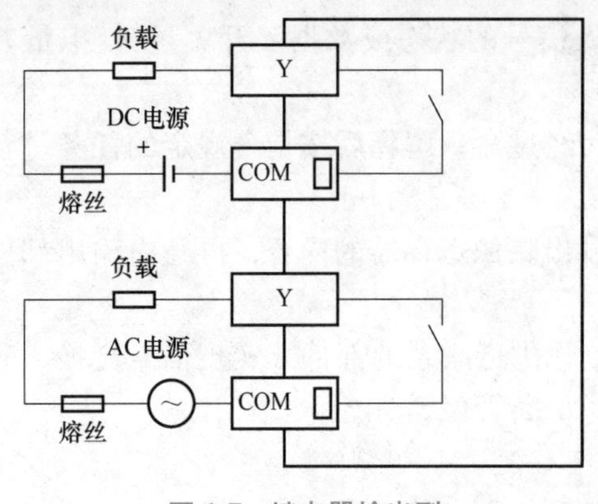

图 1-7　继电器输出型

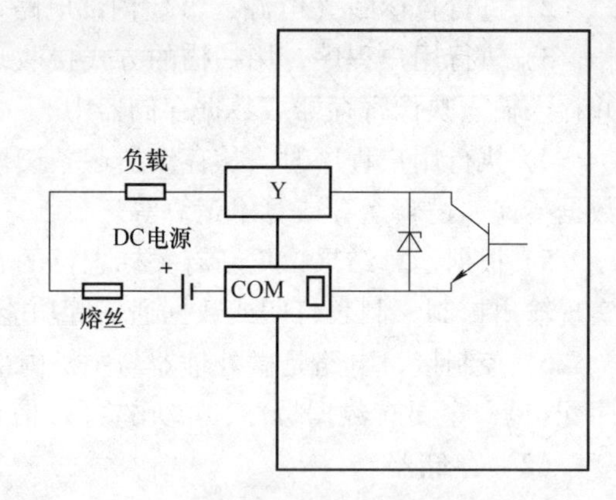

图 1-8　晶体管漏型输出型

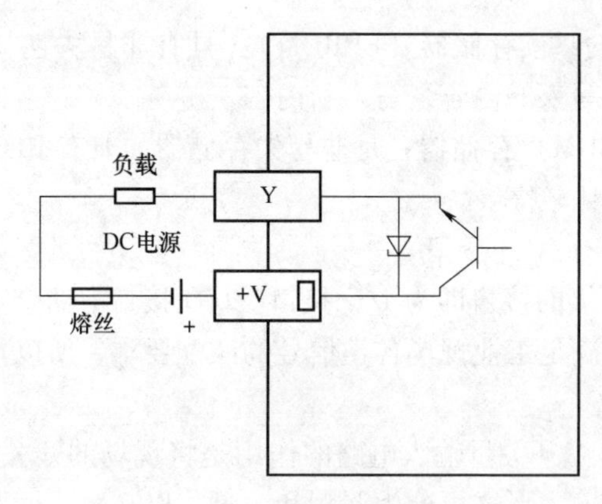

图 1-9　晶体管源型输出型

6. PLC 的控制系统

（1）接线程序控制系统　在传统的继电器和电子逻辑控制系统中，完成控制任务的逻辑控制部分是用导线将继电器、接触器、电子元件等连接起来的。这种控制系统称为接线程序控制系统，逻辑程序就在导线连接中，所以也称为接线程序。在接线程序控制系统中，控制功能的更改必须通过改变导线的连接才能实现。如图 1-10 所示。

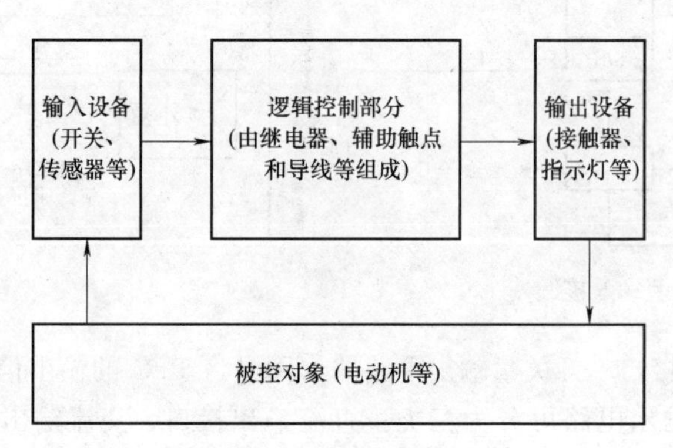

图 1-10　接线程序控制系统

（2）存储程序控制系统　所谓存储程序控制，就是将控制逻辑以程序语言的形式存放在存储器中，通过执行存储器中的程序实现系统的控制要求。在存储程序控制系统中，控制功能的更改只需改变程序而不必改变导线的连接就能实现。可编程控制系统就是存储程序控制系统，由输入设备、可编程序控制器内部控制电路、输出设备三部分组成，如图 1-11 所示。

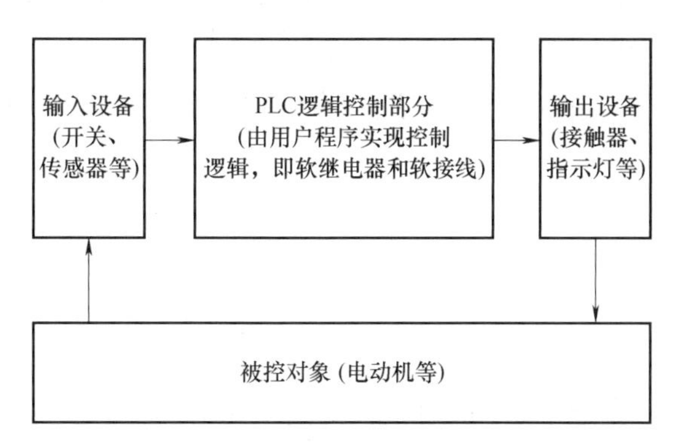

图 1-11　存储程序控制系统

7. 三菱 FX5U-32MT PLC 端子台排列及其功能

PLC 端子台排列如图 1-12 所示。

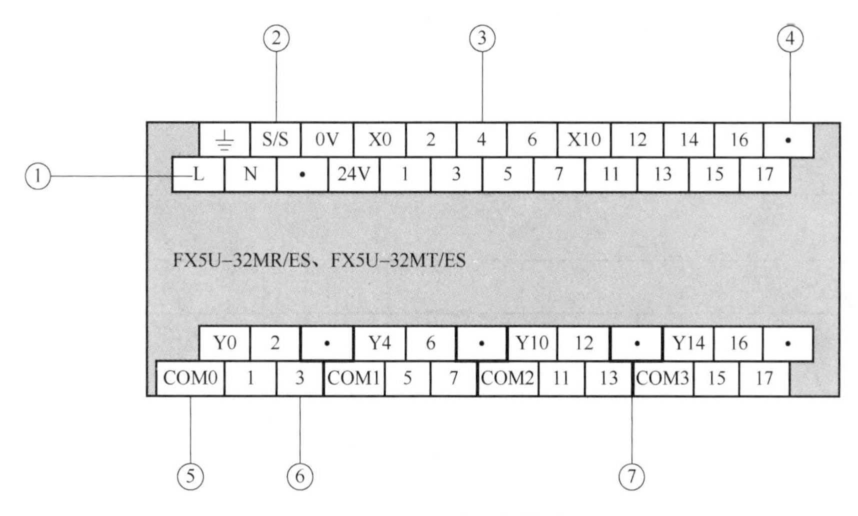

图 1-12　PLC 端子台排列

① 电源端子。

② 输入公共端端子。

③ 输入端子。

④ 空端子（请勿使用）。

⑤ 输出公共端端子（4 点/公共端）。

⑥ 输出端子。

⑦ 分割线。

8. 三菱 FX5U-32MT PLC 接线图样

输入、输出端子接线方式如图 1-13、图 1-14 所示。

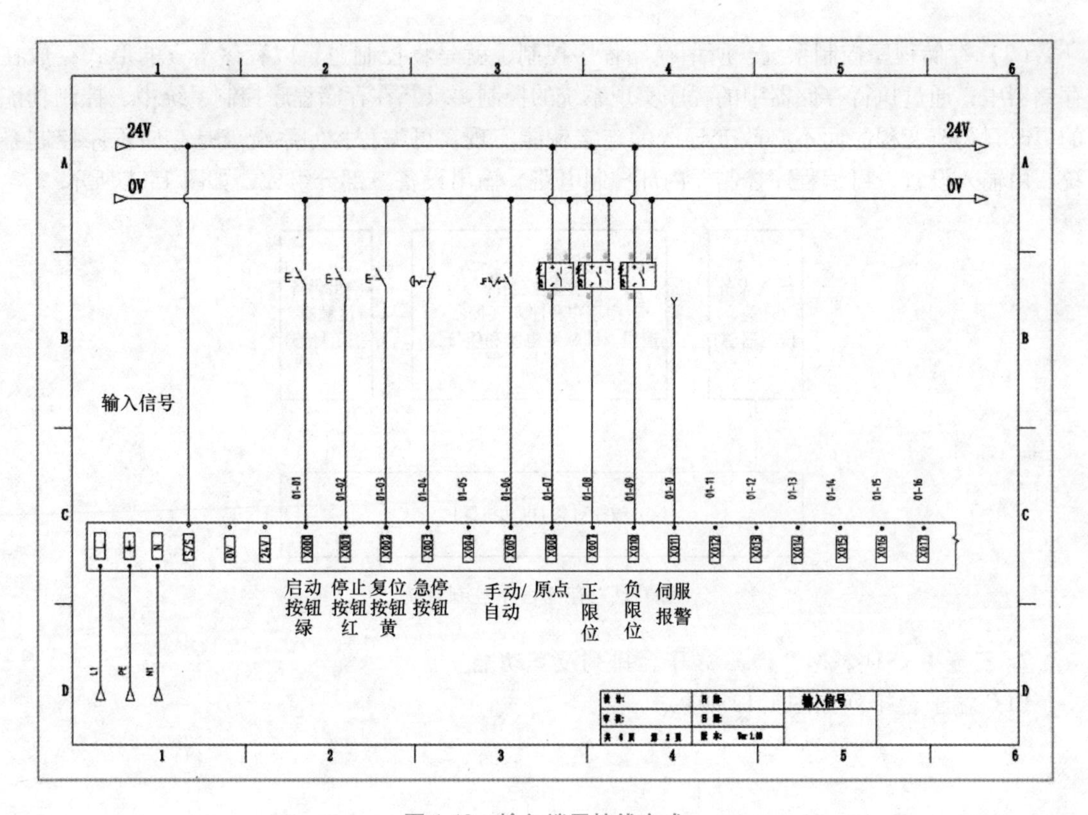

图 1-13　输入端子接线方式

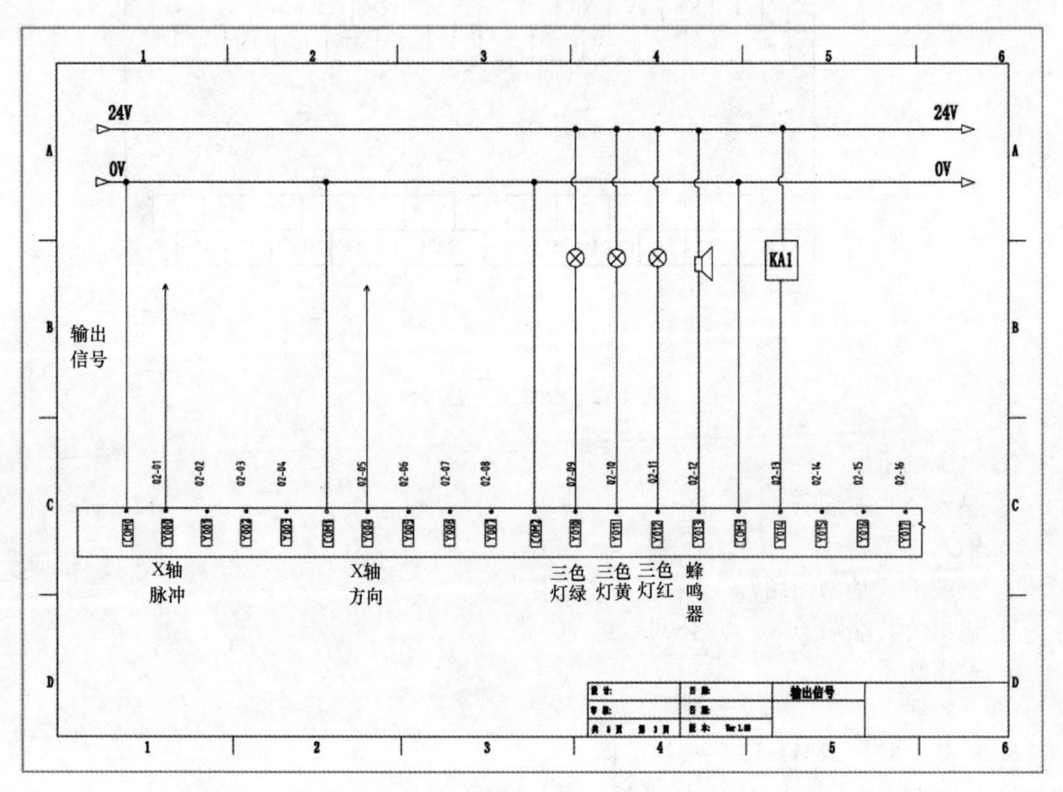

图 1-14　输出端子接线方式

三、思考题与习题

思考 1： PLC 的硬件结构由哪几部分组成？各有什么作用？
思考 2： FX5U-32MT/ES 的含义是什么？
思考 3： PLC 为什么广泛应用于工业领域？

单元 2 认识 GX Works3 编程软件

一、任务概要

任务目标： 了解 GX Works3 软件的基本知识，掌握 GX Works3 软件编程的常用命令和编程方法，能够独立完成 GX Works3 软件程序编写的工作流程。

任务要求： 掌握 GX Works3 软件程序的新建、编写、下载、监视等操作过程，熟练掌握软件编程方法和技巧。

条件配置： GX Works3 软件，Windows 7/10 系统计算机。

任务书：

任务名称	用 GX Works3 软件编写电动机起动、停止程序，并调试运行
任务要求	用 GX Works3 软件完成程序新建、编写、下载、监视、调试等操作
任务设定	1. 按要求完成接线 2. 新建程序、编写程序 3. 完成下载、在线调试程序，监视调试合格
预期成果	用 GX Works3 软件编写电动机起动、停止程序，完成程序新建、编写、下载、监视、调试等操作，监视调试合格

二、单元知识

GX Works3 是三菱公司用于以 MELSEC iQ-R 系列/MELSEC iQ-F 系列为首的可编程控制器的设置、编程、调试和维护的工程工具。与以往的 GX Works2 相比，GX Works3 提高了功能和操作性，更易于使用。

1. GX Works3 的主要功能

（1）程序创建功能　可以使用与处理内容对应的语言进行编程，主要有梯形图程序、ST 程序、FBD/LD 程序和 SFC 程序，如图 1-15 所示。

（2）参数设置功能　可以设置 CPU 模块的参数、输入/输出及智能功能模块的参数。参数设置界面如图 1-16 所示。

（3）CPU 模块的写入/读取功能　通过写入至可编程控制器/从可编程控制器读取功能，可以对 CPU 模块写入/读取创建的顺控程序。此外，通过 RUN 中写入功能，可以在 CPU 模块为 RUN 的状态下更改顺控程序。

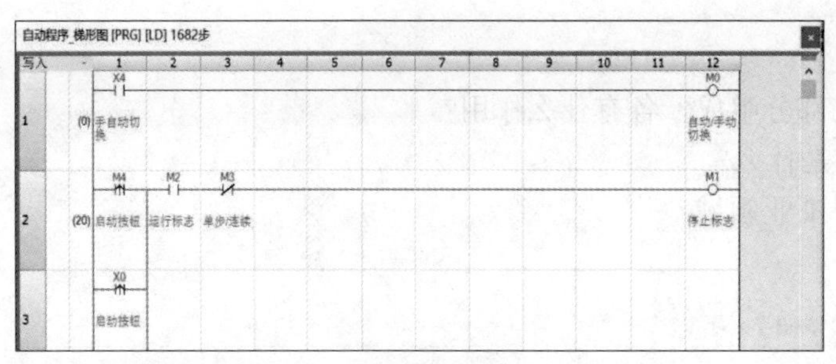

a) 梯形图程序

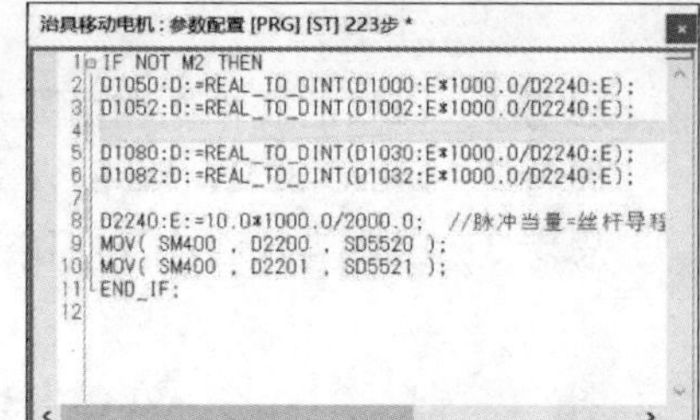

b) ST程序

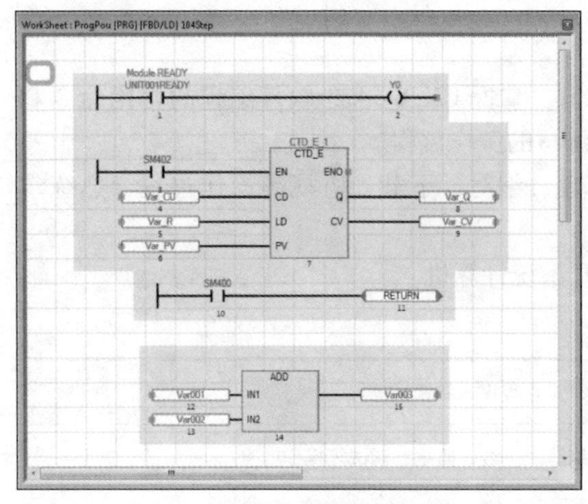

c) FBD/LD程序

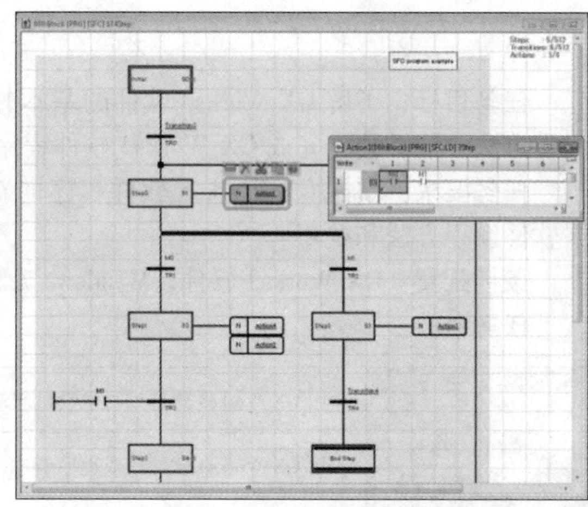

d) SFC程序

图 1-15　常用编程语言

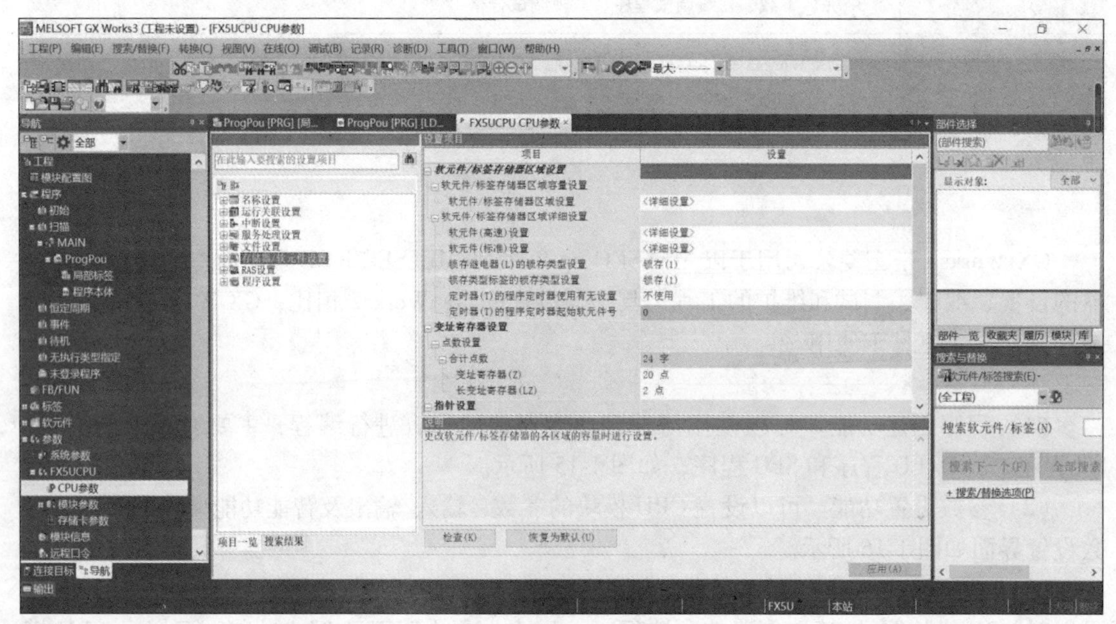

a) CPU模块参数设置界面

图 1-16　参数设置界面

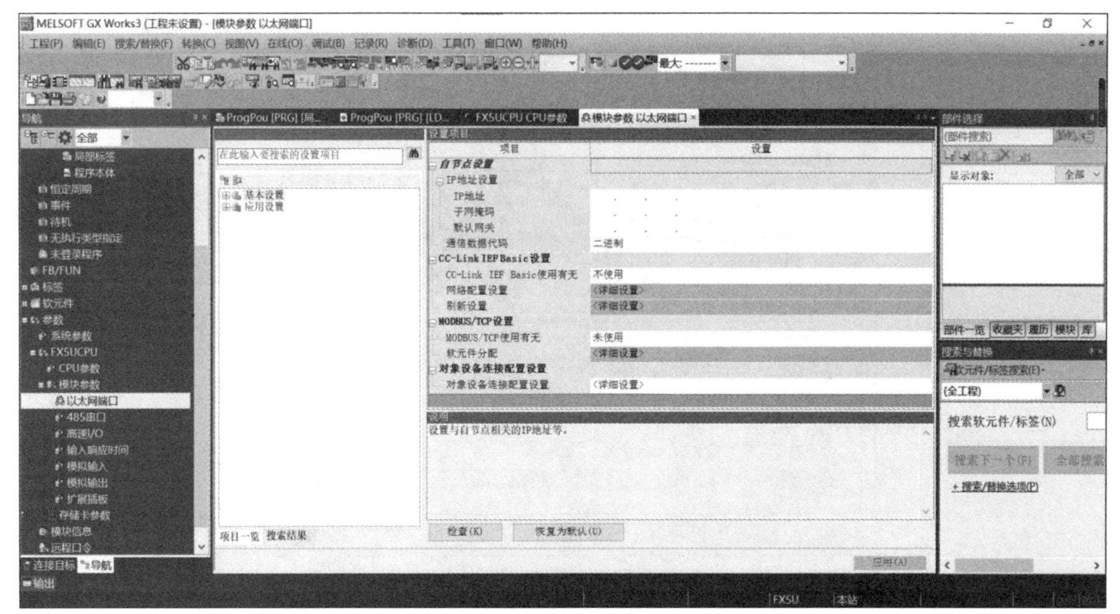

b) 模块参数设置界面

图 1-16　参数设置界面（续）

（4）监视/调试功能　可以将创建的顺控程序写入到 CPU 模块中，并对运行时的软元件值等进行监视。即使未与 CPU 模块连接，也可使用虚拟可编程控制器（模拟功能）来调试程序。监视/调试界面如图 1-17 所示。

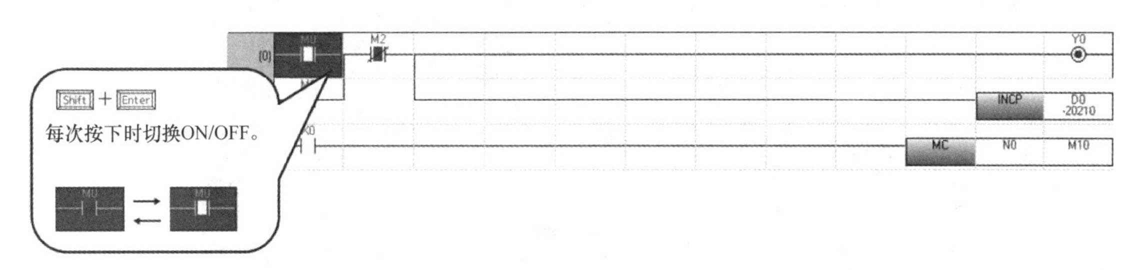

图 1-17　监视/调试界面

（5）模块诊断功能　可以对 CPU 模块及网络当前的错误状态及错误履历等进行诊断。通过诊断功能可以缩短恢复作业的时间。此外，通过系统监视可以识别关于智能功能模块等的详细信息，因此，发生错误时的恢复作业时间可以进一步缩短。模块诊断界面如图 1-18 所示。

2. GX Works3 程序的创建与下载

（1）创建文件　双击计算机桌面上的“GX Works3”图标，或者从菜单栏选择“开始”→“程序”→MELSOFT→“GX Works3”，单击对应执行程序，即可打开 GX Works3 软件。打开后软件工作界面如图 1-19 所示。

（2）新建工程　选择“工程”→“新建”，弹出“新建”对话框，在“系列”下拉列表中选择 FX5CPU，“机型”为 FX5U，“程序语言”选择“梯形图”，如图 1-20 所示。

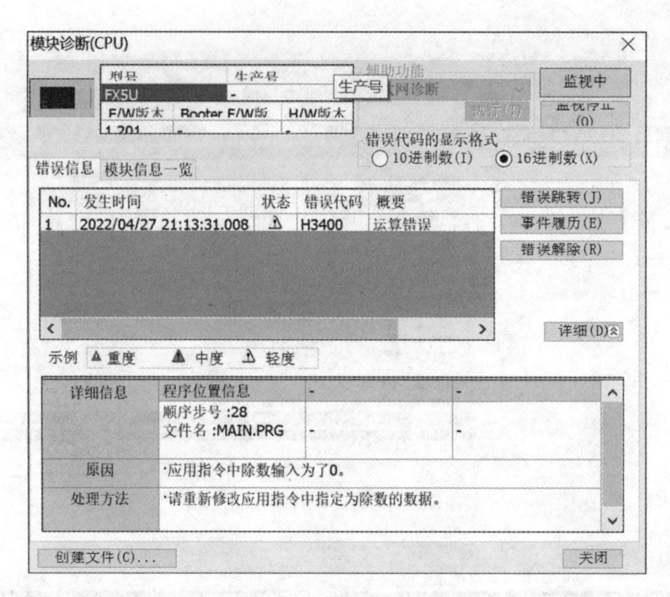

图 1-18　模块诊断界面

图 1-19　软件工作界面

（3）编程界面　设置完成后，单击“确定”按钮，弹出如图 1-21 所示的软件编程界面。编程界面主要由标题栏、菜单栏、工具栏 、工作窗口、交叉参照窗口、导航窗口、监看窗口、状态栏、部件选择窗口等构成。

编程界面各组成部分：

① 标题栏。

② 菜单栏。

③ 工具栏。

a) 新建工程

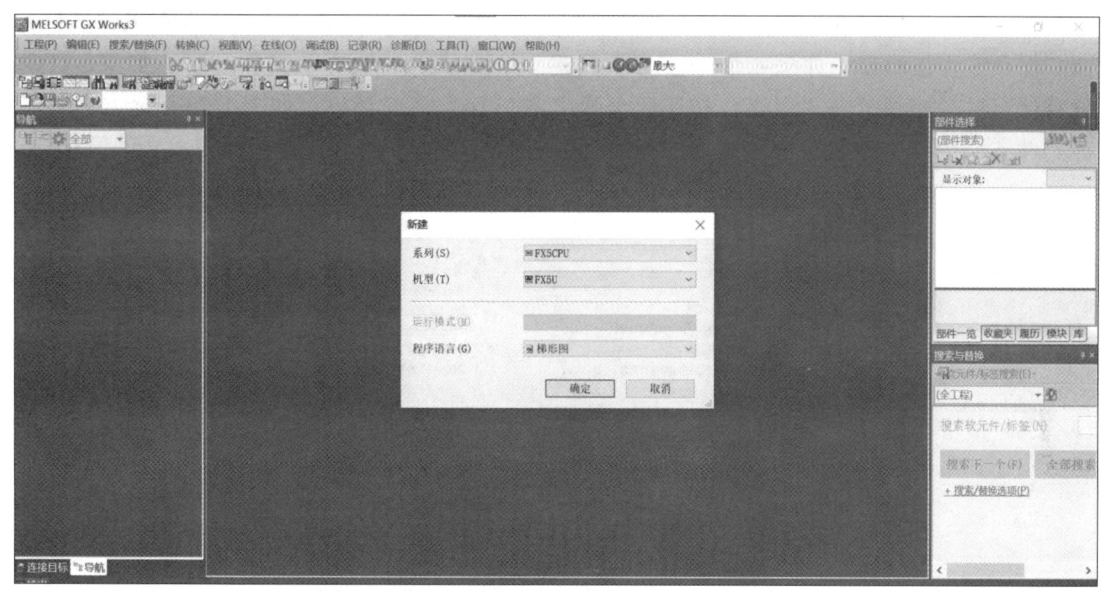

b) 选择PLC型号

图 1-20　新建工程操作界面

④ 工作窗口。

⑤ 交叉参照窗口。

⑥ 导航窗口。

⑦ 监看窗口。

⑧ 状态栏。

⑨ 部件选择窗口。

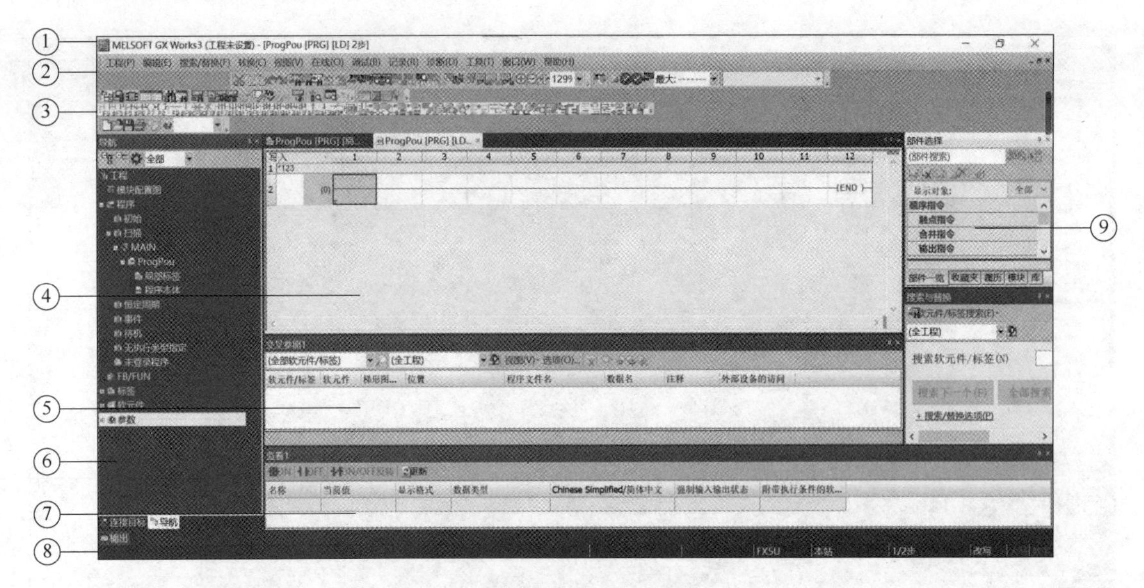

图 1-21　软件编程界面

（4）保存工程　在创建工程的过程中，保存工程至关重要，要养成经常保存工程的好习惯。保存工程很容易，如果一个工程已经存在，只要单击“保存”按钮即可。如果此工程没有保存过，那么单击“保存”按钮后会弹出“另存为”对话框，如图 1-22 所示。选中保存文件夹，在“文件名”中输入要保存的工程名称，单击“保存”按钮即完成文件保存。

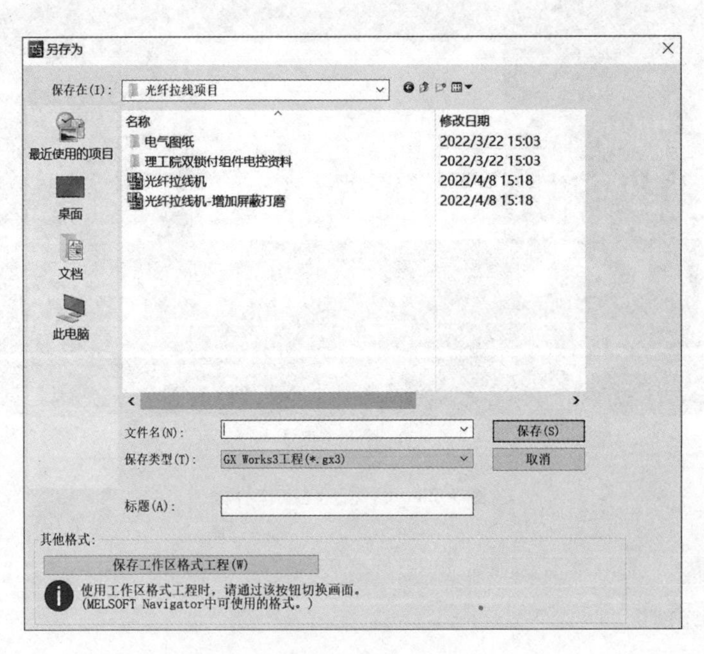

图 1-22　保存新建工程

（5）打开工程　打开已保存的工程的操作方法是在编辑界面选择“工程”→“打开”，弹出“打开”对话框，如图 1-23 所示。在对话框中先选择相应文件夹，选中要打开的工程，再单击“打开”按钮，被选取的工程即被打开。

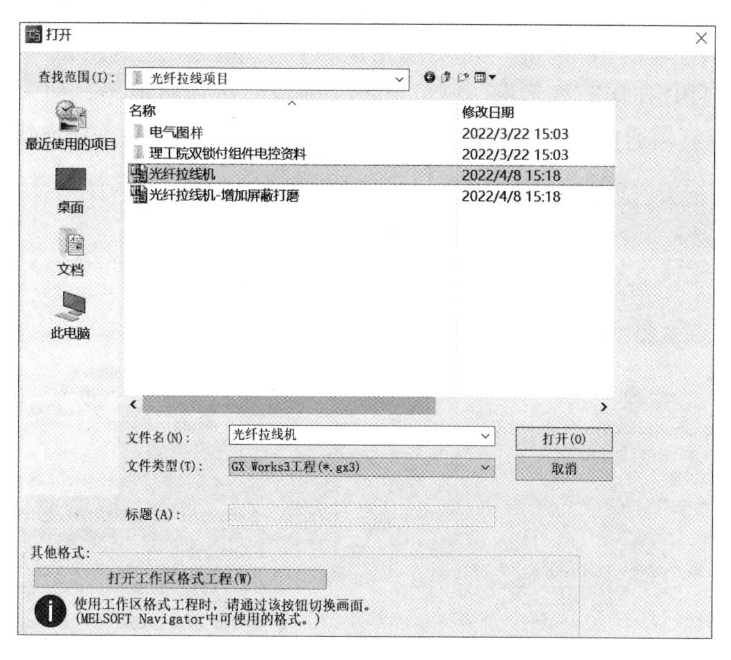

图 1-23　打开工程

（6）程序转换　程序转换也称程序编译，程序输入完成后，程序转换是必不可少的操作。程序没有经过转换时，程序编辑区是灰色的，经过转换后，程序编辑区变为白色。程序转换操作如下：在菜单栏选择“转换”→“转换”或者“全部转换”，如图 1-24 所示；另一种快捷操作是单击键盘上的功能键<F4>即可。

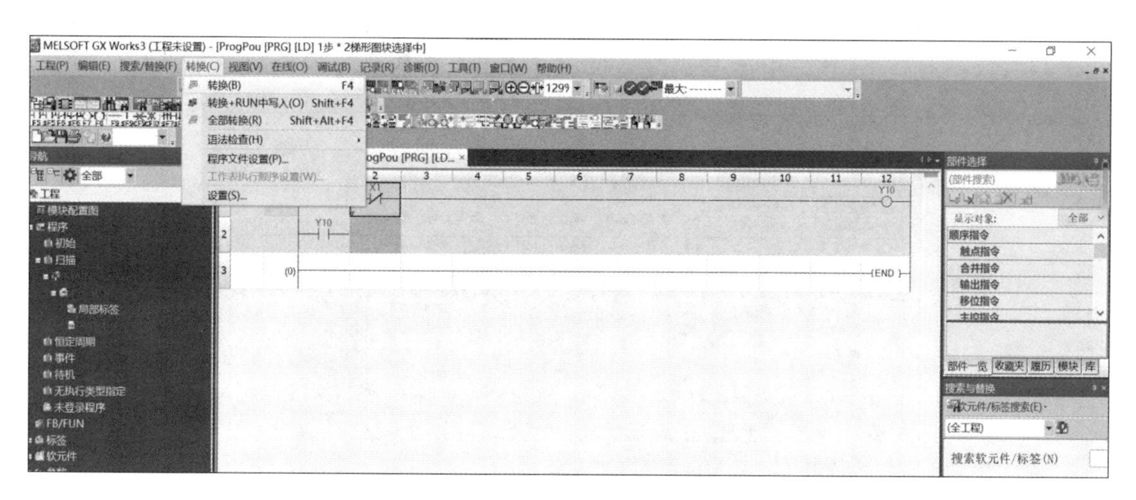

图 1-24　程序转换

（7）程序的下载与上传　程序下载是把编译好的程序写入到 PLC 内部，而上传则是把 PLC 内部的程序读出到计算机的编程界面中。在上传和下载前应将计算机以太网端口与 FX5U PLC 上的内置以太网端口用以太网电缆连接。

1）下载程序。在正确地完成电路和通信电缆连接后，选择菜单栏上的“在线”→“当前连接目标”，出现“简易连接目标设置”对话框，如图 1-25 所示。选中“直接连接设置”，“适配器”及“适配器的 IP 地址”可不用指定。直接单击“通信测试”按钮，如果出现“已成功与 FX5UCPU 连接”提示框，则可单击“确定”按钮后退出。如未连接成功会出现“无法与可编程控制器通信”提示框，如图 1-26 所示，排除问题后重新连接测试。

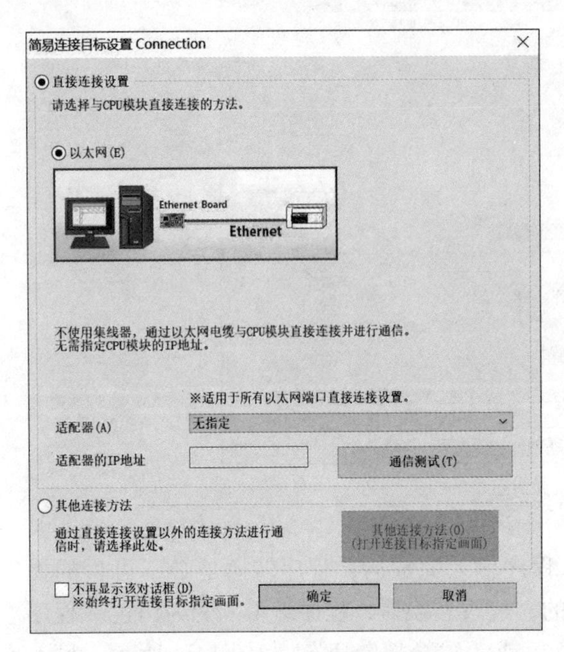

图 1-25　PC 机与 PLC 通信连接

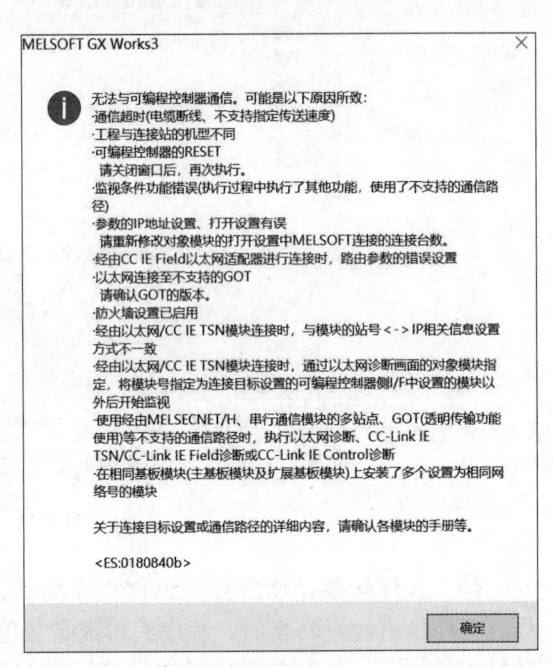

图 1-26　PC 机与 PLC 通信未连接成功

选择菜单栏上的“在线”→“写入至可编程控制器”，弹出如图 1-27 所示的下载界面，单击“参数+程序”按钮，单击“执行”按钮，弹出是否执行写入界面，如图 1-28 所示，

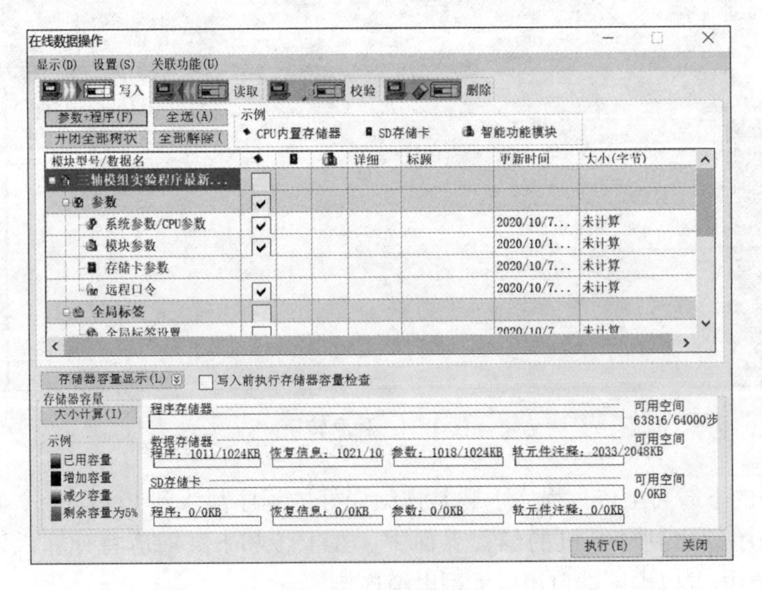

图 1-27　PLC 写入

单击“是”按钮。弹出如图 1-29 所示的界面，单击“全部是”按钮。程序开始下载，如图 1-30 所示，程序下载完成后，单击图 1-27 中的“关闭”按钮，弹出如图 1-31 所示的是否执行远程运行界面，单击“确定”按钮。程序下载完成。

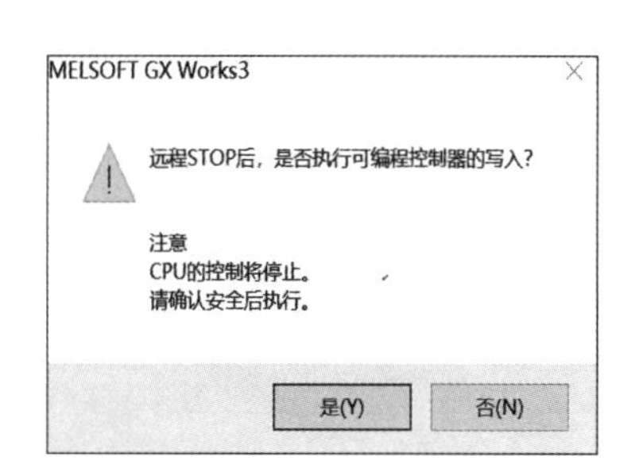

图 1-28　是否执行写入界面

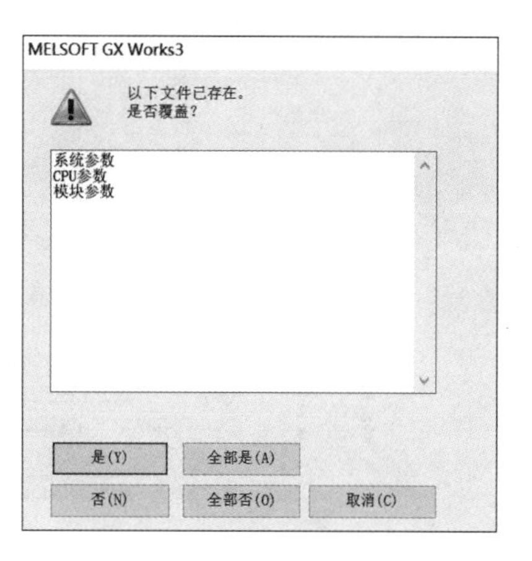

图 1-29　覆盖已有的程序

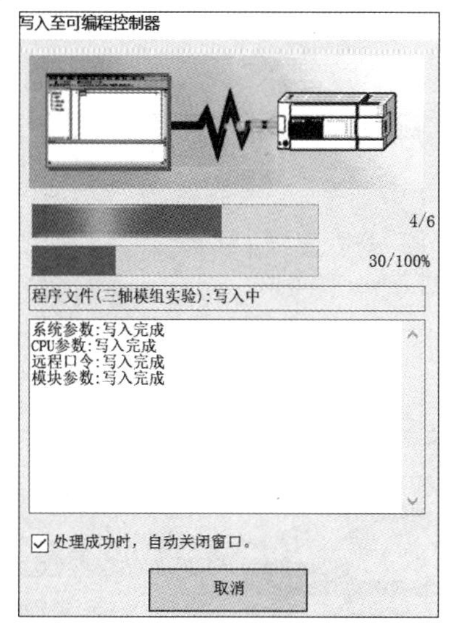

图 1-30　正在下载程序

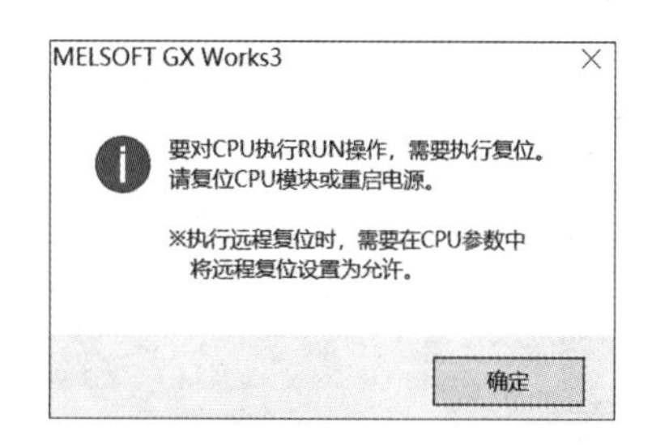

图 1-31　是否执行远程运行界面

2）上传程序。完成通信连接后，选择菜单栏上的“在线”→“从可编程控制器读取”，弹出如图 1-32 所示的读取界面。单击“参数+程序”按钮，单击“执行”按钮，弹出是否执行 PLC 读取界面，如图 1-33 所示，单击“全部是”按钮。程序开始读取，程序读取完成后，弹出如图 1-34 所示的界面，单击“确定”按钮，程序上传完成。

（8）在线监视　在项目调试的过程中，通常以在线监视的方式实时监视 PLC 的程序执行情况。操作方法是选择菜单栏上的“在线”→“监视”→“监视开始（全窗口）”（图 1-35），选择后程序即在监视执行中，如图 1-36 所示。所有闭合状态的触点显示为蓝色方块（如 SM400 常开触点），实时显示所有数据寄存器中所存储数值的大小（如 D8 中的数值为 8）。

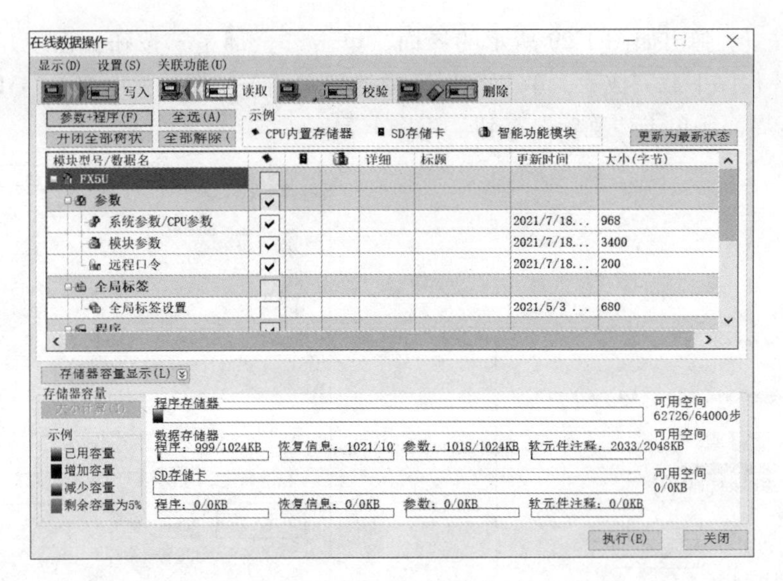

图 1-32　PLC 读取

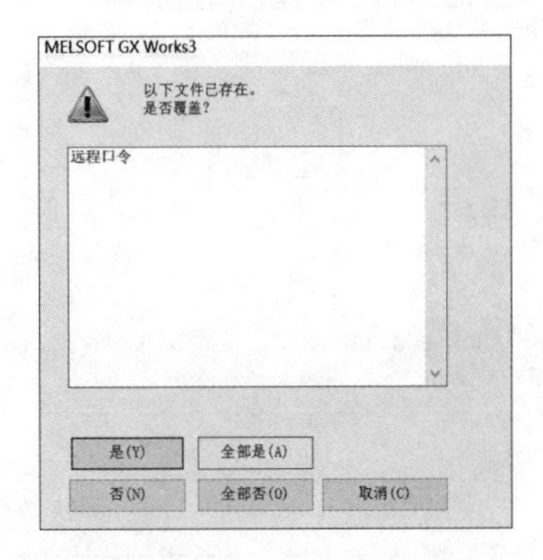

图 1-33　是否执行 PLC 读取

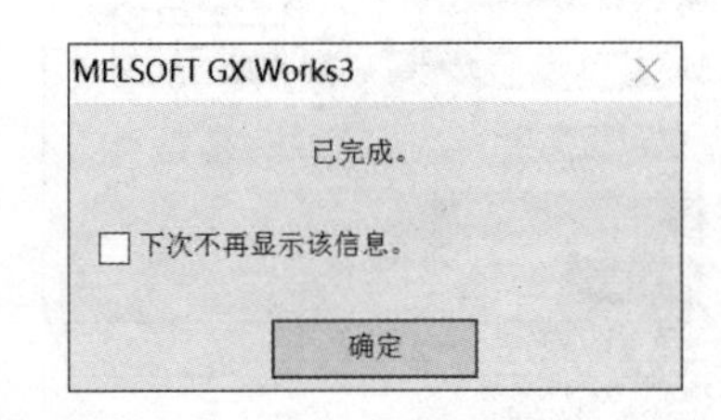

图 1-34　PLC 读取完成

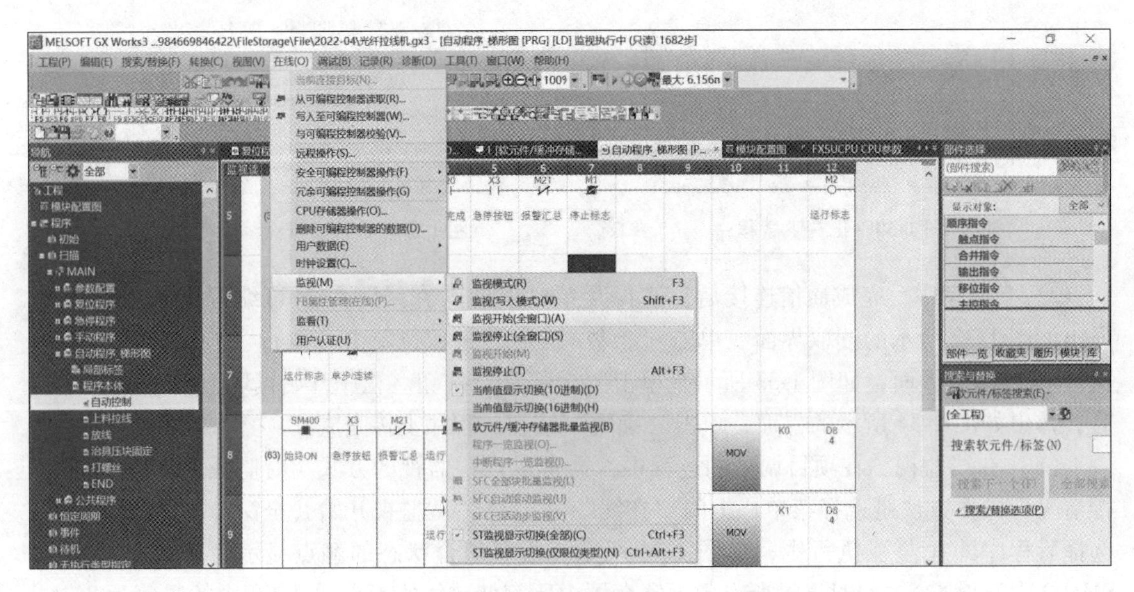

图 1-35　在线监视

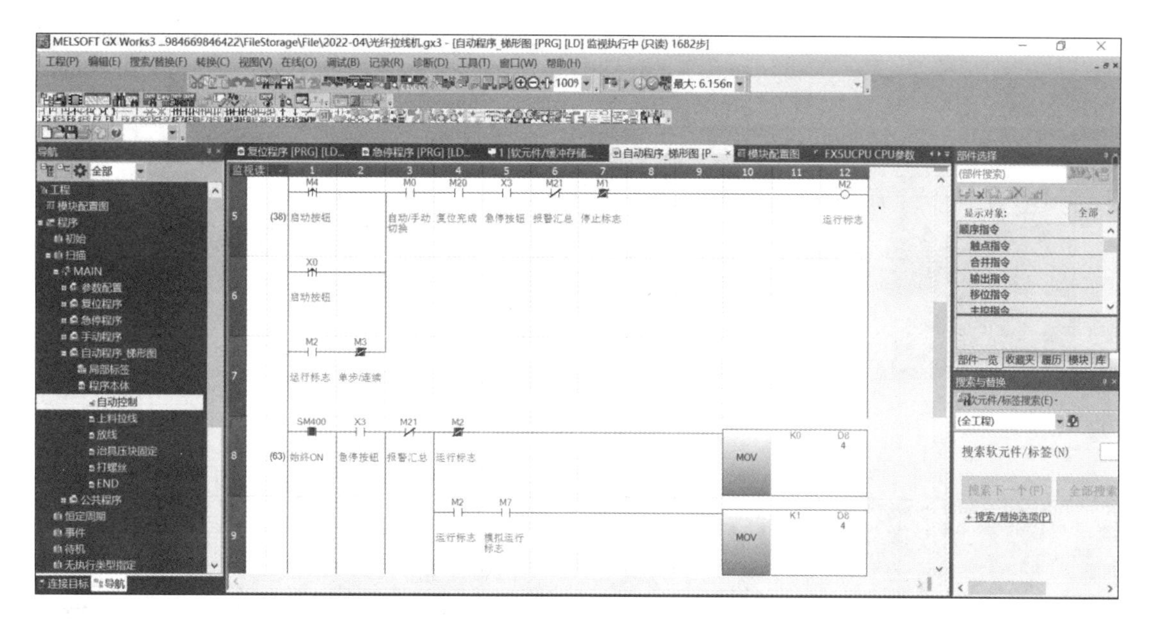

图 1-36　监视执行中

三、案例讲解与演示

建立新的工程，并按照图 1-37 所示输入梯形图，完成程序的下载与调试过程。

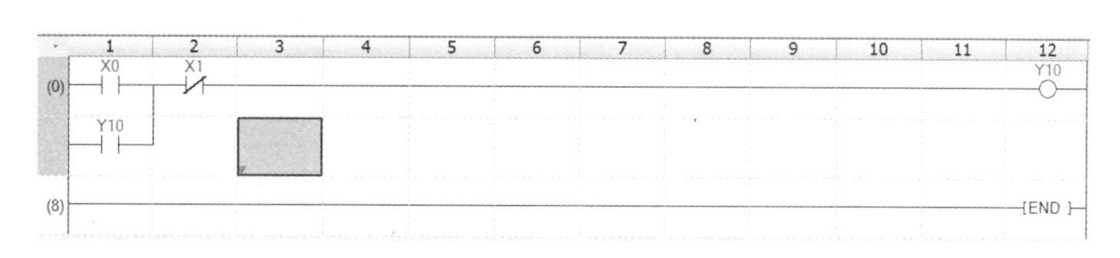

图 1-37　示例梯形图

1. 新建工程

根据本单元知识内的讲解，操作如下。先打开 GX Works3 编程软件，选择“工程”→“新建”，在弹出的“新建”对话框中，选择 FX5UCPU 系列，机型为 FX5U，“程序语言”选择“梯形图”，单击“确定”按钮，完成一个新工程的创建。

2. 输入程序

如图 1-38 所示，将光标移至①处，用键盘输入方式，在②处输入“ld x0”（注意 ld 与 x0 中间有空格）。或者使用工具栏方式，单击工具栏中的“常开触点”按钮（标记③处），或者按功能键<F5>，在弹出的文本框中输入“x0”，单击“确认”（标记④处）按钮或者按下<Enter>键即可完成输入。接着输入“ldi x1”（x1 为常闭触点），选择<Enter>键。连续输入“out y10”，按下<Enter>键。此时光标已自动移至下一行，如图 1-39 所示。继续输入“ld y10”，按下<Enter>键，因为触点 Y10 并联于触点 X0，所以需要将连线并于触点 X0 右侧，左手按下<Ctrl>键同时，右手按下键盘上的箭头<↑>键，完成程序输入，如图 1-40 所示。

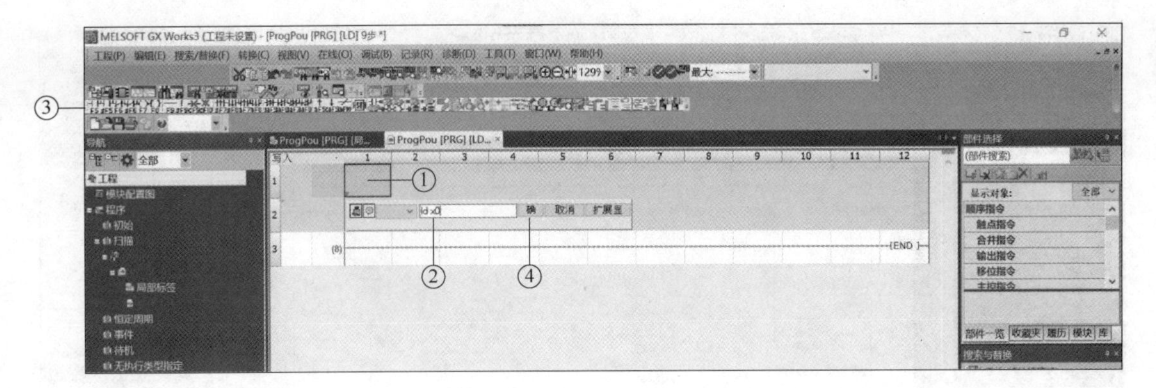

图 1-38　输入程序（一）

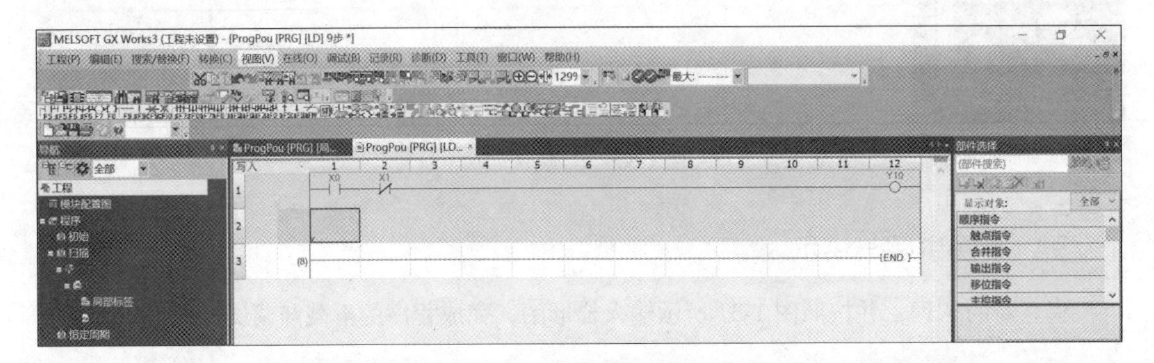

图 1-39　输入程序（二）

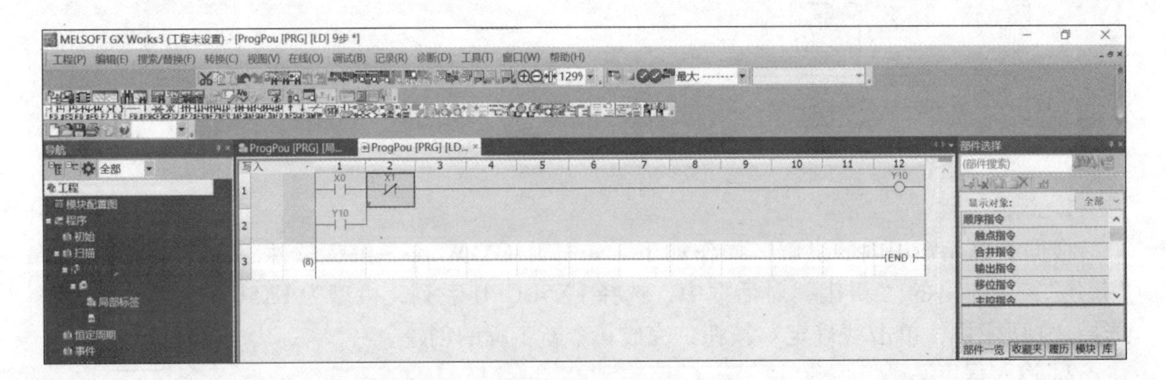

图 1-40　输入程序（三）

3. 程序转换

输入完程序后，程序区是灰色的，不能下载到 PLC 中去，必须进行程序转换。在菜单栏选择“转换”→“转换”或者“全部转换”，转换成功后，程序区变成白色，如图 1-41 所示。

4. 下载程序

选择菜单栏上的“在线”→“当前连接目标”，出现“简易连接目标设置”对话框。单

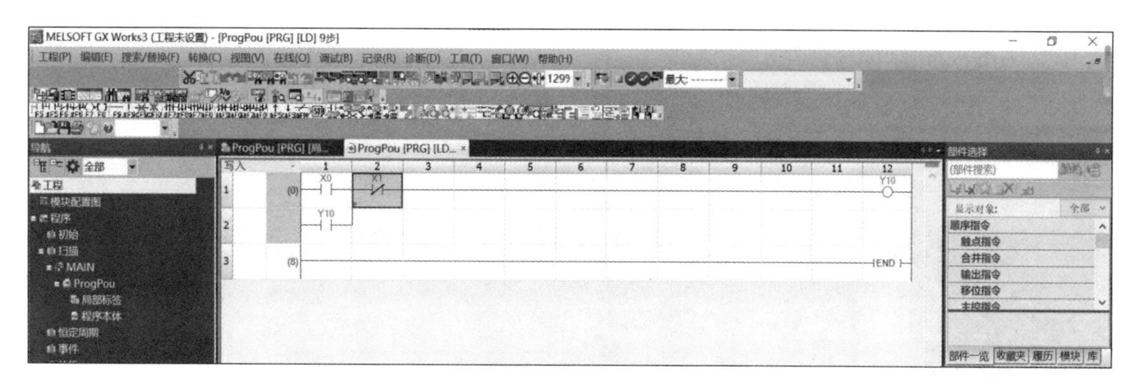

图 1-41　程序转换后

击选中“直接连接设置”，“适配器”及“适配器的 IP 地址”可不用指定，直接单击“通信测试”按钮。如果出现“已成功与 FX5UCPU 连接”提示框，则可单击“确定”按钮后退出。

选择菜单栏上的“在线”→“写入至可编程控制器”，弹出如图 1-42 所示的下载界面，单击“参数+程序”按钮，再单击“执行”按钮，弹出是否执行写入界面。单击“是”按钮，弹出是否覆盖已有程序的界面，单击“全部是”按钮，程序开始写入。当程序写入完成时，单击“关闭”按钮之后，弹出是否执行远程运行界面，单击“确定”按钮，程序下载完成。

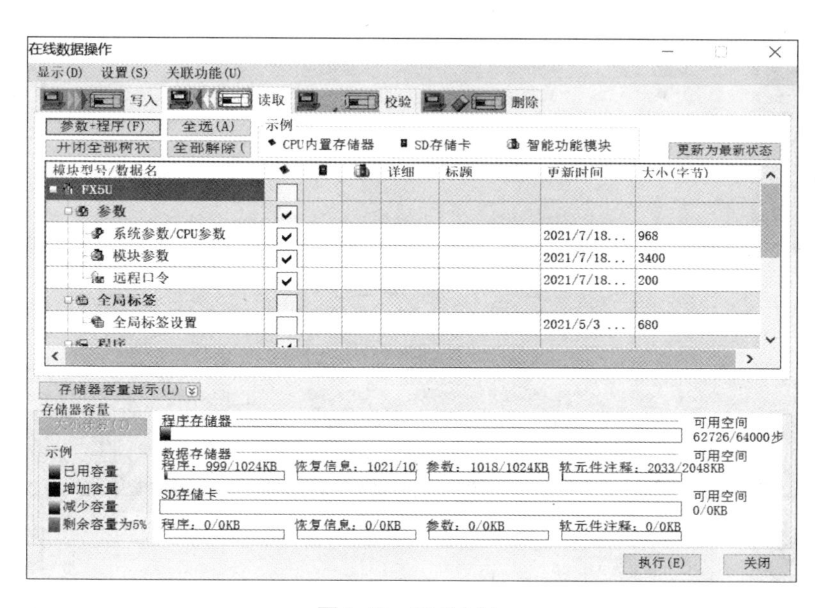

图 1-42　PLC 写入

5. 在线监视

选择菜单栏上的“在线”→“监视”→“监视开始（全窗口）”（图 1-43），选择后程序即在监视执行中。当外部的按钮“X0”按下时，监视界面中的“X0”闭合，线圈“Y10”也得电，如图 1-44 所示。按钮“X0”松开后，“Y10”触点得电，线圈“Y10”自保持继续得电。当外部的按钮“X1”按下时，监视界面中的“X1”闭合，其常闭触点断开，即线圈“Y10”断电，如图 1-45 所示。

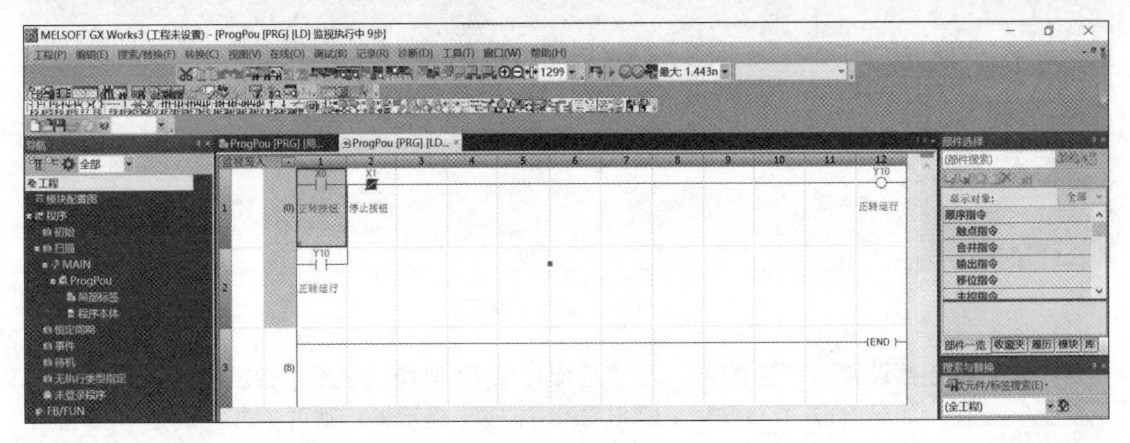

图 1-43　监视开始

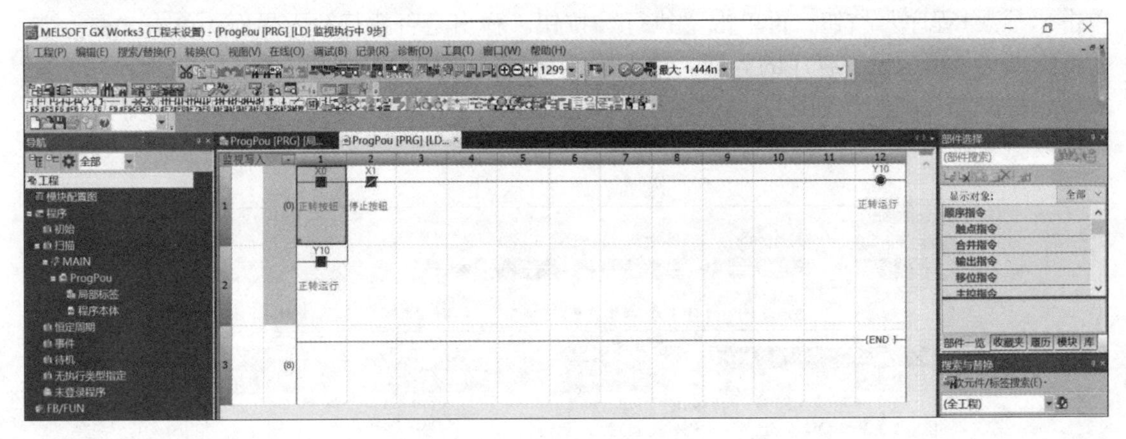

图 1-44　监视调试（一）

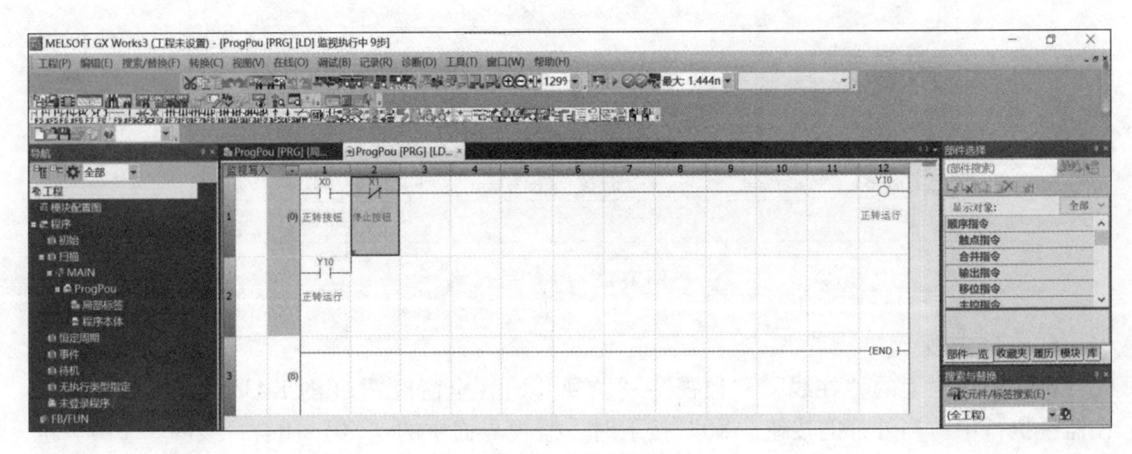

图 1-45　监视调试（二）

四、实战训练

训练 1：按照案例演示，完成程序新建、下载、监视等操作。

训练 2：如图 1-46 所示，完成电动机顺序起动控制程序编写，并完成下载、监视、调试等操作。

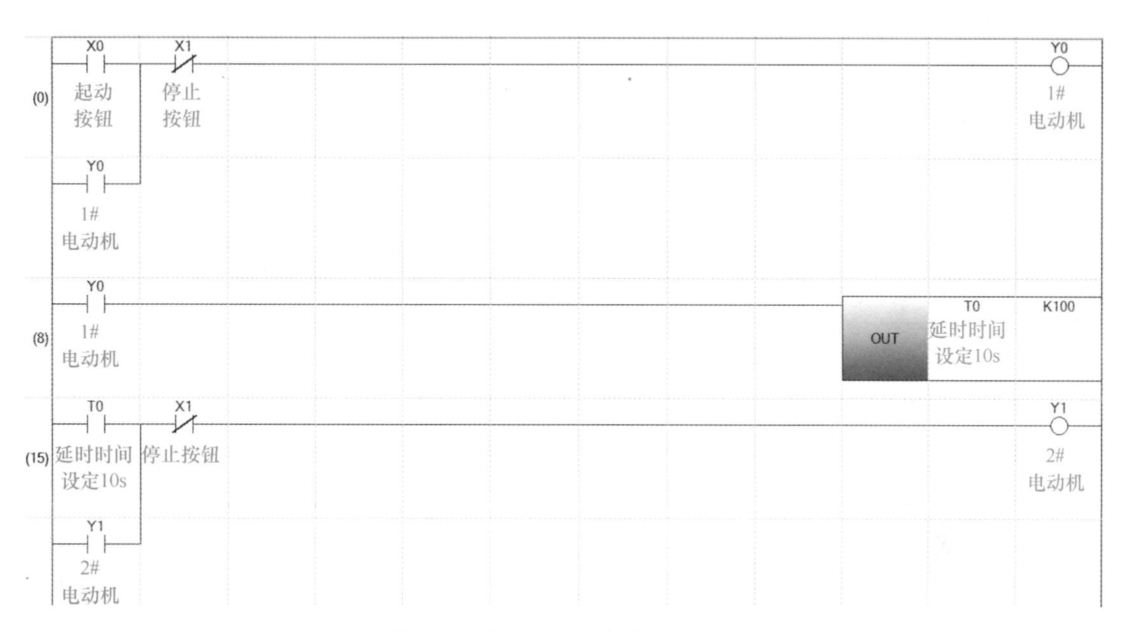

图 1-46　电动机顺序起动控制程序

五、思考题与习题

思考：GX Works3 软件与 GX Works2 软件有什么区别？

习题：GX Works3 软件的主要功能是什么？软件编程时的主要步骤是什么？

六、分组讨论和评价

分组讨论：5~6 人一组，完成实战训练 2 的程序编写，并完成程序下载及调试等工作，每组提供训练 2 的成果讲解；班级评出最佳方案和讲解（考核参考）。

评价（自评和互评）：根据任务要求进行自评和互评。

单元 3　认识触摸屏软件

一、任务概要

任务目标：了解触摸屏软件、熟悉软件的界面及下载操作，掌握位状态指示灯元件和位状态设定元件的属性设置并能灵活运用，能够独立完成新建工程的组态页面，并与 PLC 系统建立通信。

任务要求：通过认知触摸屏软件，认识界面并掌握下载操作，能够熟练完成新建工程的组态页面，具备用触摸屏来控制 PLC 的初步能力。

条件配置：EasyBuilder Pro 软件，Windows 7/10 系统计算机，PLC 控制实操训练台。

任务书：

任务名称	熟悉触摸屏软件，掌握用触摸屏来控制 PLC 系统的初步能力
任务要求	熟悉触摸屏软件的界面及下载操作，掌握位状态指示灯元件和位状态设定元件的属性设置，独立完成新建工程的组态页面，能够建立与 PLC 系统的通信
任务设定	1. 设定新建工程任务，完成参数设置 2. 熟悉各类元件的使用 3. 完成程序下载，完成新建工程的组态页面 4. 实现与 PLC 系统的通信联系，调试监视合格
预期成果	独立完成为新建工程建立组态页面，并与 PLC 系统建立通信，调试合格

二、单元知识

1. HMI 的定义

HMI 是 Human Machine Interface 的缩写，称为人机界面。人机界面是用户与设备之间进行相互交换的纽带。

HMI 可用于连接 PLC、变频器、仪表等工业设备（图 1-47），如通过显示屏查看设备的运行状态，通过输入操作把参数、指令写入 HMI 中，实现人与机器的信息交互。

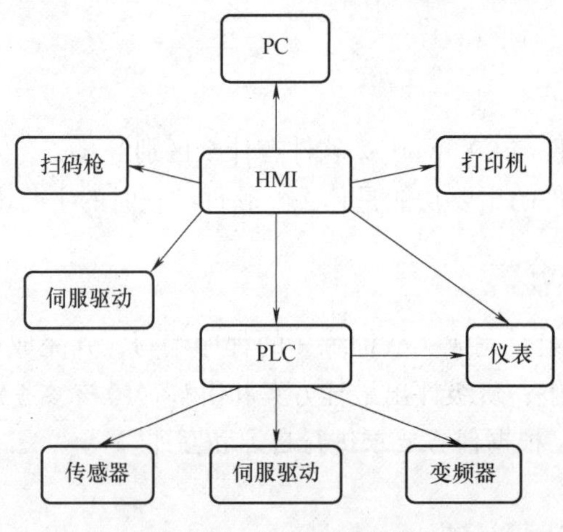

图 1-47　HMI 通信连接

2. HMI 的组成

HMI 由硬件和软件两部分组成。硬件部分包括处理器、显示板、通信接口、存储器、电源等，如图 1-48 所示，其中处理器的性能决定了 HMI 的性能高低，是 HMI 的核心。

HMI 软件一般分为两部分，即运行于 HMI 硬件中的软件和 Windows 操作系统下的页面组态软件。

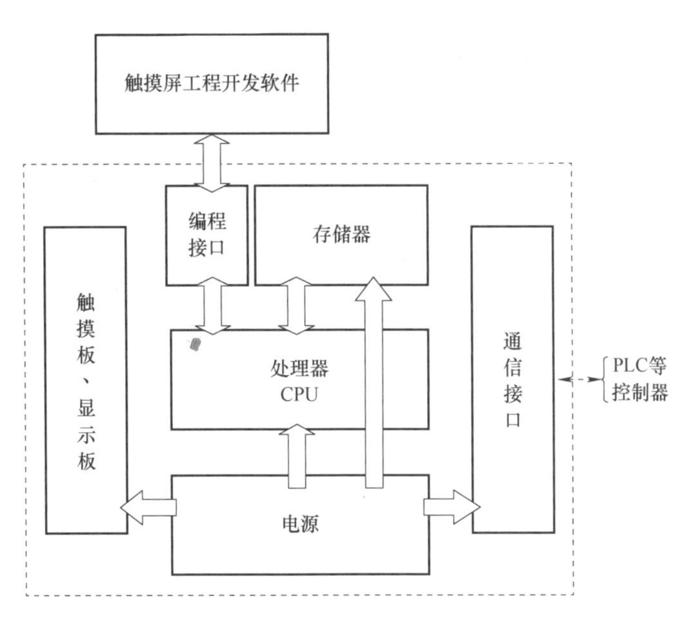

图 1-48　HMI 组成

首先需要用 PC 的页面组态软件编辑工程文件，编译并保存工程文件，再通过计算机和 HMI 的串行通信口/以太网口/局域网，把编译好的工程文件下载到 HMI 产品中。

HMI 与工业控制器（如 PLC、仪表等）设置好通信协议后，就可以实现人机交互了。

3. 基本功能

HMI 页面的基本设计如图 1-49 所示，功能如下。

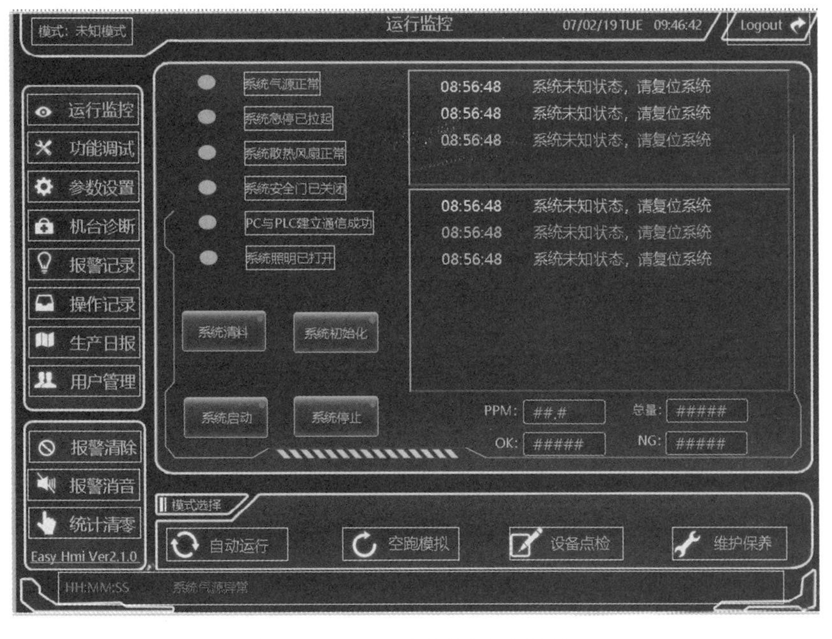

图 1-49　HMI 页面的基本设计

1）监控设备工作状态。

2）进行数据、文字输入操作，打印输出。

3）存储生产配方，记录生产数据。

4）简单的逻辑、数值运算。

5）与其他工业设备进行组网。

4. 选型

威纶通触摸屏参数如图 1-50 和图 1-51 所示，选型要满足项目需求。

1）显示屏的尺寸、色彩、分辨率。

2）HMI 的处理器的性能是否满足：闪存、内存、处理器等。

3）通信口的种类及数量。

万年历		内置
电源	输入电源	10.5～28VDC
	电源隔离	内置
	功耗	2A@12VDC : 1A@24VDC
	耐电压	500VAC (1分钟)
	绝缘阻抗	超过 50MΩ at 500VDC
	耐振动	10 to 25Hz (X、Y、Z轴向2G 30分钟)
规格	PCB涂层	Yes
	外壳材质	工程塑料
	外形尺寸	271×213×36.4mm
	开孔尺寸	260×202mm
	重量	约1.07 kg
	安装方式	面板安装
操作环境	防护等级	NEMA4/IP6S Compliant Front Panel
	储存环境温度	−20～60℃(−4～140℉)
	操作环境温度	0～50℃ (32～122℉)
	相对环境温度	10%～90% (非冷凝)
认证	CE	符合CE认证标准
	UL	申请中
软件		EasyBuilder Pro

图 1-50　触摸屏参数（一）

目前触摸屏市场常见的国外品牌有西门子、施耐德、三菱、欧姆龙、松下等，国内品牌有威纶通、台达、海泰克、显控、信捷等。在国内市场占有率比较大的是威纶通，其性价比较高，编程软件简单易学。

5. 发展

（1）传统的架构　PLC、触摸屏通过网线接到交换机，操作机台需要与触摸屏安装在一起，如图 1-52 所示。

显示	显示器	10.1* TFT.
	分辨率	1024×600
	亮度 (cd/m²)	350
	对比度	500 : 1
	背光类型	LED
	背光寿命	>50000小时
	色彩	16.7M
	LCD可视角 (T/B/L/R)	60/60/70/70
触控面板	类型	四线电阻式
	触控精度	动作区 长度 (X)±2%，宽度 (Y)±2%
存储器	闪存 (Flash)	4GB
	内存 (RAM)	1GB
处理器		32 bits RISC Cortex-A9 1GHz
I/O接口	SD卡插槽	无
	USB Host	USB 2.0×1
	USB Client	无
	WiFi	IEEE 802.11 b/g/n 802.11b: max 19.25dBm 802.11g: max 13.74dBm 802.11n: max 15.01dBm
	以太网接口	10/100 Base-T×1
	串行接口	Con.A：COM2 RS-485 2W/4W，COM3 RS-485，CAN Bus Con.B: COM1/COM3 RS-232*
	RS-485 双重隔离保护	无
	CAN Bus	有
	声音输出	无
	影像输入	无
万年历		内置

图 1-51　触摸屏参数（二）

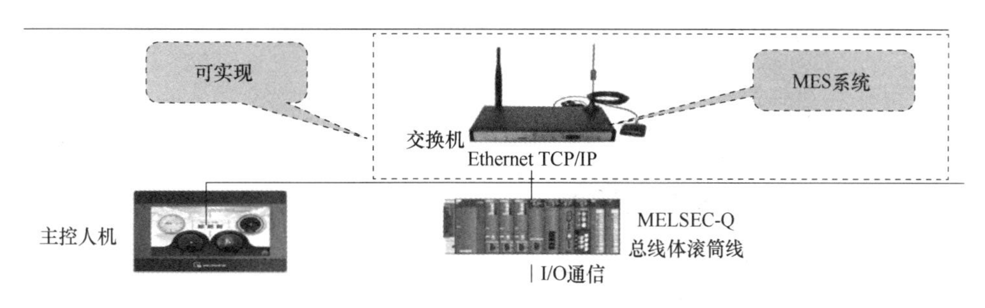

图 1-52　传统的架构

（2）CMT X Series　专门负责通信数据处理，能将支持 300 多种 PLC 的驱动转换成标准的 OPC UA/MQTT/Modbus TCP/IP 协议，协助设备将工业物联网资料传送到平台；内建 Web 界面，可通过浏览器进行系统设定、PLC 通信参数调整、OPC UA 的标签设定，远程操作机台，如图 1-53 所示。

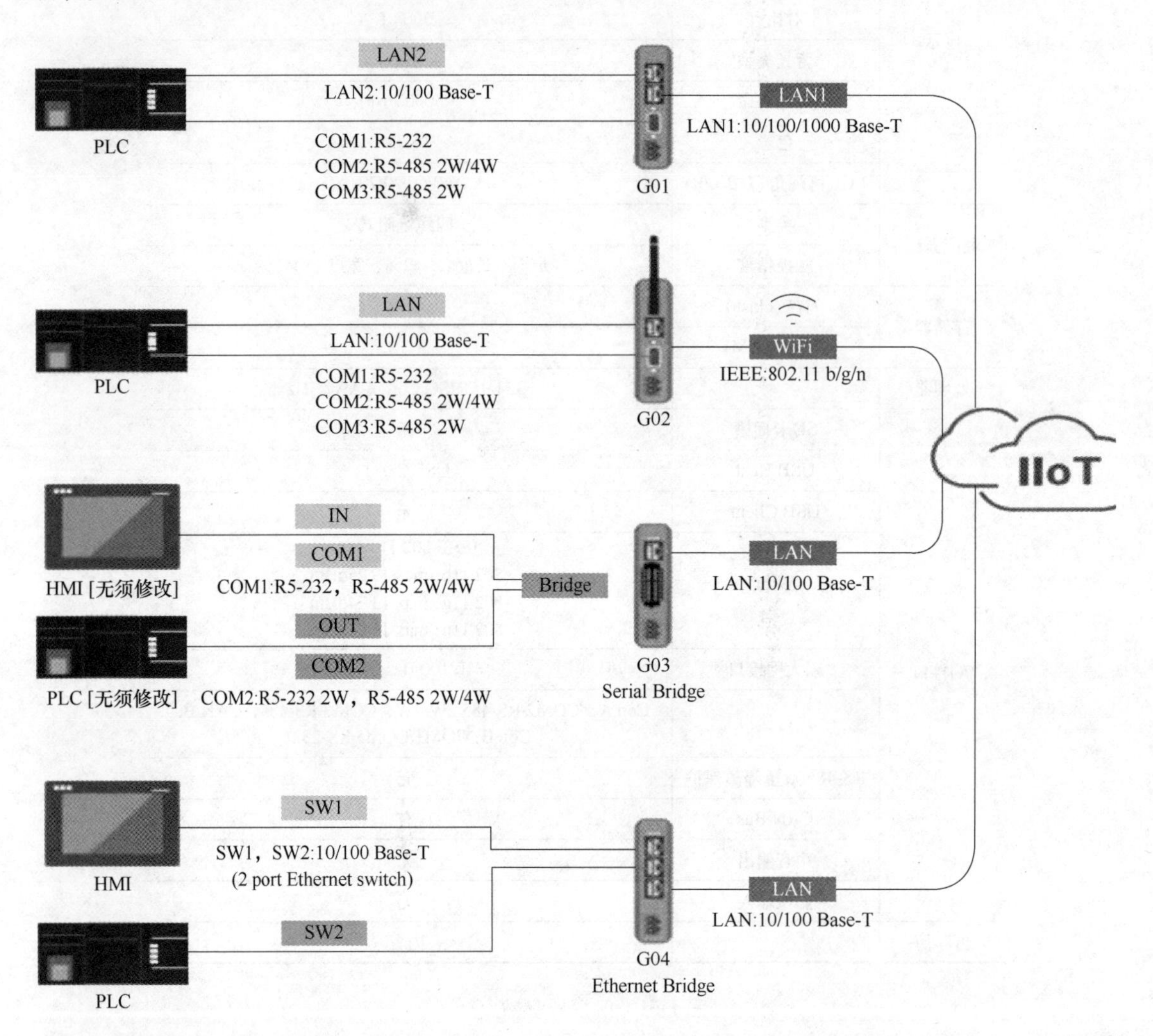

图 1-53　CMT X Series

本书以威纶通 MT8071iE 触摸屏为案例（图 1-54），进行组态页面的讲解。

三、案例讲解与演示

1. 工程的建立及参数设置

（1）主界面　双击 EasyBuilder Pro 或 Utility Manager 打开组态软件，如图 1-55 所示。

软件功能界面如图 1-56 所示。

① 菜单栏。

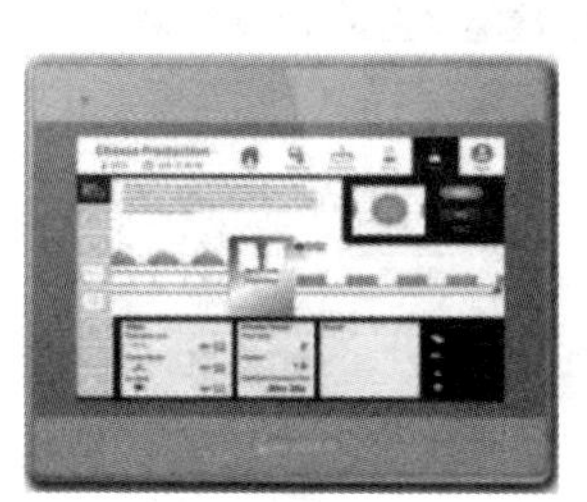
MT8101iE

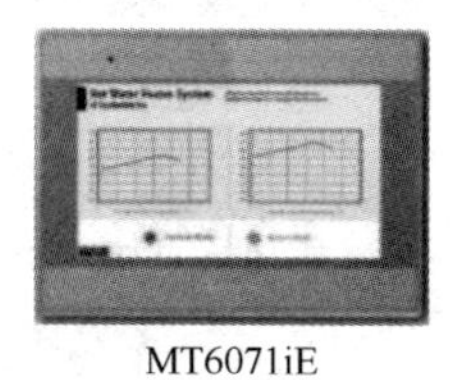
MT6071iE

MT8051iE

MT8150iE2

MT8071iE

MT8102iE

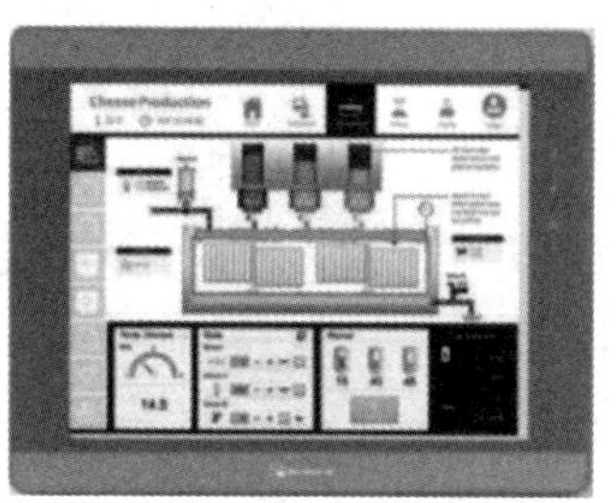
MT8121iE2

图 1-54　威纶通触摸屏

图 1-55　打开组态软件

② 工具栏。

③ 显示窗口。

④ 状态栏。

（2）新建文件　在菜单栏选择“文件”→“新建”，弹出“建立新的工程文件”对话框，如图 1-57 所示，单击“MT8071iE/MT8101iE（800×480）”选择触摸屏型号，单击“确定”

按钮，完成新工程的建立。

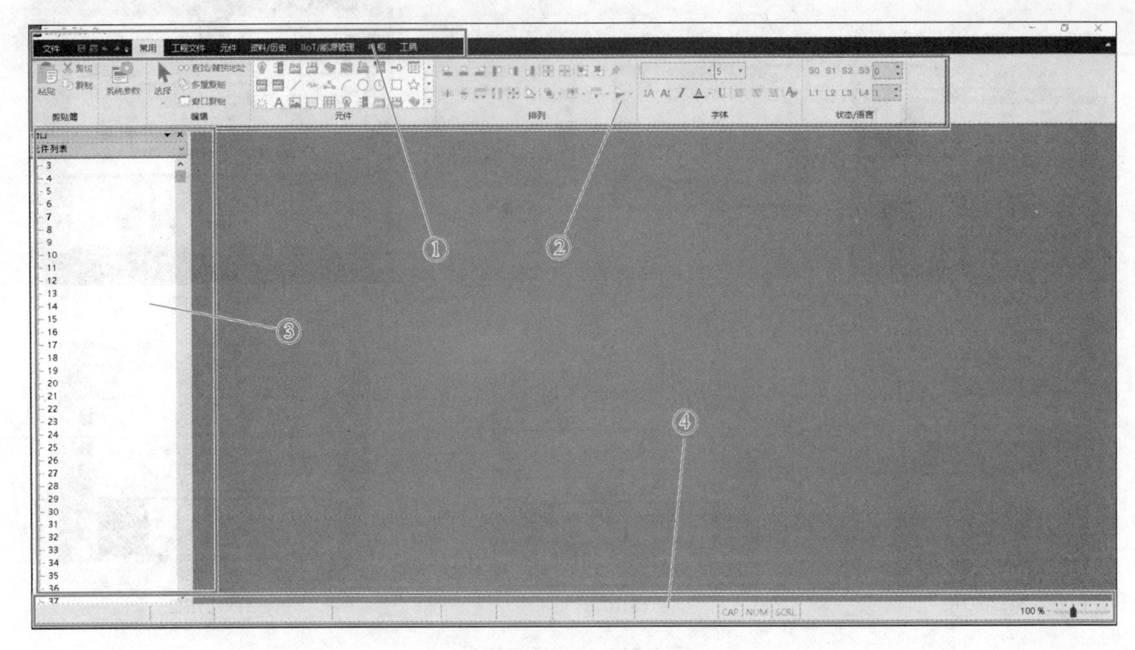

图 1-56 软件功能界面

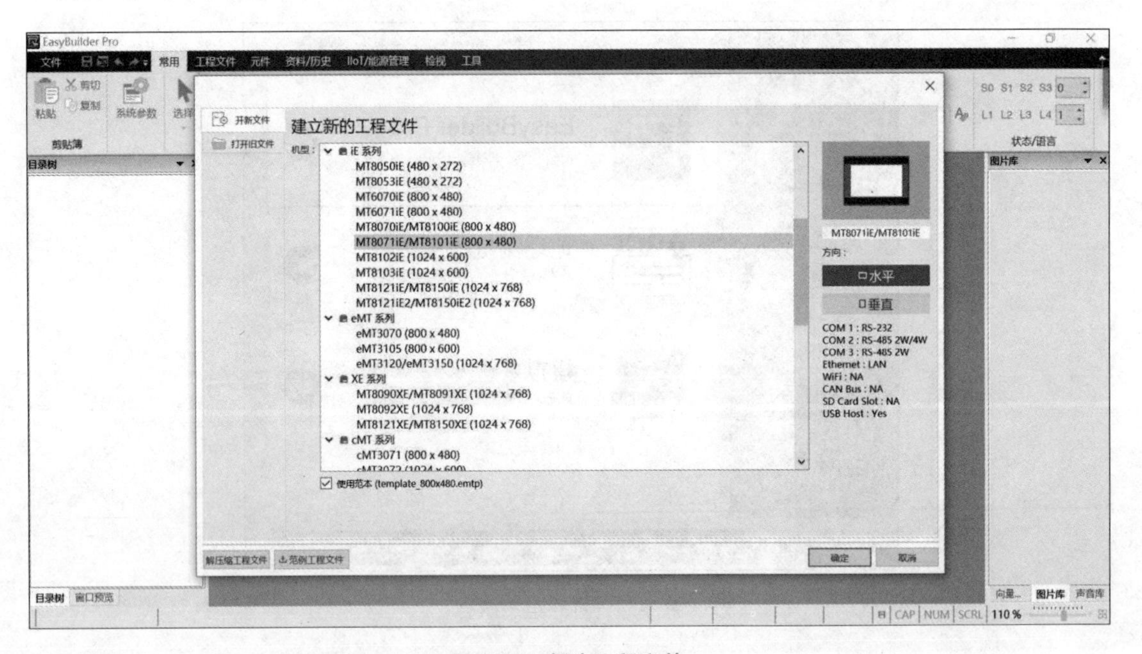

图 1-57 新建工程文件

（3）系统参数设置 新建工程后会弹出“系统参数设置”对话框，或者在菜单栏选择“系统参数设置”，如图 1-58 所示。常用的系统参数设置有“设备”“HMI 属性”“一般属性”和“用户密码”。

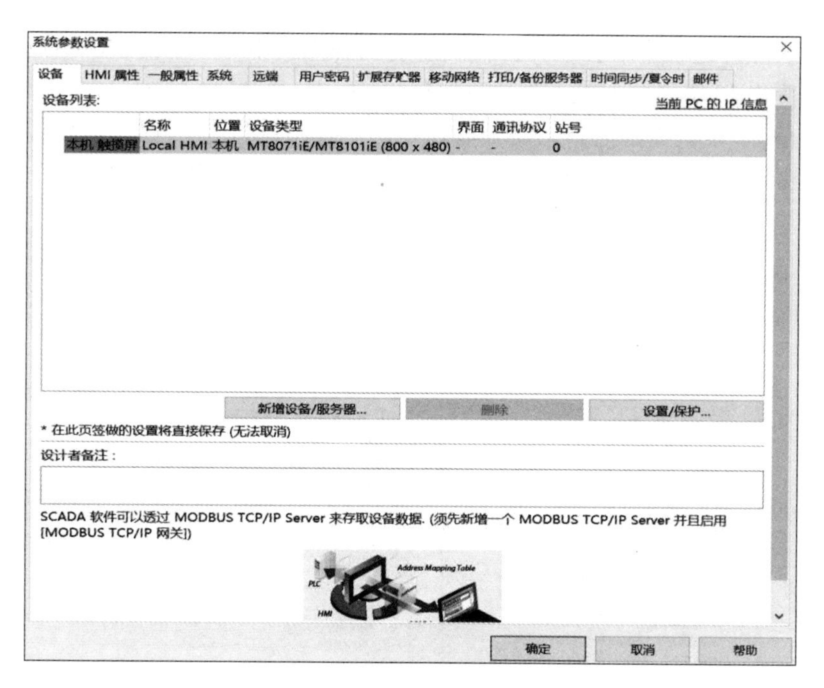

图 1-58　系统参数设置

1）在“设备”选项卡中单击“新增设备”按钮，弹出“设备属性”对话框，如图 1-59 所示，单击①处三角图标，弹出 PLC 品牌选项列表，如图 1-60 所示。不停地单击②

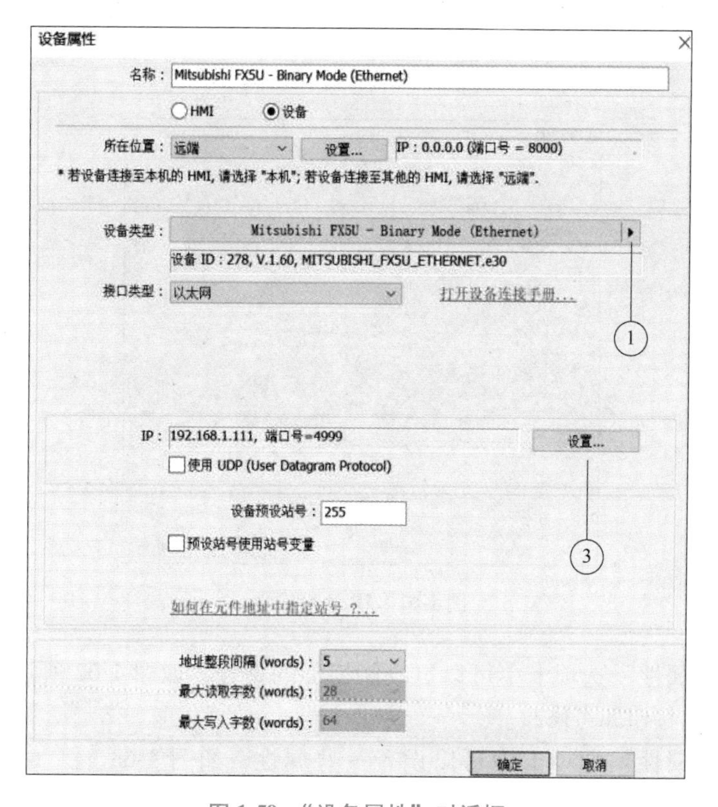

图 1-59　“设备属性”对话框

处的三角图标，品牌选项菜单会下拉，找到三菱品牌 Mitsubishi Electric Corporation，光标移至三菱品牌，弹出 PLC 型号列表，选择 FX5U-Binary Mode（Ethernet）（三菱 FX5U 系列二进制以太网通信），设备类型选择完成。单击③处“设置”按钮，弹出 PLC 设备的 IP 地址设置以及端口号设置页面，如图 1-61 所示，单击“确定”按钮设置完成。

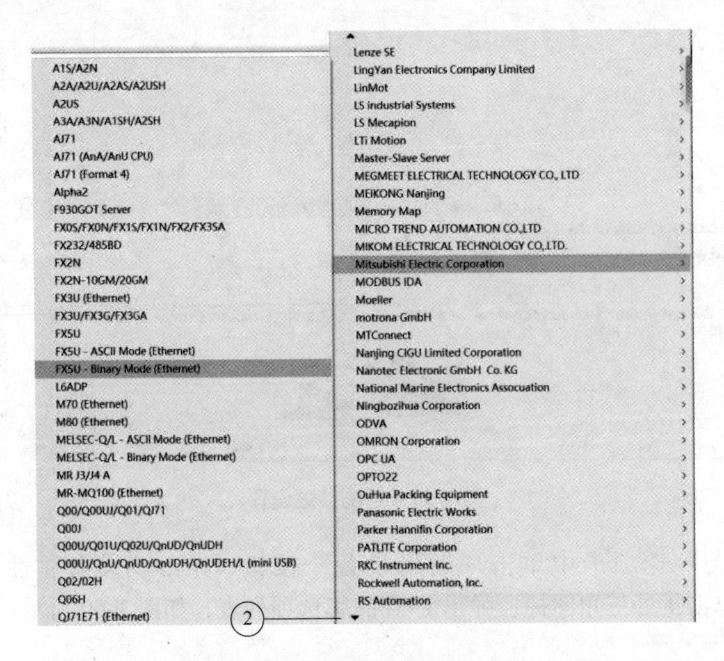

图 1-60　PLC 品牌选项列表

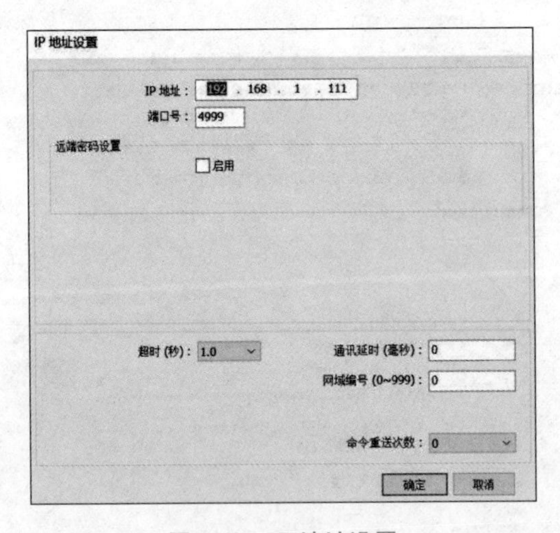

图 1-61　IP 地址设置

2）在“HMI 属性”选项卡中可以更改触摸屏的型号，如图 1-62 所示。选择任意型号后，单击“确定”按钮即可修改。

3）在“一般属性”选项卡中可以设置一些属性，如图 1-63、图 1-64 所示。可以在“初始窗口编号”下拉列表中选择任意窗口（注：需新建其他窗口时才可选择），调节背光节能时间和屏幕保护时间，还可以设置键盘弹出窗口的样式，修改后单击“确定”按钮即可。

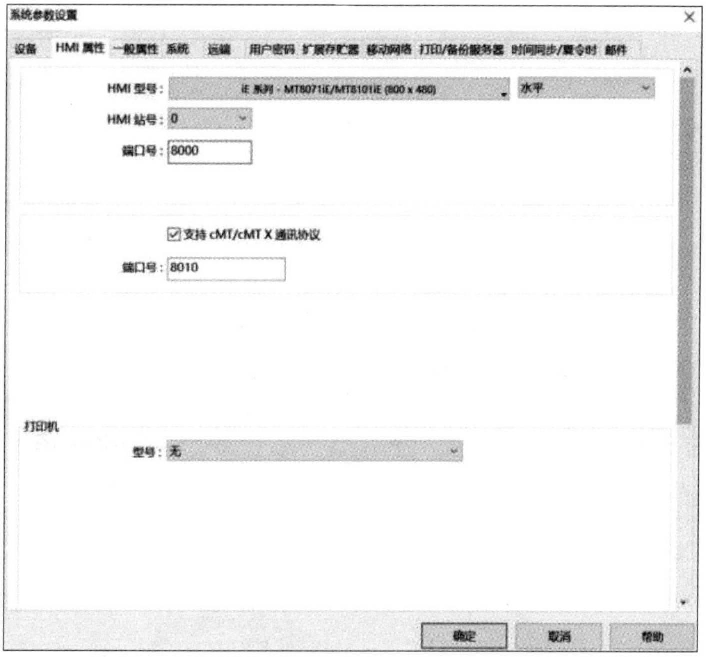

图 1-62　HMI 属性

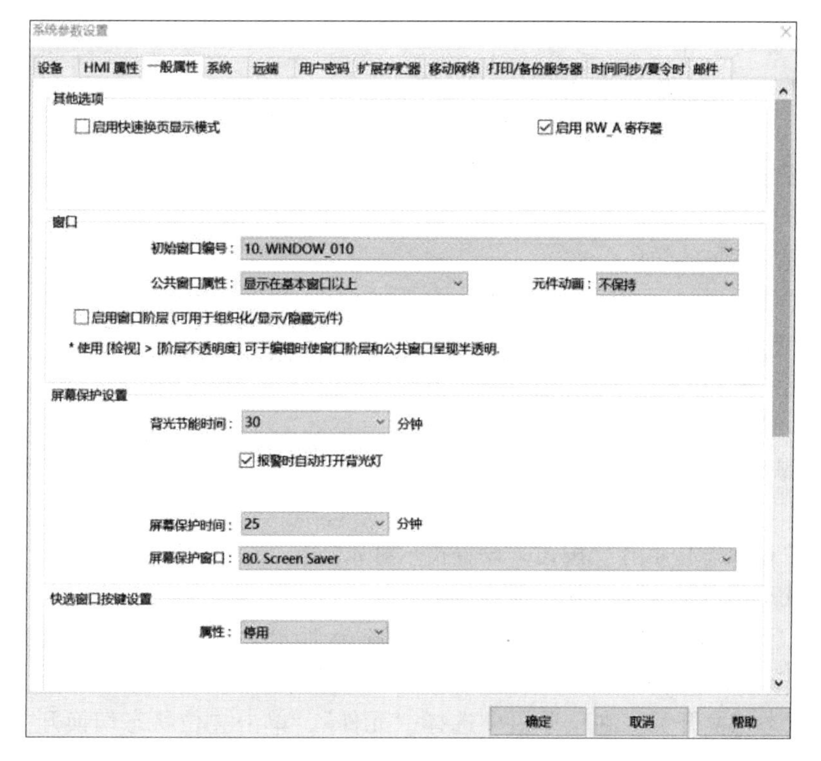

图 1-63　设备属性

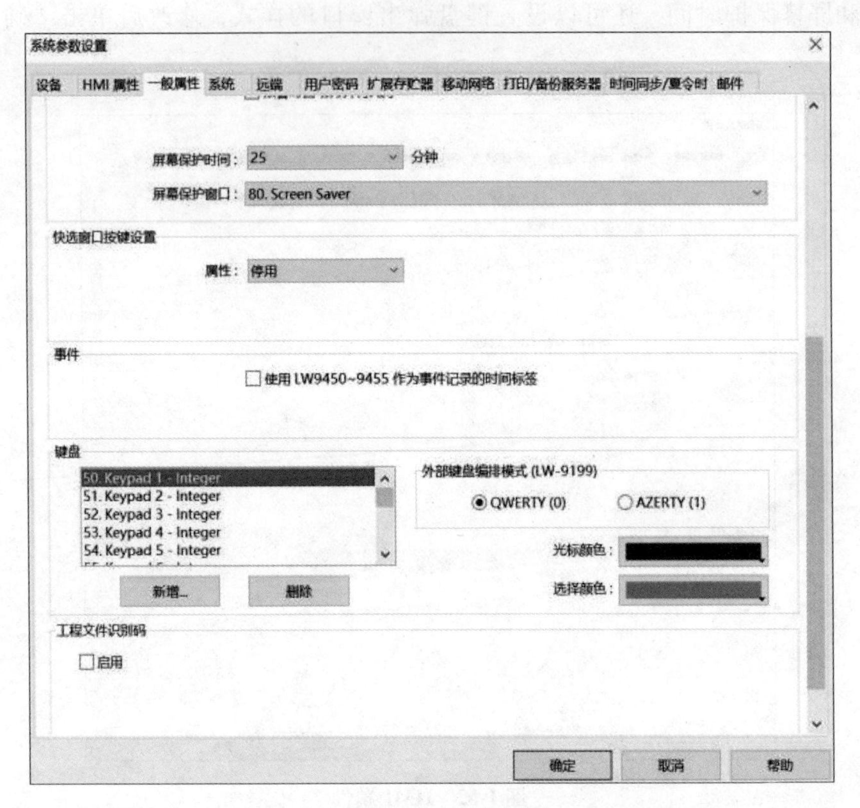

图 1-64　PLC 品牌型号

2. 常用控件的使用

（1）新建窗口　选择空白的窗口编号，单击右键，在快捷菜单中选择“新增”，弹出窗口设置页面，如图 1-65 所示，单击“确定”按钮完成设置。

① 修改窗口的名称。

② 修改窗口的大小。

③ 设置窗口背景的颜色。

④ 设置“重叠窗口”属性。

双击打开新建的窗口，如图 1-66 所示。

① ②处用于放置元件。

② 元件可从③处选择，再拖到②处。

（2）指示灯　在菜单栏中选择“元件”，单击“位状态指示灯”按钮，弹出位状态指示灯元件页面，如图 1-67 所示。

① 单击“位状态指示灯”按钮，设置指示灯属性。

② 更改状态指示灯的读取地址为 PLC 对应地址。

更改属性后，可以给指示灯添加标签，如图 1-68 所示，标签的内容写在⑤处。

选择图片选项，可以更改指示灯的形状和颜色，如图 1-69 所示。

（3）位状态切换开关　在菜单栏中选择“元件”，单击“位状态切换开关”按钮，弹出位状态切换开关元件页面，如图 1-70 所示。

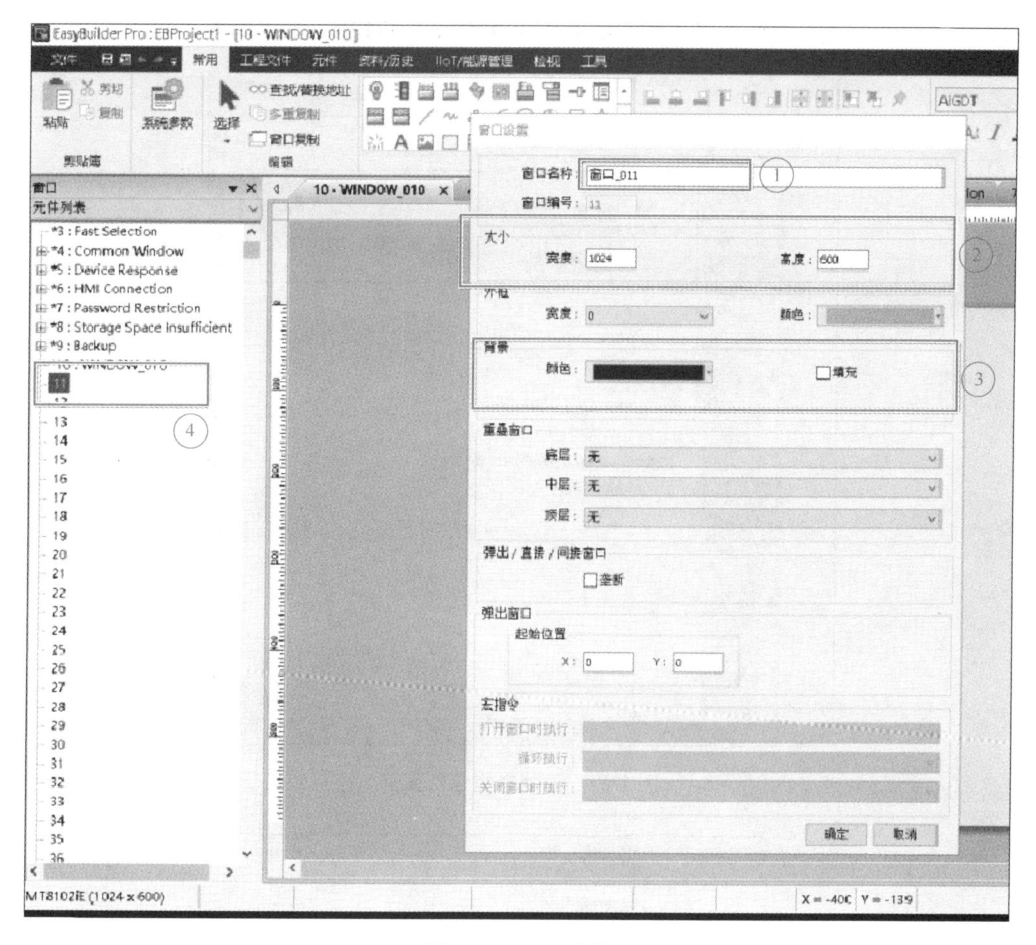

图 1-65　窗口设置

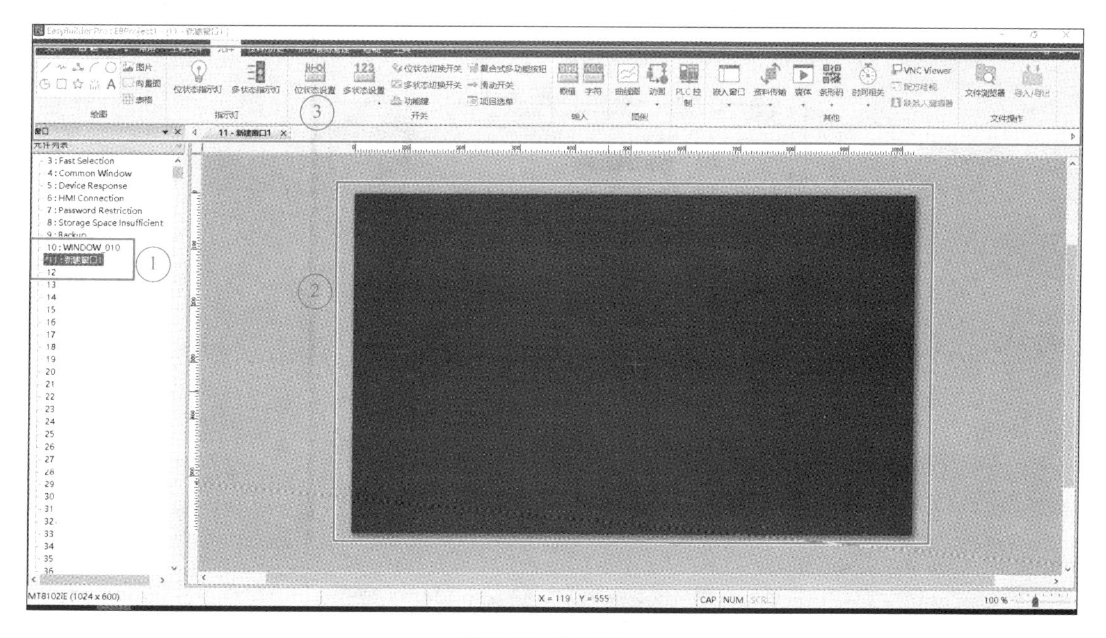

图 1-66　打开窗口

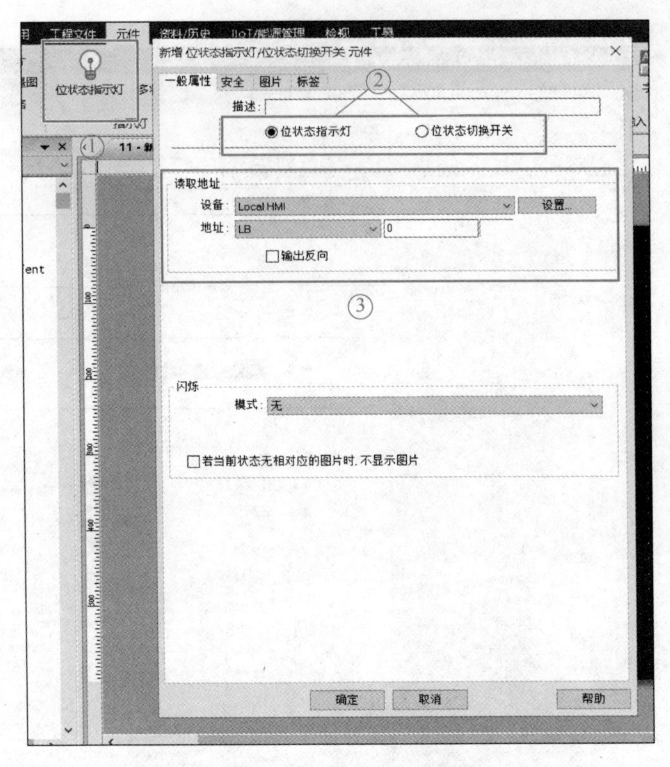

图 1-67　位状态指示灯页面

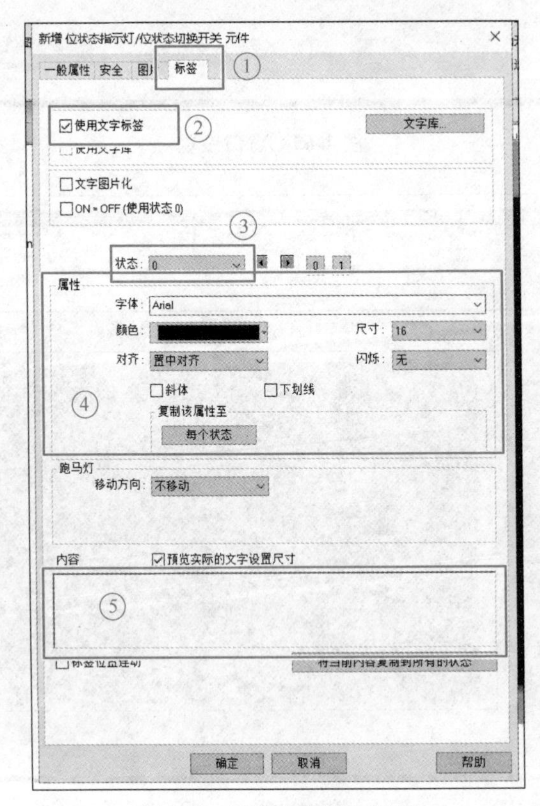

图 1-68　位状态指示灯标签

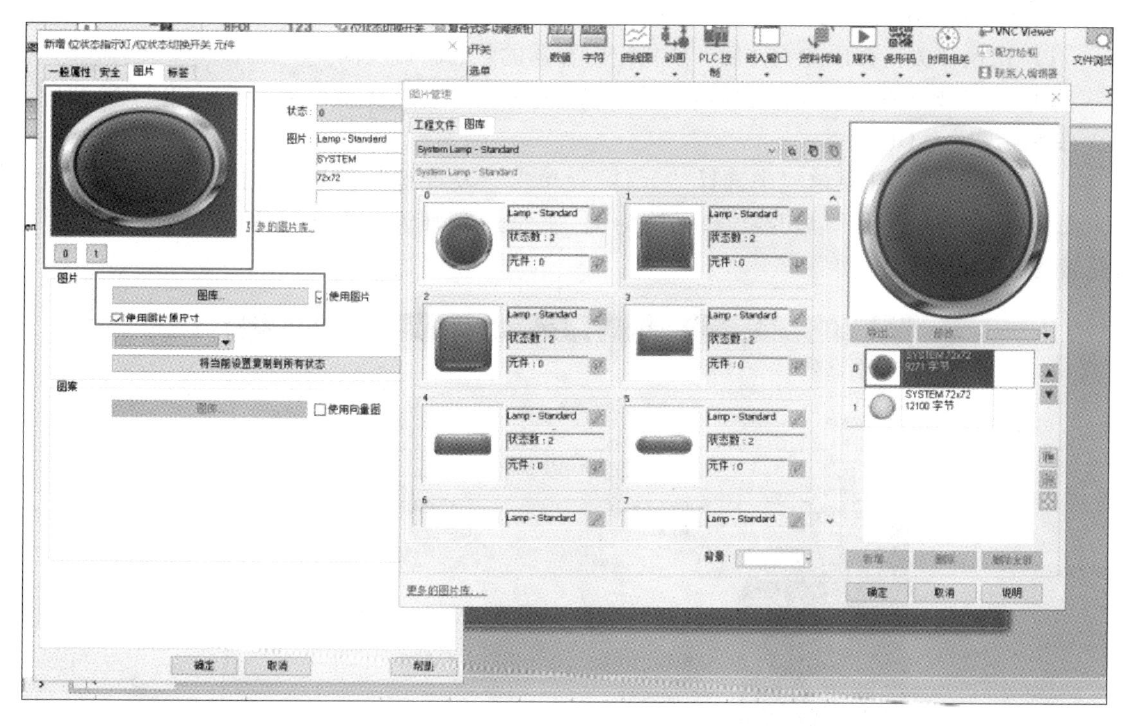

图 1-69　图片参数设置

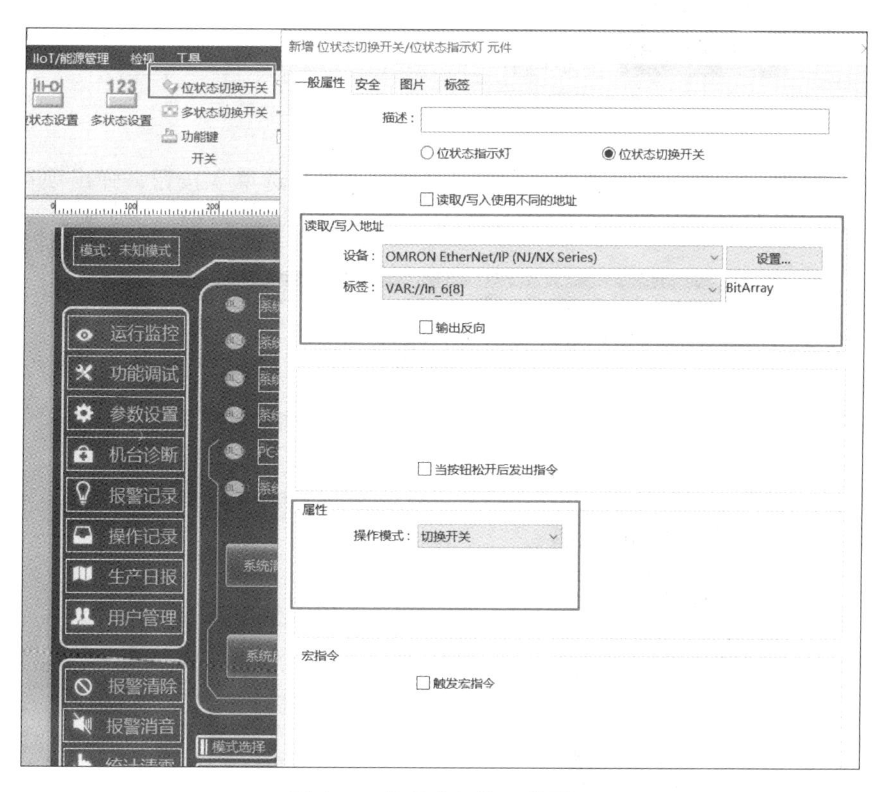

图 1-70　位状态切换开关页面

状态开关常用类型有以下两种。

1）切换开关：按压此元件后，所指定寄存器的状态将被反向。

2）复归型开关：按压此元件后，所指定寄存器的状态将先被设置为 ON，但手放开后，状态将被设置为 OFF。

（4）功能键　在菜单栏中选择“元件”，单击“功能键”按钮，弹出功能键元件属性页面，如图 1-71 所示。以切换窗口功能为例，设置一般属性，在②处的窗口编号，选择要跳转的已有的窗口。

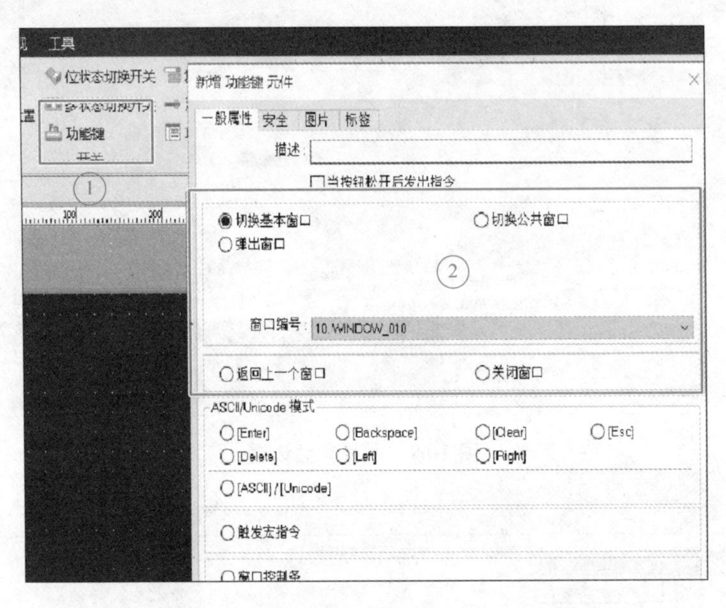

图 1-71　功能键页面

（5）项目选单　在菜单栏中选择“元件”，单击“项目选单”按钮，弹出项目选单元件属性页面，如图 1-72 所示。

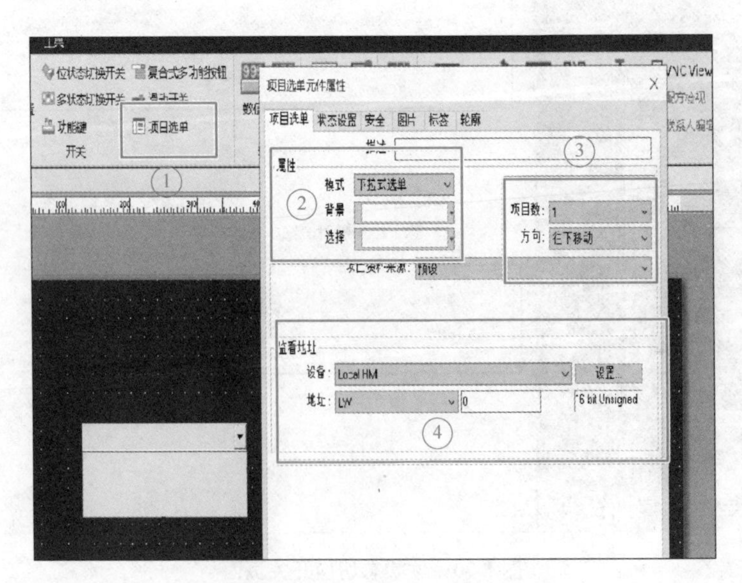

图 1-72　项目选单页面

项目选单有两种模式：

1）清单。

2）下拉式选单。

项目数增加后，可以在“状态设置”选项卡中，对项目的名称进行设置，如图 1-73 所示。

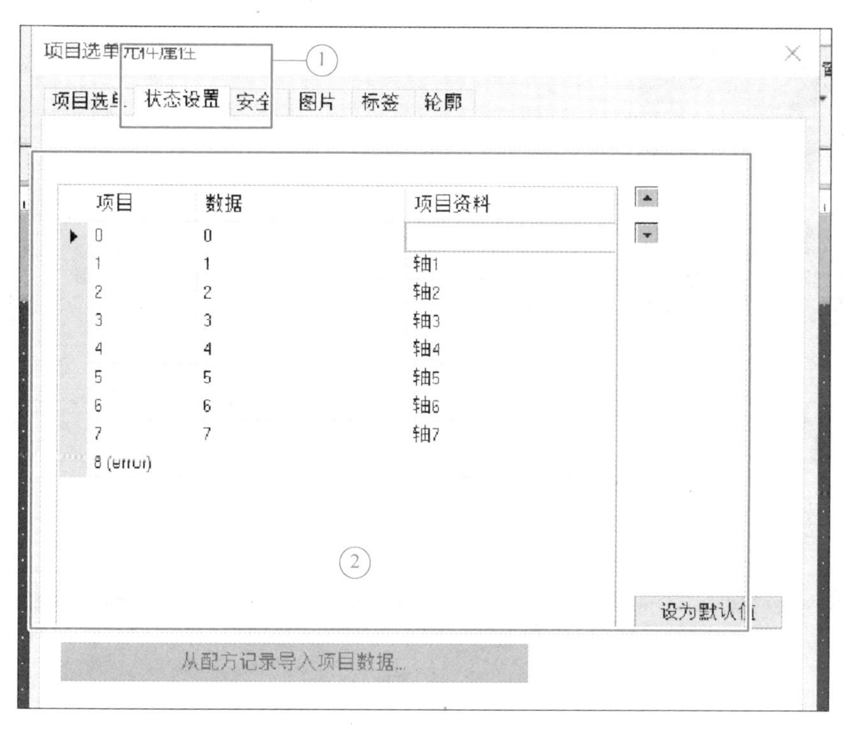

图 1-73　项目选单状态设置

（6）数值　在菜单栏中选择“元件”，单击“数值”按钮，弹出数值元件属性页面，如图 1-74 所示。

1）②处选取“启用输入功能”选项，可以将触摸屏输入的数值写进 PLC 里面。

2）单击④处，可对数值“格式”进行设置。

3. 事件登录与报警

（1）事件登录　在菜单栏中选择“资料/历史”，单击“事件登录”按钮，弹出报警（事件）登录设置页面，如图 1-75 和图 1-76 所示。

① 单击“事件登录”按钮。

② 新增事件。

③ 设置报警读取的地址。

④ 设置触发的条件。

⑤ 在信息栏设置触摸屏显示事件（报警）的内容。

⑥ 改变字体的颜色。

（2）事件导入/导出　从已有的事件登录，导出，存为 . xls 格式文件。将文件导入到无事件登录的界面，如图 1-77 所示。

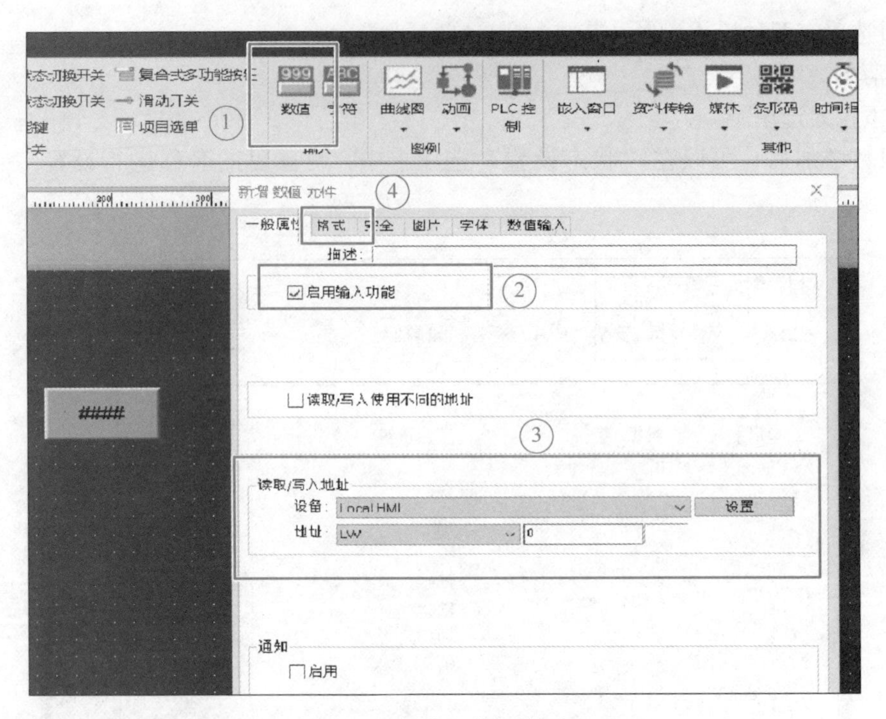

图 1-74　数值元件属性页面

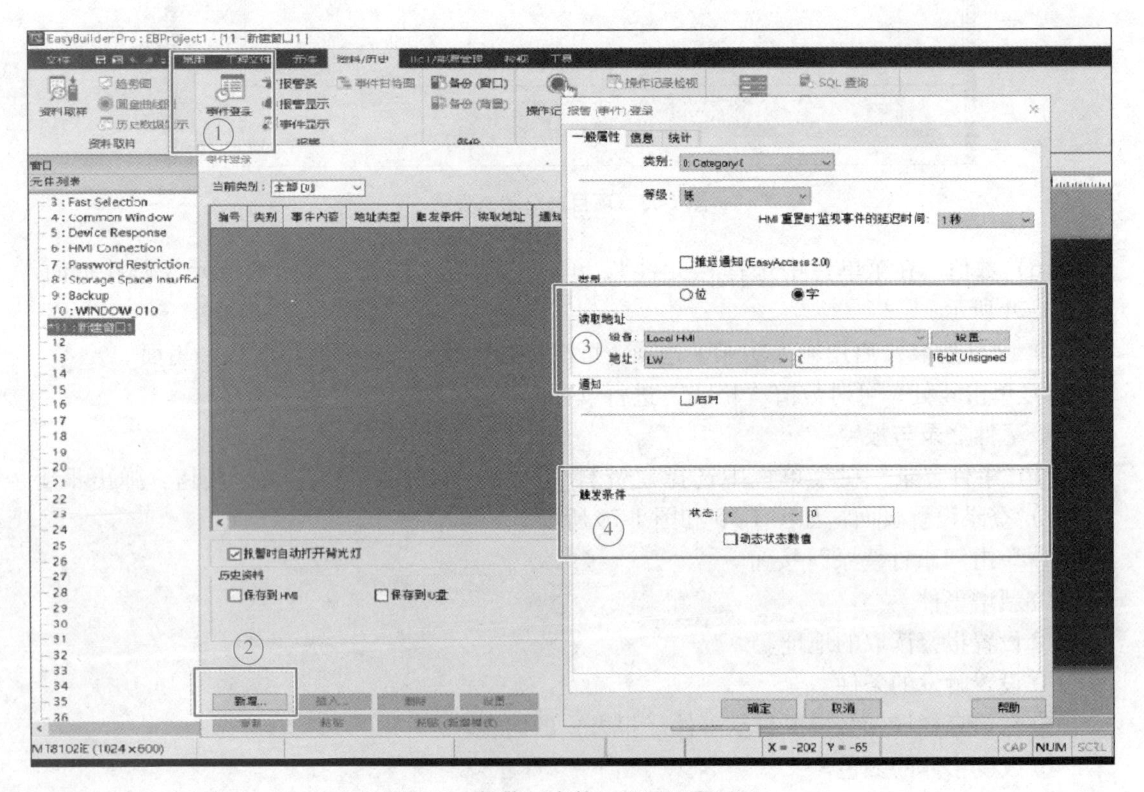

图 1-75　报警（事件）登录设置页面

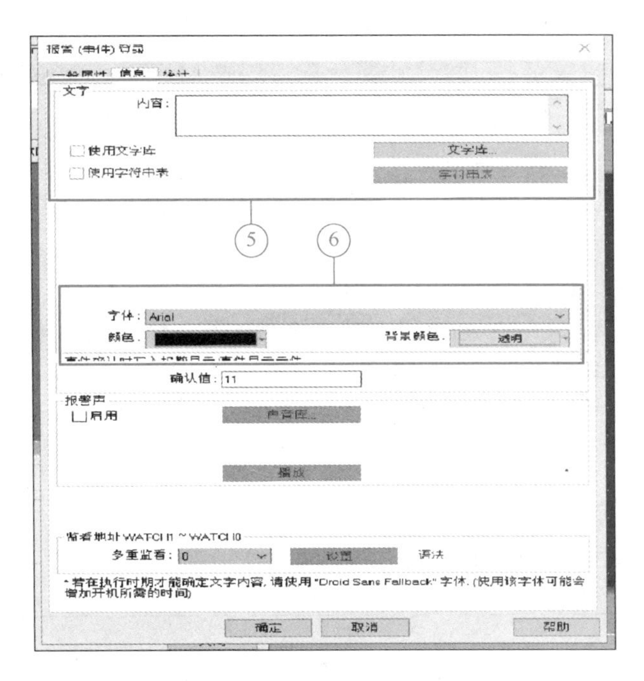

图 1-76　报警（事件）登录信息

图 1-77　事件导入/导出

（3）报警条　报警条（会滚动）用于显示事件登录的内容，如图 1-78 所示。

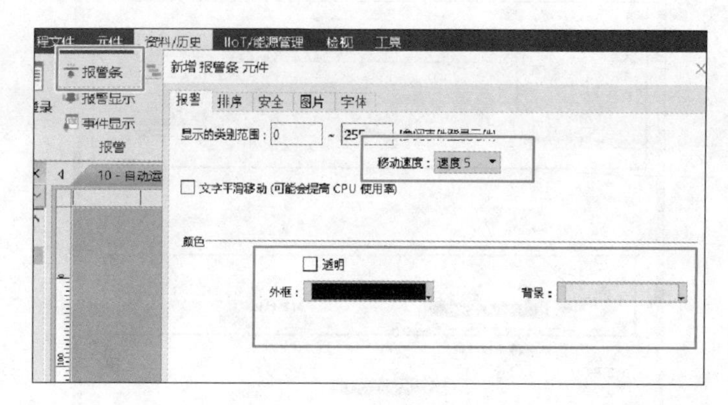

图 1-78　报警条

4. 触摸屏用户管理

（1）用户管理　用户管理设置如图 1-79 所示。

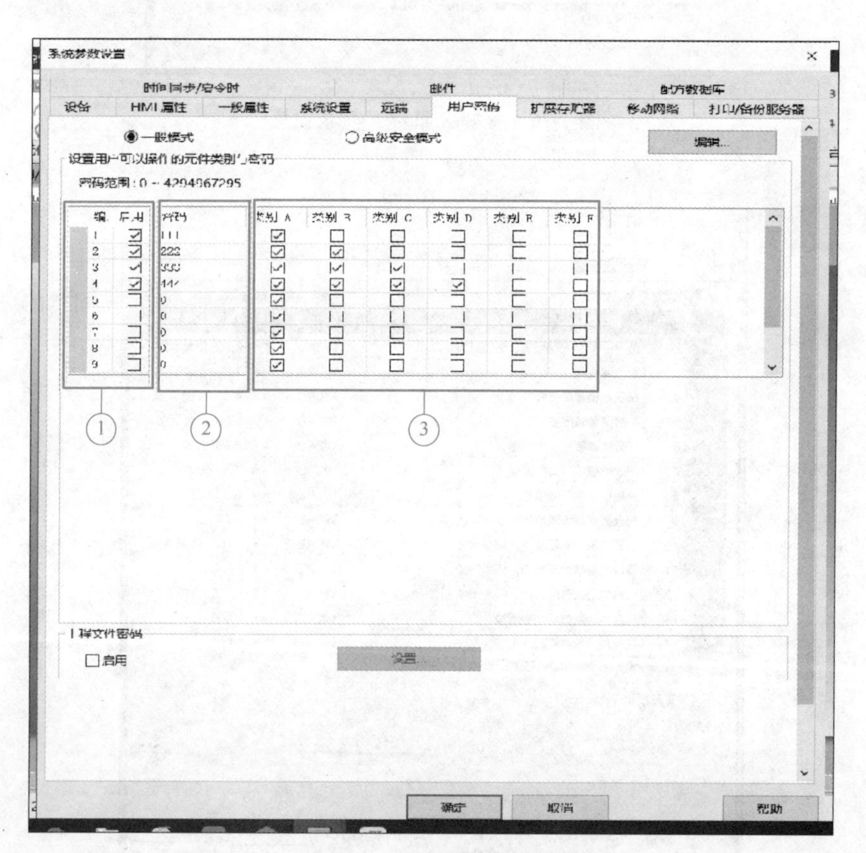

图 1-79　用户管理设置

设置用户的安全等级与密码，共有两种模式。

1）一般模式。该模式最多可设置 12 个使用者，分别设置不同的密码，密码需为非负整数，并规划每个用户可操作的元件类别分为 A ~ F，共 6 个类别。

2）高级安全模式，如图 1-80 所示。该模式可设置的用户数为 11 组，另外提供“管理员”使用模式，管理员有最大权限，可操作任何元件。

设备 | HMI 属性 | 一般属性 | 系统设置 | 远端 | 用户密码 | 扩展存储器 | 移动网络 | 时间同步/夏令时 | 邮件 | 配方数据库

○一般模式　◉高级安全模式　编辑...

☐在 HMI 上使用现有的用户账号和管理员设置（若已存在），否则将使用以下设置

编.	启用	隐藏用户	用户名称	密码	类别 A	类别 B	类别 C	类别 D	类别 E	类别 F
1	☑	☐	user1	1	☑	☑	☐	☐	☐	☐
2	☑	☐	user2	2	☑	☑	☑	☐	☐	☐
3	☐	☐	user3	3	☐	☐	☐	☐	☐	☐
4	☐	☐	user4	4	☐	☐	☐	☐	☐	☐
5	☐	☐	user5	5	☐	☐	☐	☐	☐	☐
6	☐	☐	user6	6	☐	☐	☐	☐	☐	☐
7	☐	☐	user7	7	☐	☐	☐	☐	☐	☐
8	☐	☐	user8	8	☐	☐	☐	☐	☐	☐

类别	描述
类别 A	
类别 B	
类别 C	
类别 D	

管理员　☐隐藏用户　用户名称：admin　密码：111111

设备：Local HMI　设置...

地址：PLW　8950

工程文件密码　☐启用　设置...

图 1-80　高级安全模式

CMT 系列触摸屏不支持一般模式。

（2）元件的安全防护　设置元件的安全防护，如图 1-81 所示。

图 1-81　元件安全防护

1）元件操作安全防护（①处）。

2）用户可操作元件类别设置（②处），如图 1-82 所示。

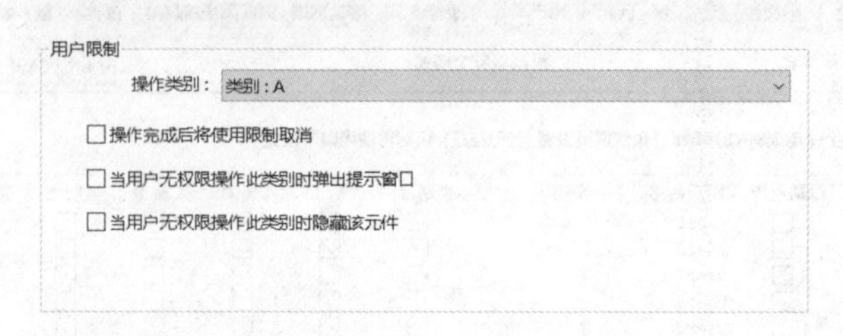

图 1-82　用户限制

对元件进行操作权限设置，可选中以下功能。

1）操作完成后取消使用限制。

2）无权操作时弹出提示窗口。

3）无权操作时隐藏元件。

（3）离线/在线模拟　如图 1-83 所示，单击“离线模拟”按钮，软件自动对窗口进行编译，无错误后弹出触摸屏界面。

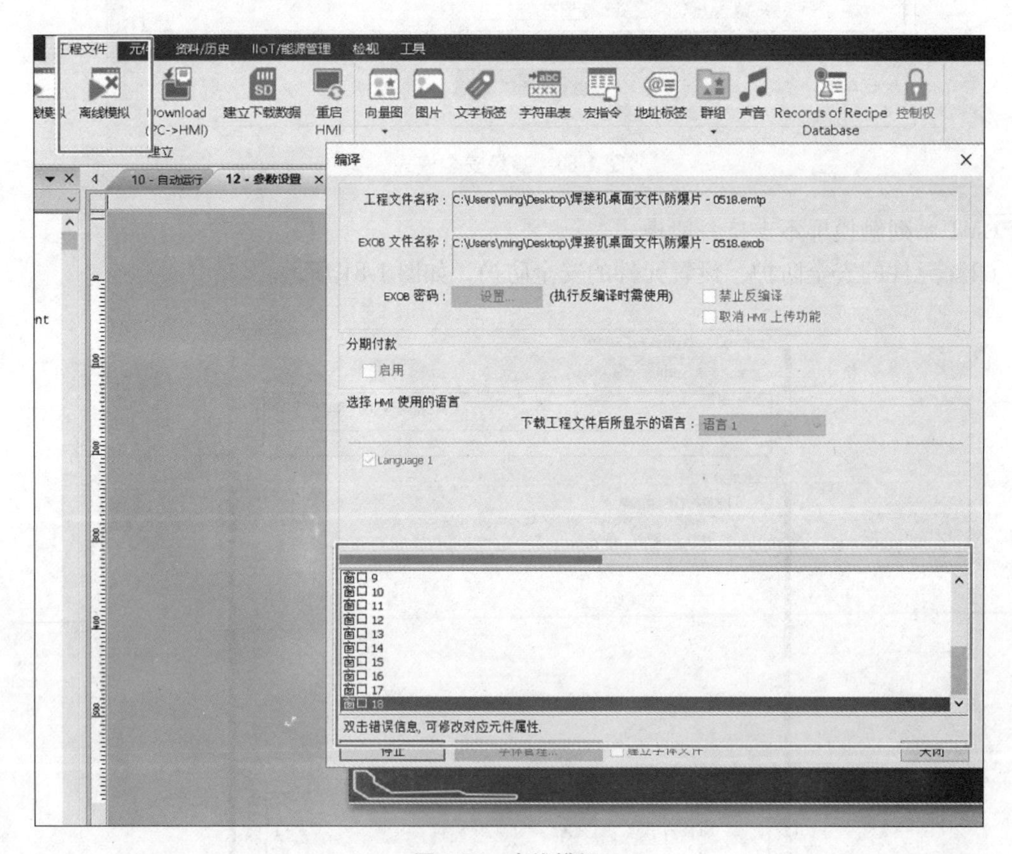

图 1-83　离线模拟

1）在线模拟：需要用计算机连接 PLC，把计算机显示屏当作触摸屏。

2）离线模拟：直接在计算机上模拟。

（4）下载　用网线连接触摸屏，输入触摸屏的 IP 地址，单击“下载”按钮，如图 1-84 所示。

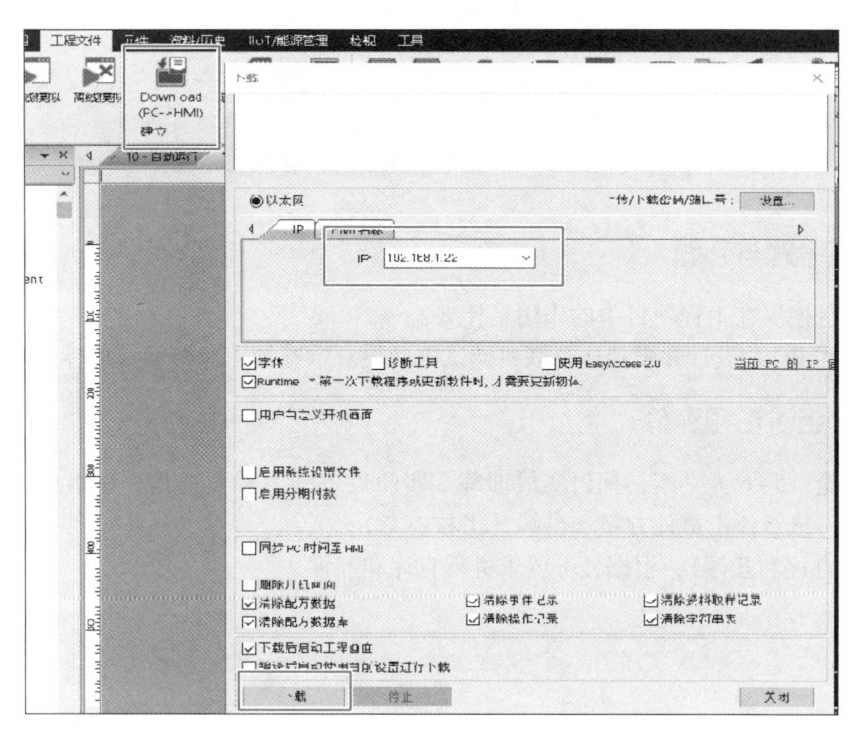

图 1-84　下载

下载失败的原因有：

1）计算机与触摸屏没连接。

2）触摸屏 IP 地址错误。

3）计算机 IP 地址与触摸屏 IP 地址不在同一网段。

4）触摸屏端口号不对。

四、实战训练

训练 1：熟悉软件操作，按照案例对每个控件进行练习。

训练 2：按照电动机起保停控制程序（图 1-85），完成触摸屏界面设计，如图 1-86 所示，并进行通信调试。

图 1-85　电动机起保停控制程序

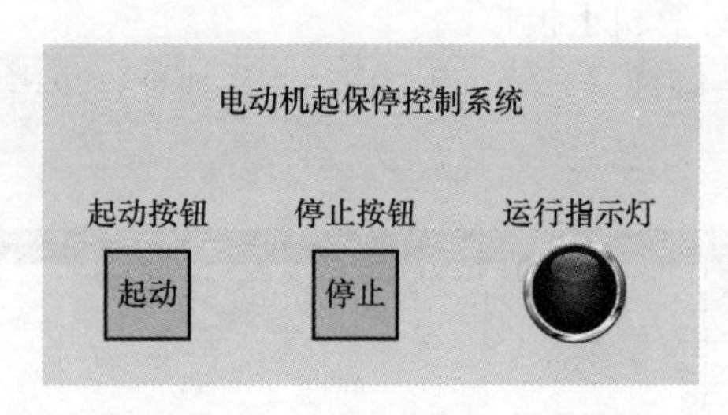

图 1-86　电动机起保停触摸屏界面

五、思考题与习题

思考：触摸屏在工程项目中的作用是什么？

习题：在 PC 端设计并模拟运行联机调试电动机双重互锁正反转触摸屏界面。

六、分组讨论和评价

分组讨论：5~6 人一组，探讨实战训练 2 实验设备的下载及通信，每组提供训练 1、2 的成果讲解；班级评出最佳方案和讲解（考核参考）。

评价（自评和互评）：根据任务要求进行自评和互评。

02

项目二

>>>>> PLC应用基础案例与实战训练

单元 1 电动机的 PLC 控制

一、任务概要

任务目标： 熟悉 PLC 输入、输出的接线原理和知识，掌握 LD、LDI、OUT、AND、ANI 等基本指令的使用，通过案例学习和实践掌握电动机的接线和 PLC 控制运动的常用编程方法。

任务要求： 熟练掌握 PLC 控制电动机运动的编程方法；掌握定时器 T 的使用；掌握直流电动机运行的梯形图设计和调试方法；掌握 FX5U-32MT 的 PLC 控制电动机的接线方法，能独立完成电动机常用控制方法的接线和 PLC 控制程序编写的实际操作。

条件配置： GX Works3 软件，Windows 7 以上系统计算机，电动机 PLC 控制实操训练台。

任务书：

任务名称	掌握电动机的 PLC 控制
任务要求	在电动机 PLC 控制实操训练台上根据控制任务要求按图接线，完成控制系统搭建，编写 PLC 控制程序，实现电动机驱动调试
任务设定	1. 直流电动机单项运行 PLC 控制程序编写 2. 电动机正反转运行 PLC 控制程序编写 3. 三相异步电动机Y-△降压起动 PLC 控制程序编写
预期成果	了解电动机的运行方式，熟悉编程指令，完成控制程序编写，将编写的 PLC 控制程序在自己搭建的电动机 PLC 控制系统中完成通电测试，直至运行正常

二、单元知识

1. LD、LDI、OUT 指令

（1）LD、LDI　LD 取指令，表示每一行程序中第一个与母线相连的常开触点，并且可以与下文讲到的 ANB、ORB 指令组合，在分支起点处也可使用。LDI 取反指令，与 LD 的用法相同，只是 LDI 是针对常闭触点。LD、LDI 两条指令的目标元件是 X、Y、M、S、T、C。

（2）OUT　线圈驱动指令。可以驱动输出继电器（Y）、辅助继电器（M）、状态器

(S)、定时器（T)、计数器（C）的线圈等，对输入继电器（X）不能使用。梯形图与指令表如图 2-1 所示。

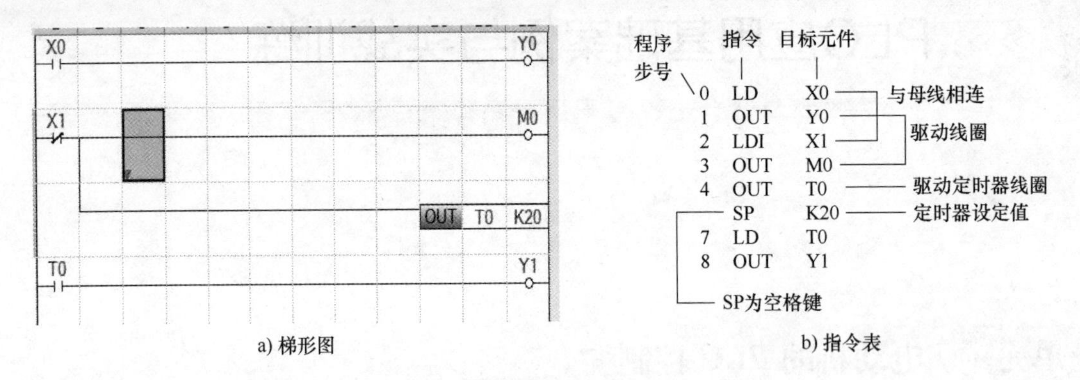

a) 梯形图　　b) 指令表

图 2-1　梯形图与指令表（一）

2. 触点串联指令 AND、ANI

(1) AND　用于单个常开触点的串联。

(2) ANI　与非指令。用于单个常闭触点的串联。

AND 与 ANI 都是一个程序步指令，串联触点的个数没有限制，该指令可以多次重复使用。梯形图与指令表如图 2-2 所示。这两条指令的目标元件为 X、Y、M、S、T、C。

执行 OUT 指令后，通过触点对其他线圈使用 OUT 指令称为纵接输出或连续输出，如图 2-2b 中的“OUT Y3”。这种连续输出如果顺序不错，可以多次重复。

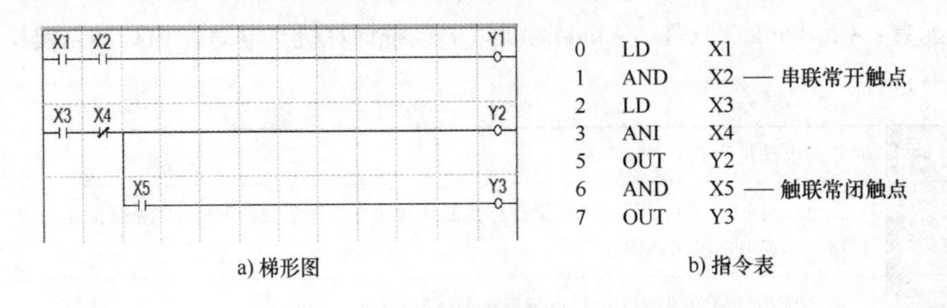

a) 梯形图　　b) 指令表

图 2-2　梯形图与指令表（二）

3. 定时器（T）

定时器是 PLC 内具有延时功能的软元件，它有一个设定值寄存器（一个字长），一个当前值寄存器（一个字长）以及无限个触点（常开和常闭），触点可以用无限多次。定时器工作是将 PLC 内的 1ms、10ms、100ms 等的时钟脉冲相加计算，当它的当前值等于设定值时，定时器的输出触点就会动作。定时器参数可由常数（K）或数据寄存器（D）中的数值设定，如图 2-3 所示。

当“X0”接通时会驱动“T0”的线圈，则“T0”用当前值寄存器将 100ms 的时钟脉冲相加计数，当等于设定值（“K10”）时，定时器的输出触点就会动作。也即输出触点在线圈驱动后 1s 动作，起到延时作用。当“X0”断开或停电时，定时器的当前值复位为 0，输出触点复位。

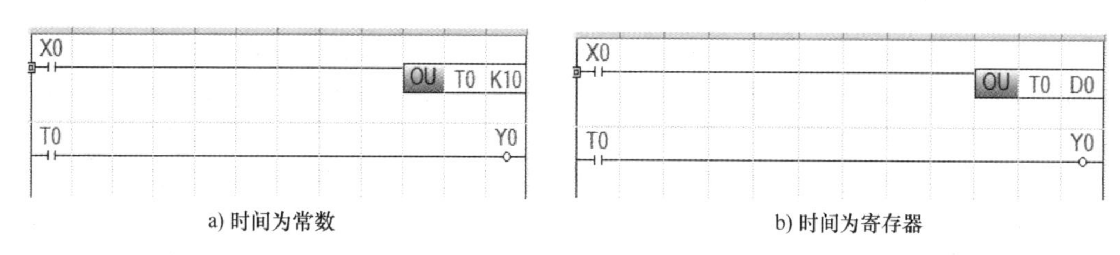

a) 时间为常数　　　　b) 时间为寄存器

图 2-3　定时器参数设定

三、案例讲解与演示

1. 用 PLC 控制直流电动机的单向运行

在设计 PLC 程序之前，需要对 PLC 的外围资源有充分的了解（包括有哪些控制按钮？直流电动机在哪？分别用什么符号表示？直流电动机的工作电源等），形成一定的编程思路，然后设计出 PLC 的 I/O 分配表，分配表的基本信息应该包含输入端和输出端，以及各端口的作用说明。

直流电动机正转控制部分的功能要求如下。

（1）直流电动机接线　图 2-4 所示为直流电动机单向运行主电路原理图。

（2）I/O 接线　按图 2-5 所示 I/O 接线图接好线。

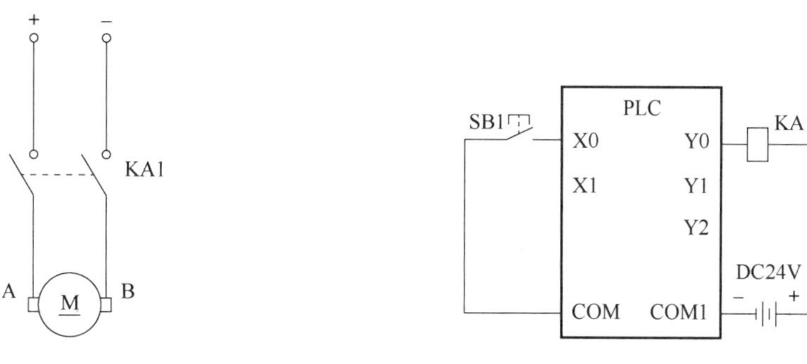

图 2-4　直流电动机单向运行主电路原理图　　　　图 2-5　I/O 接线图

（3）根据任务要求编写程序　按图 2-6 所示程序完成直流电动机运行程序的编写。

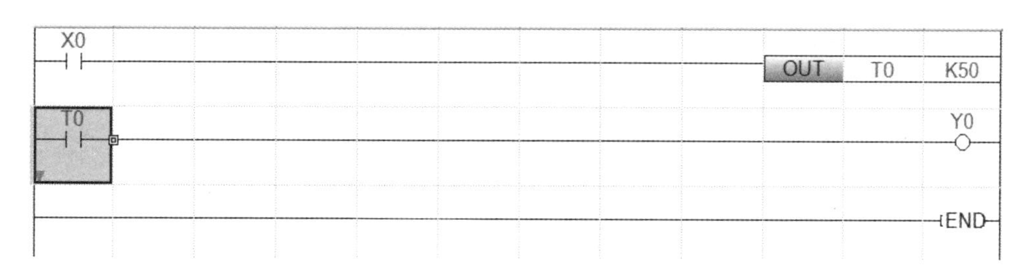

图 2-6　直流电动机运行程序

（4）程序下载　把程序下载到 PLC 中，接好线，仔细观察直流电动机是怎样运行的。注意：接好线通电之前先用万用表检查一遍，电路正常才能通电。若在检查的过程中发现电路存在故障，应排除故障后再通电。

1）按住“SB1”按钮，输入继电器“X0”接通，直流电动机经过 5s，输出继电器得电，电动机起动运行，松开“SB1”按钮，输入继电器“X0”断开，输出继电器“Y0”失电，直流电动机停止运行。

2）按下起动按钮 3s 后，电动机起动并连续运行，直至按下停止按钮电动机才停止。试完成 I/O 分配表，编写程序并调试。

3）按下起动按钮，电动机起动并连续运行，按下停止按钮 3s 后电动机才停止。试编写程序并调试。

4）按下按钮 3s 后电动机起动连续运行，按下停止按钮 3s 后电动机停止。

5）两台电动机：按下按钮第一台电动机起动连续运行，3s 后第二台电动机起动连续运行，按下停止按钮两台电动机停止。试编写程序并调试。

2. 用 PLC 控制直流电机的正反转

（1）直流电动机如何由正向运行转换为反向运行　可以按如下方法操作。

1）按照上一单元所学知识，控制直流电动机的单向连续运行应有停止按钮。编好程序并下载到 PLC 中。

2）按下起动按钮，电动机运行，观察电动机的运行方向是顺时针转动还是逆时针转动。

3）按下停止按钮，电动机停转后，把直流电动机的 A、B 两个接线端的接插线对调。

4）再起动电动机，观察电动机的转动方向。

结论：把通入直流电动机电源的正负极对调后，即可实现直流电动机反转。

（2）直流电动机正反转控制部分的功能要求　用两个继电器可实现对直流电动机的正反转控制，“KA1”闭合正转，“KA2”闭合反转，直流电动机正反转接线图如图 2-7 所示。

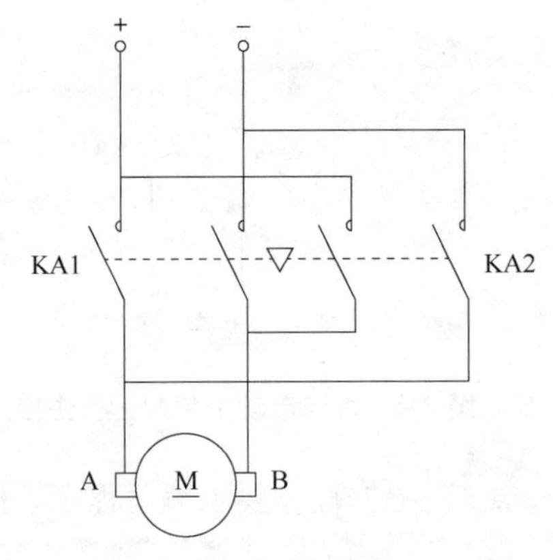

图 2-7　直流电动机正反转接线图

仔细研究主电路，“KA1”与“KA2”能不能同时闭合？为什么？在编程时应如何解决“KA1”与“KA2”触头同时闭合的问题？

如图 2-8 所示，这段程序是不够完善的。当“X1”与“X2”同时闭合时，“Y0”与“Y1”同时输出，即“KA1”与“KA2”线圈会同时得电，触头同时闭合，主电路形成短路。如何解决“Y0”与“Y1”不能同时输出的问题？

把修改后的程序下载到 PLC 中，并按照 I/O 接线图接好线，认真检查，仔细观察直流电动机的运行方向。在编程前先完成下面的填空。

按下________按钮，输入继电器________接通，直流电动机（顺时针或逆时针）转动；按下________按钮，输出继电器________失电，直流电动机停止惯性转动；按下________按钮，输入继电器________接通，直流电动机（顺时针或逆时针）转动。

试一试：

1）设想第一种控制方式。按下“SB2”按钮，直流电动机连续正转，按下“SB3”按钮，直流电动机连续反转，按下“SB1”按钮，直流电动机停止转动。

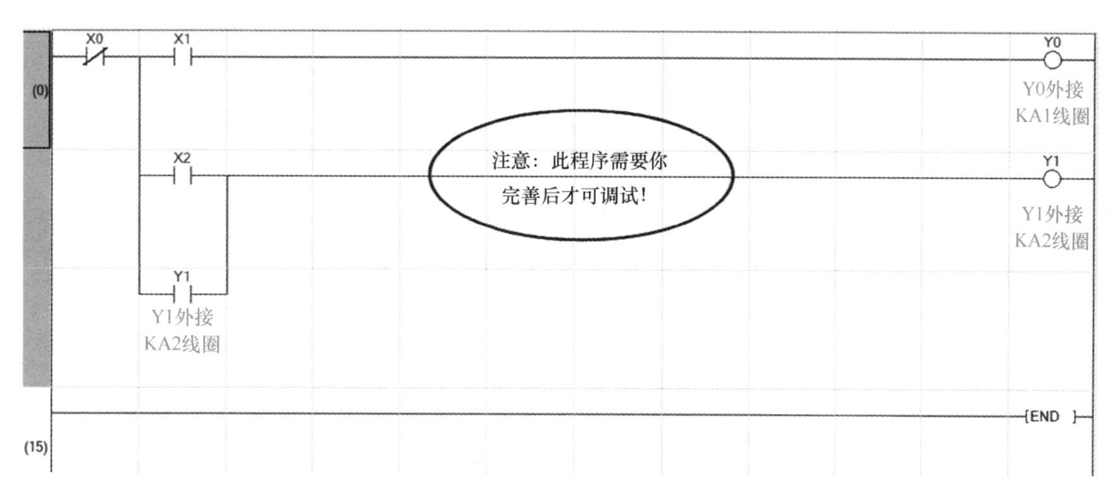

图 2-8　直流电动机正反转程序测试

2）设想第二种控制方式。按下起动按钮正转 5s 停止，3s 后，反转 5s 后自动停止；按下起动按钮正转 5s 停止，3s 后，反转 5s 停止，3s 后正转，实现自动循环。

3）设想第三种控制方式。两台电动机，按下“SB1”按钮，电动机“M1”“M2”正转 5s 后停止。按下“SB2”按钮，电动机“M1”“M2”反转 5s 后停止。程序应有急停功能，试编写程序并调试。

4）设想第四种控制方式。两台电动机，按下“SB1”按钮，电动机“M1、M2”正转 5s 后停止，3s 后电动机“M1”“M2”反转 5s 后停止。试编写程序并调试。

3. 三相异步电动机的Y—△降压起动控制

（1）置/复位指令（SET/RST）　SET 是自保持（置位）指令，该指令使被操作的目标元件置位并保持。RST 是解除（复位）指令，该指令使被操作的目标元件复位并保持清零状态。置/复位指令的应用如图 2-9 所示。程序控制时序图如图 2-10 所示。

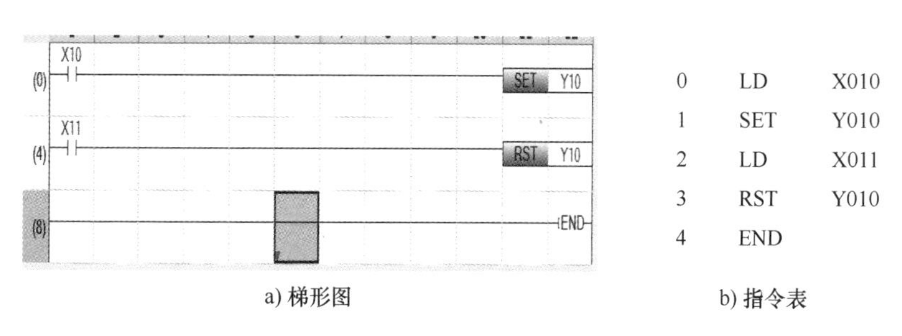

0	LD	X010
1	SET	Y010
2	LD	X011
3	RST	Y010
4	END	

a) 梯形图　　　　b) 指令表

图 2-9　置/复位指令的应用

（2）三相异步电动机Y—△降压控制部分的功能要求　由电力拖动的基础知识可知，三相交流异步电动机起动时电流较大，一般是额定电流的 4~7 倍。故对于功率较大的电动机，应采用降压起动方式，Y—△降压起动是常用的方法之一。

起动时，定子绕组首先接成星形，待转速上升到接近额定转速时，再将定子绕组的接线换成三角形，电动机便进入全电压正常运行状态。电动机接线原理图如图 2-11 所示。

工作时，首先合上刀开关“QS”，当接触器“KM1”及“KM3”接通时，电动机Y形起动。当接触器“KM1”及“KM2”接通时，电动机△形运行。线路中“KM2”和“KM3”的常闭触点构成电气互锁，保证电动机绕组只能接成一种形式，即Y形或△形，以防止同时连接成Y形及△形而造成电源短路。准备好之后可以试着完成下面的任务。

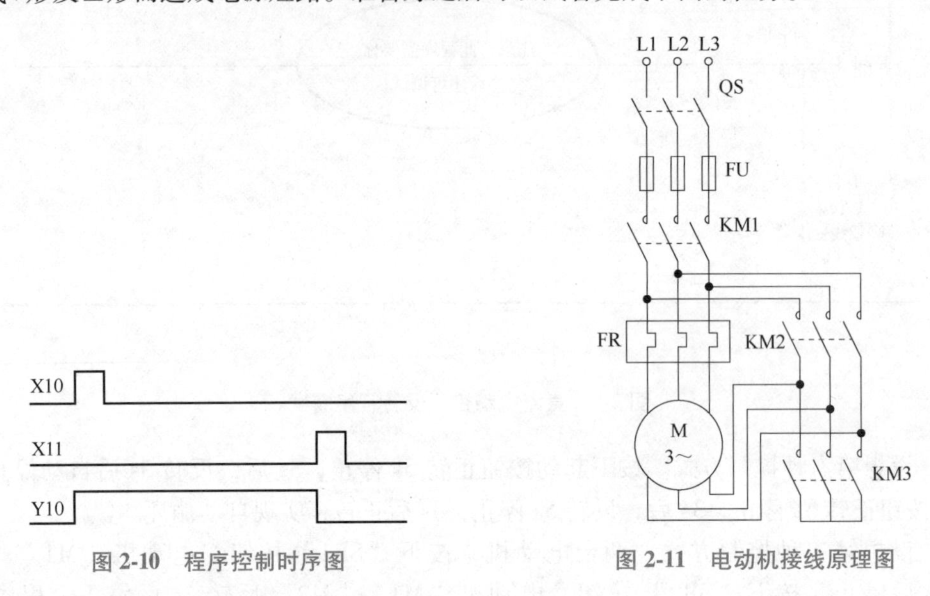

图 2-10 程序控制时序图　　　　图 2-11 电动机接线原理图

任务： 按下起动按钮“SB1”，电动机以Y形方式起动，按下“SB2”转换为△形运行。按下停止按钮“SB3”，电动机停止运行。

（3）分析任务

1）根据任务要求，制定 PLC 的 I/O 分配表，见表 2-1。

表 2-1 PLC 的 I/O 分配表

输入			输出		
输入继电器	元件代号	作用	输出继电器	元件代号	作用
		Y形起动			接入电源
		△形运行			连接成Y形
		停止			连接成△形
		过载保护			

2）根据 I/O 分配表画出 PLC 的 I/O 接线图。

在编程前先完成下面的填空。

按下“SB1”按钮，输出继电器________和________得电，三相异步电动机连接________起动。电动机转速上升到接近额定转速时，按下“SB2”按钮，输出继电器________失电和________得电，电动机接成运行状态，按下“SB3”按钮，输出继电器________和________失电，电动机停止运转。

根据上面的思路，编写控制程序。

试一试：

1）设想第一种控制方式。按下起动按钮“SB1”，电动机以Y形方式起动，Y形接法运行 30s 后自动转换为△形接法运行。按下停止按钮“SB3”，电动机停止运行。

2）设想第二种控制方式。按下起动按钮“SB1”，电动机以Y形方式起动，Y形接法运行 30s 后转换为△形接法运行。运行 1h 后电动机自动停止。

3）设想第三种控制方式。两台三相异步电动机控制均采用Y—△降压起动，Y形接法运行 10s 后转换为△形接法运行。工作方式为按下起动按钮，“M1”电动机起动运行 1h 后停止，“M2”电动机起动运行，按下停止按钮，“M2”电动机停止运行，1h 后“M1”自动停止运行。

四、实战训练

训练 1： 设计一个按下按钮松手 3s 后，电动机才起动并连续运行，直至按下停止按钮电动机才停止运行的 PLC 程序（梯形图）。

训练 2： 设计直流电动机控制部分的 PLC 程序（梯形图）。

训练 3： 用置/复位指令完成下面的任务设计。

按下起动按钮“SB1”，电动机以Y形接法起动，按下“SB2”按钮，转换为△形接法运行。按下停止按钮“SB3”，电动机停止运行。完成 I/O 分配表及梯形图。

要求： 画出 I/O 分配表、I/O 接线图和梯形图。

五、思考题与习题

思考： 设计出两台电动机顺序起动、逆序停止的控制电路，并思考应如何编写控制程序。即：“M1”起动后“M2”才能起动，“M2”停止后“M1”才能停止。

六、分组讨论和评价

分组讨论： 5~6 人一组，探讨实战训练 1 的最佳解决方案，每组提供训练 1、2、3 的成果讲解；班级评出最佳方案和讲解（考核参考）。

评价（自评和互评）：根据任务要求进行自评和互评。

单元 2　气缸控制与应用

一、任务概要

任务目标： 了解气压传动系统的知识，掌握气缸运动控制与应用技术，熟练触摸屏页面组态及其 PLC 编程方法。

任务要求： 根据气压传动原理，掌握气动系统元件的连接和控制技术；熟悉辅助继电器软元件的功能，掌握使用 PLC 和触摸屏的通信及编程技术；能够根据气动系统工作要求，在气动系统控制编程实操训练台上，独立完成气缸运动控制的气路和电气线路接线及 PLC 控制程序编写的实际操作。

条件配置： GX Works3 软件，EasyBuilder Pro 软件，Windows 7 以上系统计算机，气动系统控制 PLC 编程实操训练台。

任务书：

任务名称	掌握 PLC 气缸运动控制与应用技术
任务要求	在气动系统 PLC 控制编程实操训练台上，独立完成气动元件的接线、安装、编程与调试
任务设定	1. 在气动系统实操训练台上按气动系统工作要求和气动系统图安装气动元件，完成气动元件控制电气线路连线 2. 根据气动系统工作要求完成触摸屏界面组态 3. 根据气缸运动要求完成 PLC 程序编写 4. 通电调试，气缸运动符合要求
预期成果	掌握气动系统元件的工作原理；掌握气缸运动控制编程技术；能独立完成气动系统安装、接线、编程和调试，并运行正常

二、单元知识

气动元件是指通过气体的压强或膨胀产生的力来做功的元件，即将压缩空气的弹性能量转换为动能的机件，如气缸、气马达、蒸汽机等。气动元件是一种动力传动机件，也是能量转换装置，利用气体压力来传递能量。气缸是自动化设备中普遍存在的执行机构，本单元主要讲述如何在程序中控制气缸动作。

1. 气动元件的分类

（1）气缸类　标准/超薄气缸、迷你/笔形气缸等。

（2）控制元件　电磁阀、气动阀、机械阀等。

（3）气源处理元件　各种规格的多联件、调压/给油器等。

（4）辅助元件　各类管接头、油压缓冲器、PU 管等。

2. 气缸选型

缸径的大小直接影响气缸出力的大小，在选择缸径尺寸时，应确认以下 3 个使用条件。

1）确定负载的大小，包括工件、夹具、导杆等可动部分的质量。

2）选定使用的空气压力，即供应气缸的压缩空气压力。

3）活塞杆动作方向及动作速度，确定气缸动作方向（上、下、水平）。

气缸实际出力=最大理论出力×η，对于静载荷（夹紧、低速铆合），$\eta \leqslant 70\%$；对于气缸运动速度在 50~500mm/s 内的水平或垂直运动，$\eta \leqslant 50\%$，对于气缸运动速度在 500mm/s 以上的，$\eta \leqslant 30\%$。

3. 控制元件

电磁控制阀选型表见表 2-2。

表 2-2　电磁控制阀选型表

机能	控制内容	符号
2 位置单线圈	断电后，恢复原来位置	B A R2 P R1

（续）

机能	控制内容	符号
2 位置双线圈	某一侧供电时，则阀芯切换至该侧的位置，断电时，能保持断电前的位置	B A R2 P R1
3 位置（中位封闭），双线圈	两侧同时不供电时，供气口及气缸同时封堵，气缸内的压力便不能排放出来	B A R2 P R1
3 位置（中位排气），双线圈	两侧同时不供电时，供气口被封堵，从气缸口向大气排放	B A R2 P R1
3 位置（中位加压），双线圈	两侧同时不供电时，供气口同时向两个气缸口通气	B A R2 P R1

4. 气源处理元件

（1）过滤器　除去压缩空气中的固态杂质、水滴和污油滴等，不能除去气态的水和油。

（2）调压阀　调节压力高低；消除上流压力的波动影响，保证输出压力稳定。

（3）给油器　无需润滑的元件可以不给油，但是一旦给油后就不能中途停止供油，同时，要防止冷凝水进入元件内，以免冲洗掉润滑油。

三、案例讲解与演示

使用 PLC 控制器，型号为 FX5U-32MT/ES，编程工具 GX Works3，用 2 位置单线圈电磁阀控制气缸，控制任务要求如下。

1. 控制要求

用 2 位置单线圈电磁阀控制气缸，输出信号为“Y10”，两个磁性开关为检测信号，原位输入信号为“X10”，到位输入信号为“X11”，I/O 表见表 2-3。

表 2-3　I/O 表

输入	名称	输出	名称
X10	气缸原位	Y10	气缸执行
X11	气缸到位		

2. 按图接线

按此 I/O 表，绘制电气接线图，输入端接线图如图 2-12 所示，输出端接线图如图 2-13 所示。接线完成后进行通电测试。

3. 触摸屏编辑

使用的触摸屏型号为 MT8071iE，其对应的页面编辑工具为 EasyBuilder Pro，根据任务要求，设计一个触摸屏控制界面，如图 2-14 所示。

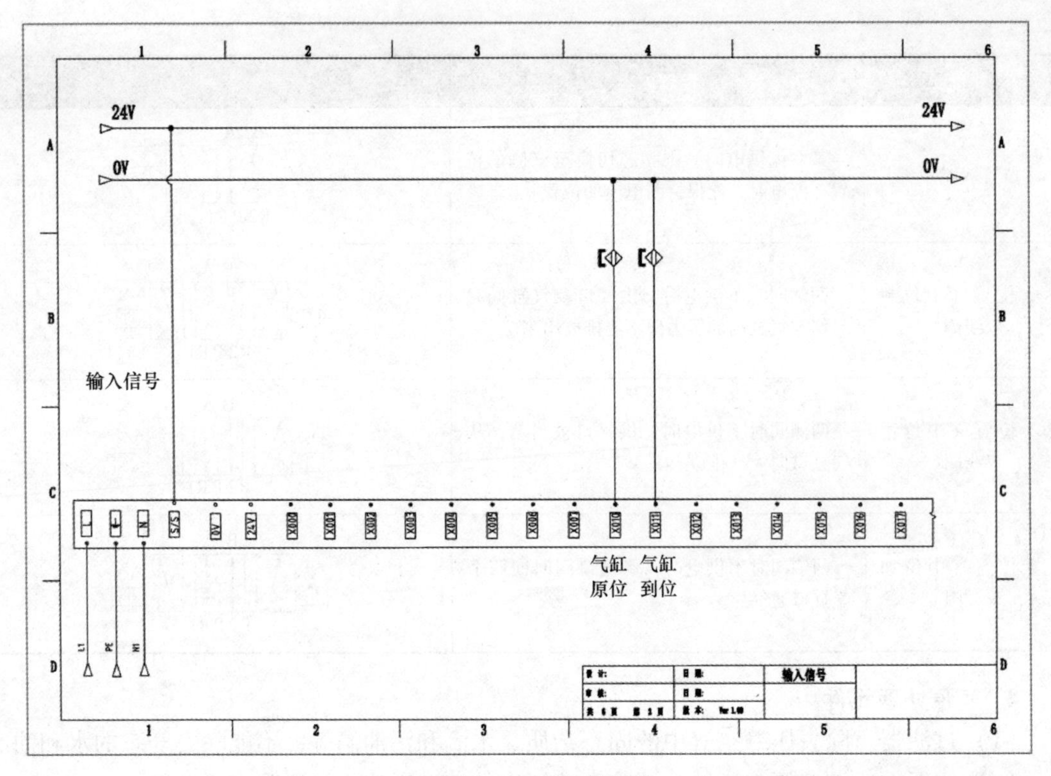

图 2-12 输入端接线图

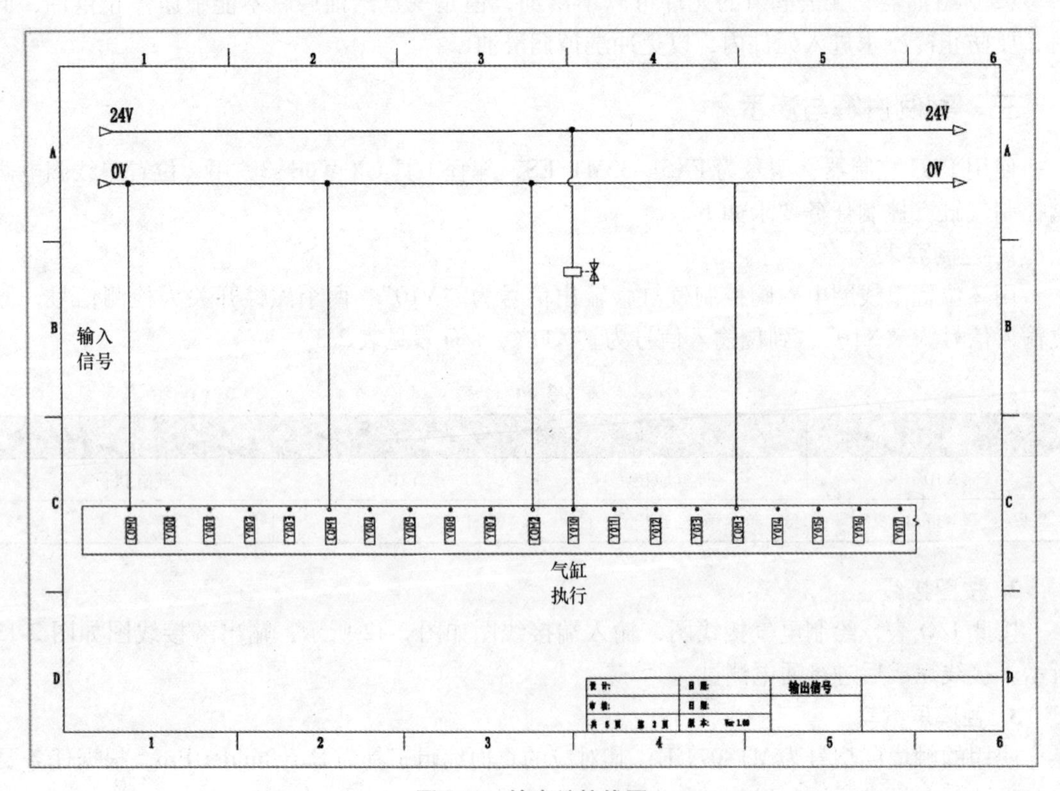

图 2-13 输出端接线图

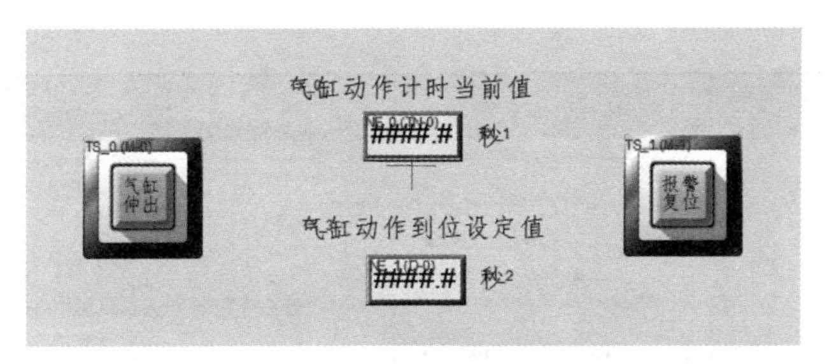

图 2-14 触摸屏控制界面

新建一个触摸屏文件，然后设置对应的 PLC 参数，具体操作见表 2-4。

表 2-4 触摸屏操作表

步骤说明	配图
【新建文件】 打开 EasyBuilder Pro 软件，在菜单栏“文件”中，选择“新建”	
【选择触摸屏型号】 选择型号 MT8071iE/MT8101iE (800×480)，根据使用情况，选择显示模式为“水平”或“垂直”，本任务选择“水平”，并选中“使用范本”	
【系统参数设置 1】 选择 Local HMI 型号，单击“确定”按钮之后，软件会弹出一个系统参数设置页面，单击该页面中的“新增设备”按钮 注：关闭之后如果需要打开，可以单击菜单栏中的“编辑”→“系统参数设置”按钮来打开该设置页面	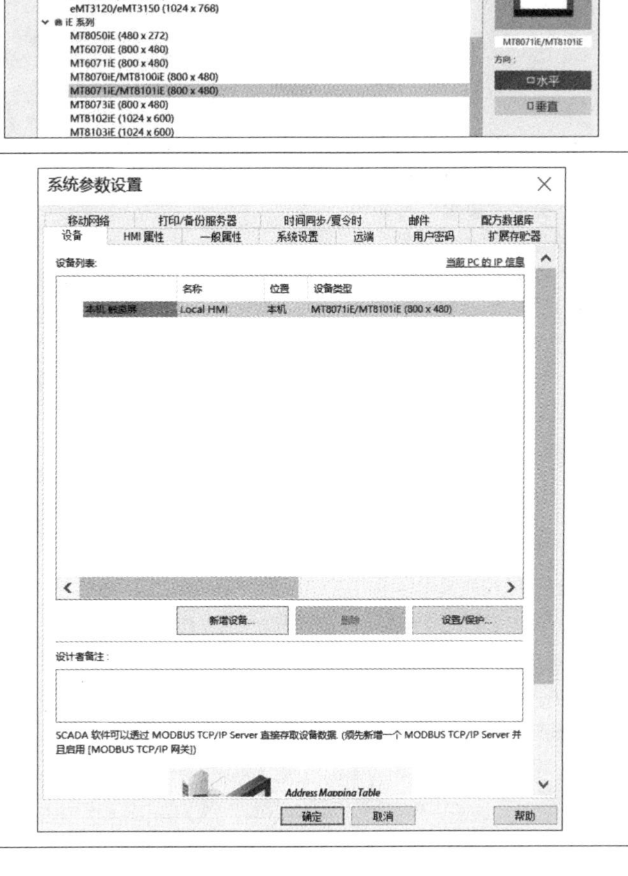

（续）

<table>
<tr><th>步骤说明</th><th>配图</th></tr>
<tr><td>【系统参数设置 2】
单击“新增设备”按钮之后，软件弹出设备属性页面，“设备”选择 PLC，“所在位置”选择“本机”，PLC 类型选择 Mitsubishi Electric Corporation 中的 Mitsubishi FX5U-Binary Mode（Ethernet），即二进制以太网通信模式</td><td>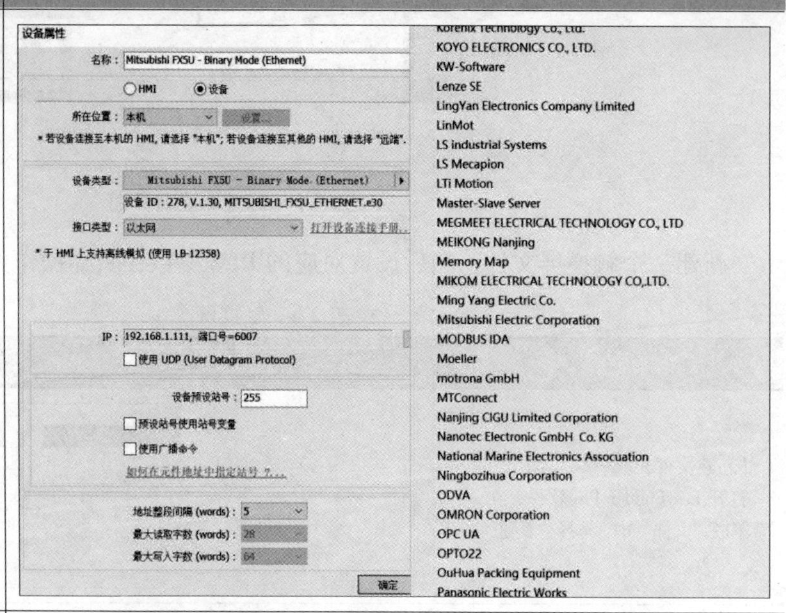
</td></tr>
<tr><td>【系统参数设置 3】
“接口类型”选择“以太网”，单击 IP 地址旁的“设置”按钮，设置成要连接 PLC 控制器的 IP 地址，“端口号”也与 PLC 通信端的端口号设置一致</td><td>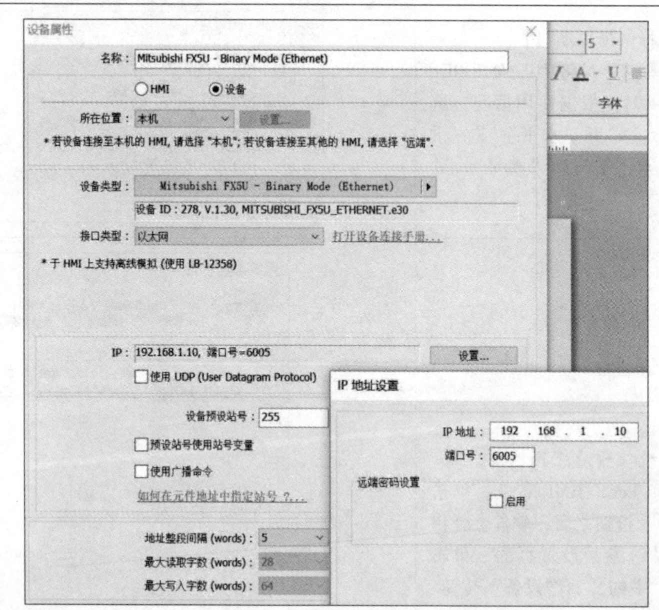
</td></tr>
<tr><td>【系统参数设置 4】
设置完成后，在设备列表中将显示对应的设备名称和相关参数，如右图所示</td><td>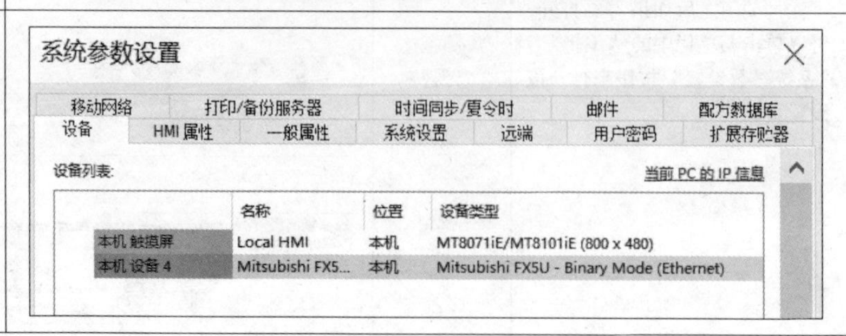
</td></tr>
</table>

（续）

<table>
<tr><th>步骤说明</th><th>配图</th></tr>
<tr><td>【保存文件】
选择单击菜单栏中的“文件”→“保存文件”，在弹出的窗口中选择合适的保存路径和文件名称</td><td>
</td></tr>
<tr><td>【页面添加气缸伸出开关元件】
在窗口左侧的目录树中，单击“窗口”，双击打开页面“10：WINDOW_010”，单击菜单中的“元件”，选择“位状态切换开关”</td><td>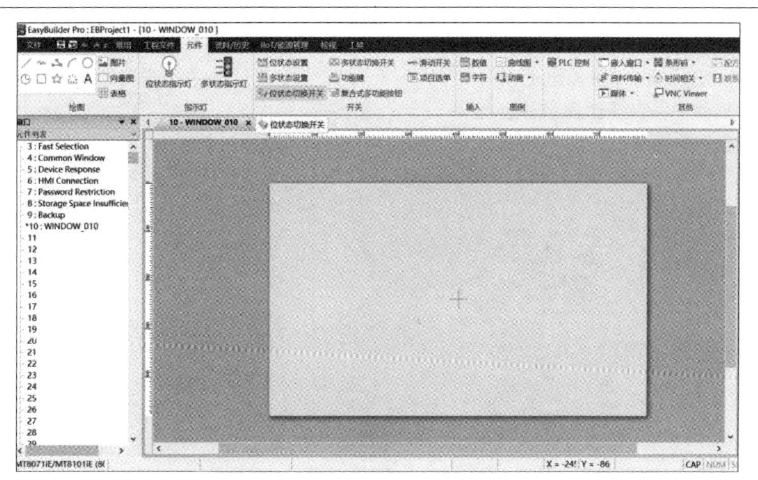</td></tr>
<tr><td>【开关元件一般属性编辑】
在单击图标按钮之后，软件会弹出一个元件的属性页面，如右图所示。此时，“设备”：选择对应的 PLC 名称 Mitsubishi FX5U-Binary Mode（Ethernet），“地址”选择预分配的辅助继电器 M0，“操作模式”选择“切换开关”</td><td></td></tr>
</table>

（续）

步骤说明	配图
【开关元件图片属性编辑】单击“图片”，取消“使用向量图”复选项的选择，选中“使用图片”复选项，单击“图库”按钮，在弹出的图片管理器中，选择图库名称，选择合适的按钮图片，本任务选择“图库 Button 中的任意一个按钮” 注：本操作主要是为了使按钮相对形象化，方便识别	新增 位状态切换开关/位状态指示灯 元件 一般属性 安全 图片 标签 状态：0 图片：Button - Standard SYSTEM 96x96 更多的图片库... 0 1 图片 图库... 使用图片 使用图片原尺寸 将当前设置复制到所有状态 图案 图库 使用向量图 确定 取消 帮助
【开关元件标签属性编辑】单击“标签”；选中“使用文字标签”复选项；“状态”选择“0”，在状态内容中输入“气缸伸出”；“状态”选择“1”，在状态内容中输入“气缸伸出”；可以灵活调整文字的属性，例如，字体、颜色、尺寸等参数。修改完成后单击“确定”按钮并在“10：WINDOW_010”中放置	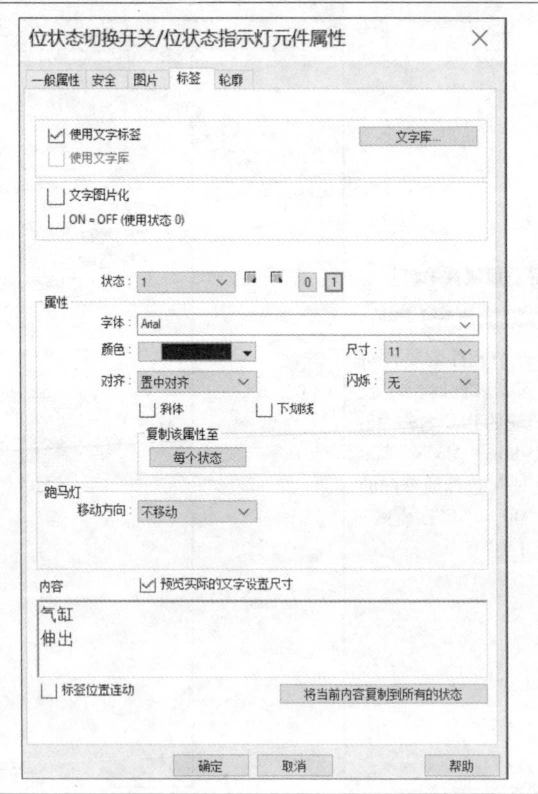

（续）

步骤说明	配图
【页面添加报警复位按钮 1】 单击工具栏中的“位状态切换开关”图标按钮，或者直接选中上文新建的气缸动作开关并单击鼠标右键，在快捷菜单中选择“复制”（快捷键<Ctrl+C>），然后粘贴（快捷键<Ctrl+V>），粘贴后再在页面中调整到合理的位置。双击开关元件，修改元件属性地址为 M1 开关类型；“操作模式”选择“复归型”	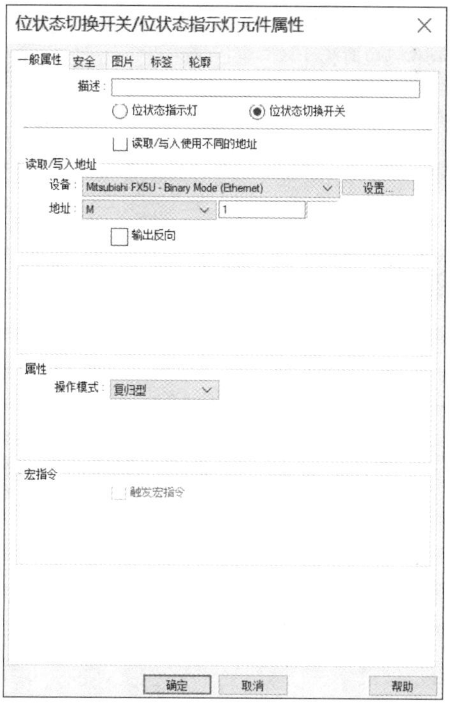 位状态切换开关/位状态指示灯元件属性 一般属性 安全 图片 标签 轮廓 描述： 位状态指示灯 位状态切换开关 读取/写入使用不同的地址 读取/写入地址 设备：Mitsubishi FX5U - Binary Mode (Ethernet) 设置... 地址：M 1 输出反向 属性 操作模式：复归型 宏指令 触发宏指令 确定 取消 帮助
【页面添加报警复位按钮 2】 打开“标签”选项卡，为了明显区分功能，将报警按钮标签颜色调整为黄色；状态“0”和“1”的内容都输入“报警复位”	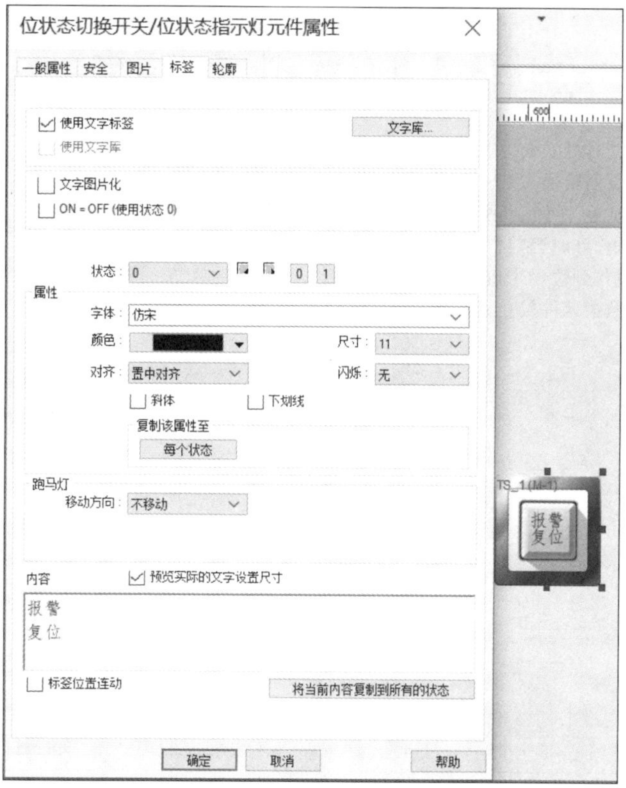 位状态切换开关/位状态指示灯元件属性 一般属性 安全 图片 标签 轮廓 使用文字标签 文字库... 使用文字库 文字图片化 ON = OFF (使用状态 0) 状态：0 0 1 属性 字体：仿宋 颜色： 尺寸：11 对齐：置中对齐 闪烁：无 斜体 下划线 复制该属性至 每个状态 跑马灯 移动方向：不移动 内容 预览实际的文字设置尺寸 报警 复位 标签位置连动 将当前内容复制到所有的状态 确定 取消 帮助 TS_1 (M-1) 报警 复位

（续）

步骤说明	配图
【页面添加气缸动作到位时长设定值文本框】 单击工具栏“元件”中的“数值”图标 修改元件一般属性：选中“启用输入功能”复选框； 地址：D0 修改数字格式属性：资料格式为 16-bit Unsigned，小数点以上位数为 4，小数点以下位数为 1	新增 数值 元件 一般属性 数值输入 格式 安全 图片 字体 描述： 启用输入功能 读取/写入使用不同的地址 读取/写入地址 设备：Mitsubishi FX5U - Binary Mode (Ethernet) 设置... 地址：D 0
【页面添加文字元件 1】 单击工具栏上的“文字”按钮，在页面中插入四个文字元件，分别为：两个“秒”、一个“气缸动作计时当前值”、一个“气缸动作到位设定值”，并根据两个数值元件的位置合理摆放文字	EasyBuilder Pro : EBProject1 - [10 - WINDOW_010] 文件 常用 工程文件 元件 资料/历史 图片 向量图 表格 位状态指示灯 多状态指示灯 绘图 指示灯 窗口 文字/批注 10 - WINDOW_010 元件列表 3 : Fast Selection 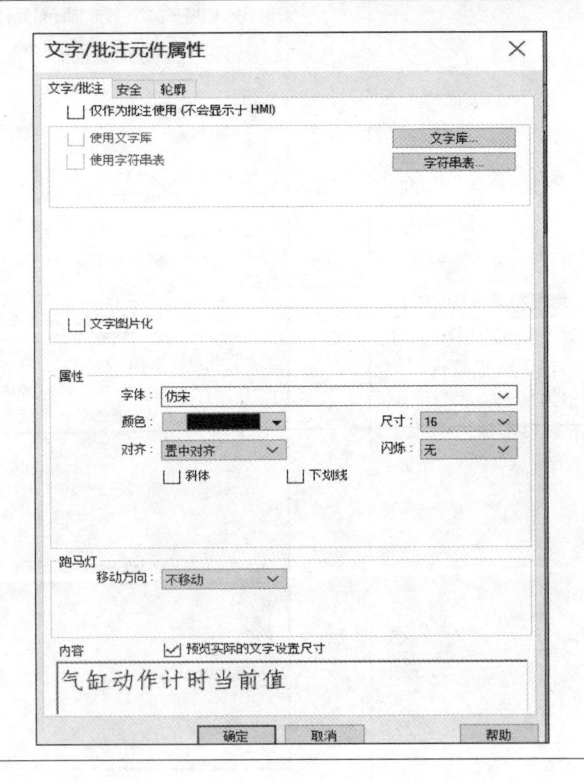

（续）

步骤说明	配图
【页面添加文字元件 2】 放置后发现按钮看起来文字不明显，可以在所有元件都放置完成后对它们的属性进行再次编辑，调整字体大小和颜色，也可以放置一个修改一个	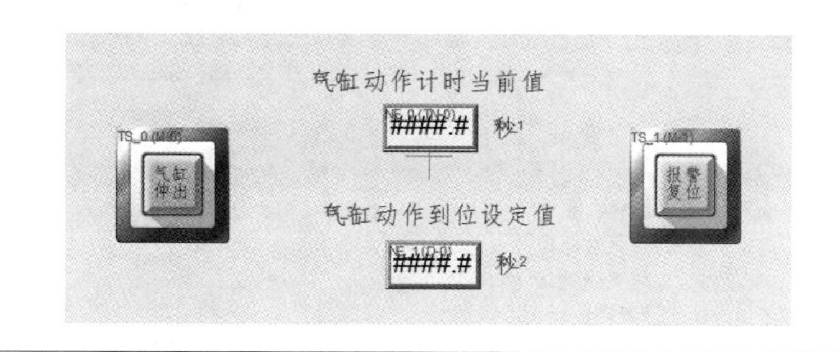
【设置报警事件登录 1】 要显示报警内容，首先需要将报警内容记录到触摸屏中。选择菜单栏中“资料/历史”→“事件登录”	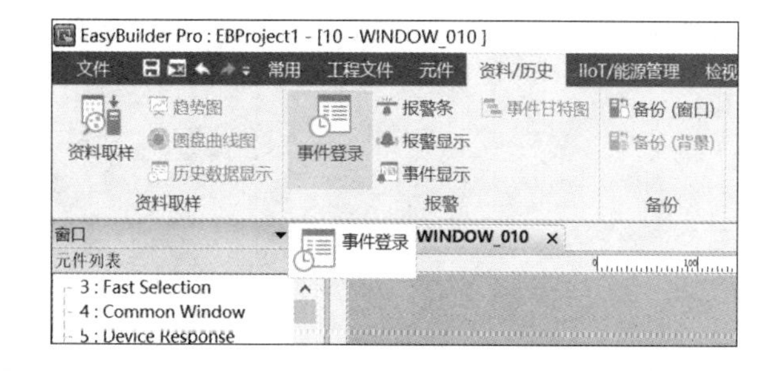
【设置报警事件登录 2】 在弹出的“事件登录”窗口中，单击“新增”按钮，在弹出的对话框中打开“一般属性”选项卡，设置：地址类型选择“位”，“读取地址”为“M100”，“触发条件”为 ON。	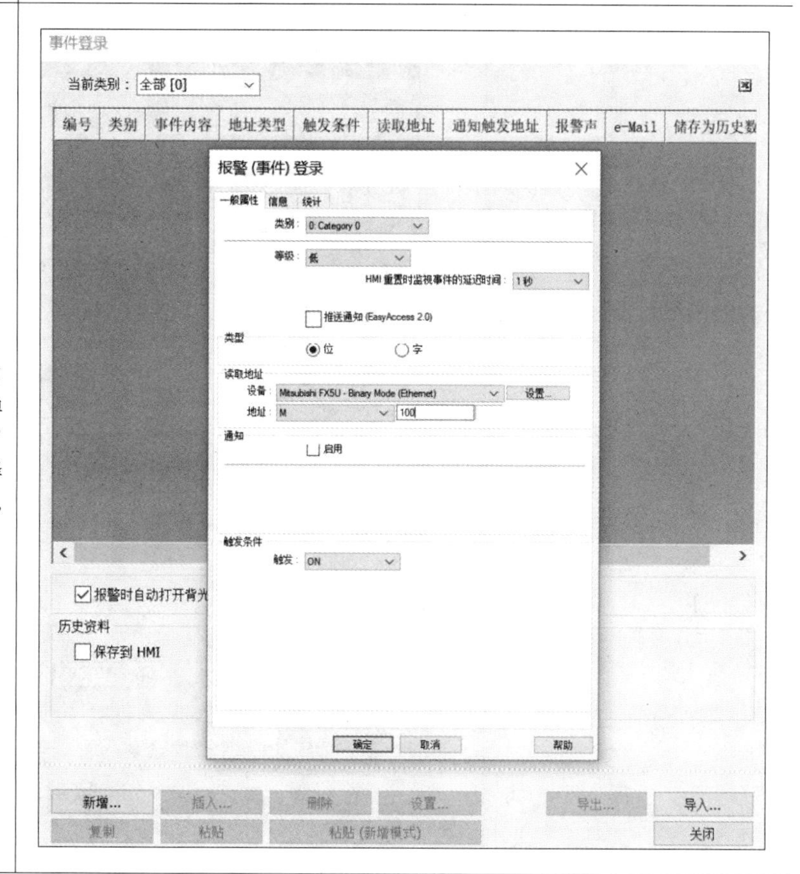

（续）

步骤说明	配图
“信息”选项卡设置：在信息文字内容中输入：“气缸原位报警”，其他参数按照系统默认参数，不用改动。设置完成后，在“事件登录”列表中将可以看到对应的事件（报警信息字体应选为宋体，不然触摸屏上无法显示字体）	
【界面显示报警滚动条】 在菜单栏中选择“资料/历史”→“报警条”，然后设定相关属性，这里按照系统默认参数就可以了	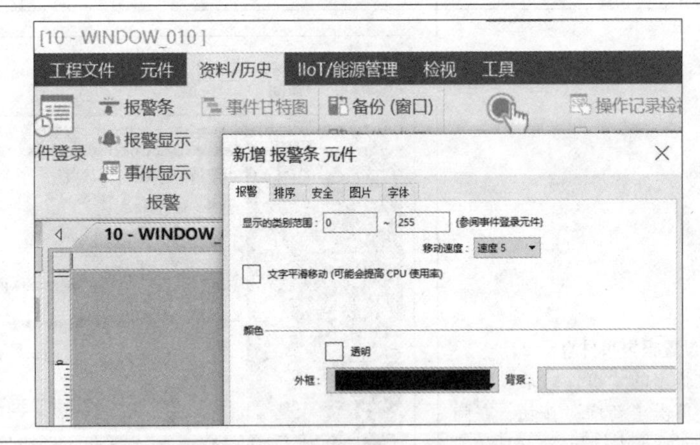
【完成】 各个元件调整好合适的属性和位置后即可，效果如右图所示	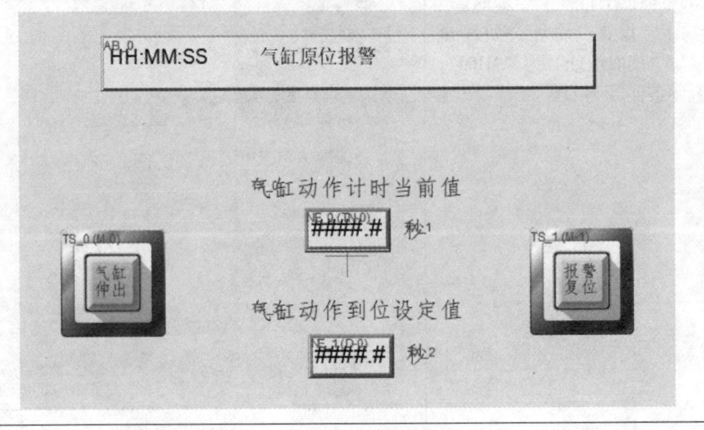

（续）

步骤说明	配图
【编译】 单击菜单栏中的“工程文件”，单击“编译”，选中弹出窗口下方的“建立字体文件”复选项，然后单击“开始编译”按钮，软件开始编译，最后提示编译成功即可	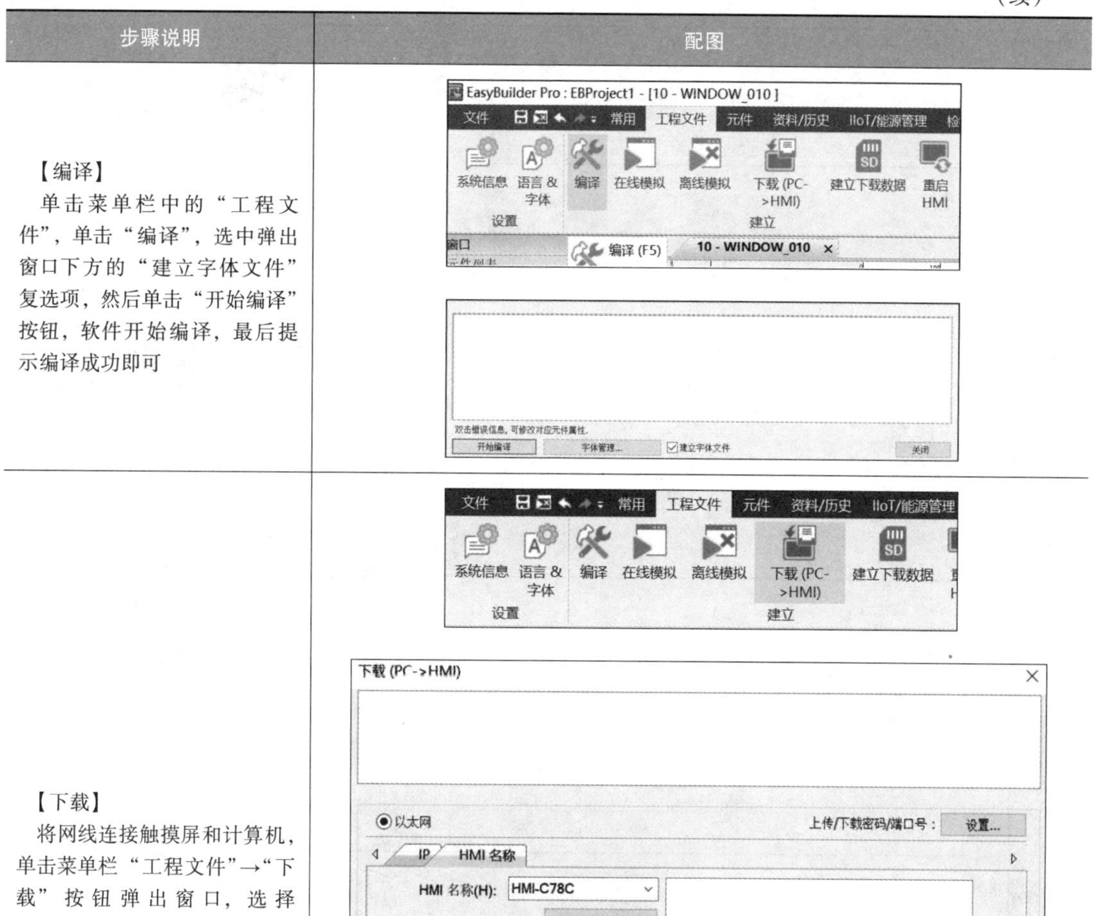
【下载】 将网线连接触摸屏和计算机，单击菜单栏“工程文件”→“下载”按钮弹出窗口，选择“HMI 名称”，单击“搜寻全部”按钮，选中搜寻出的 IP 地址，然后单击“下载”按钮，软件开始下载，最后提示“下载并重启成功”即可。下载成功后将网线连接 PLC 或者工业交换机可完成通信	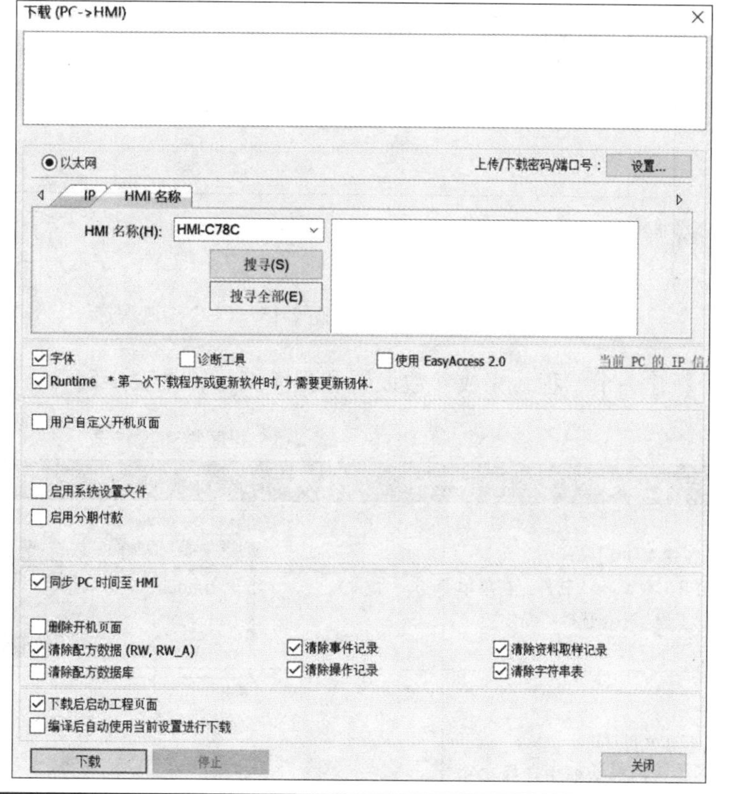

4. PLC 程序编辑

使用的 PLC 控制器型号为 FX5U-32MT/ES，其对应的编程工具为 GX Works3，根据任务要求，PLC 控制程序如图 2-15 所示。

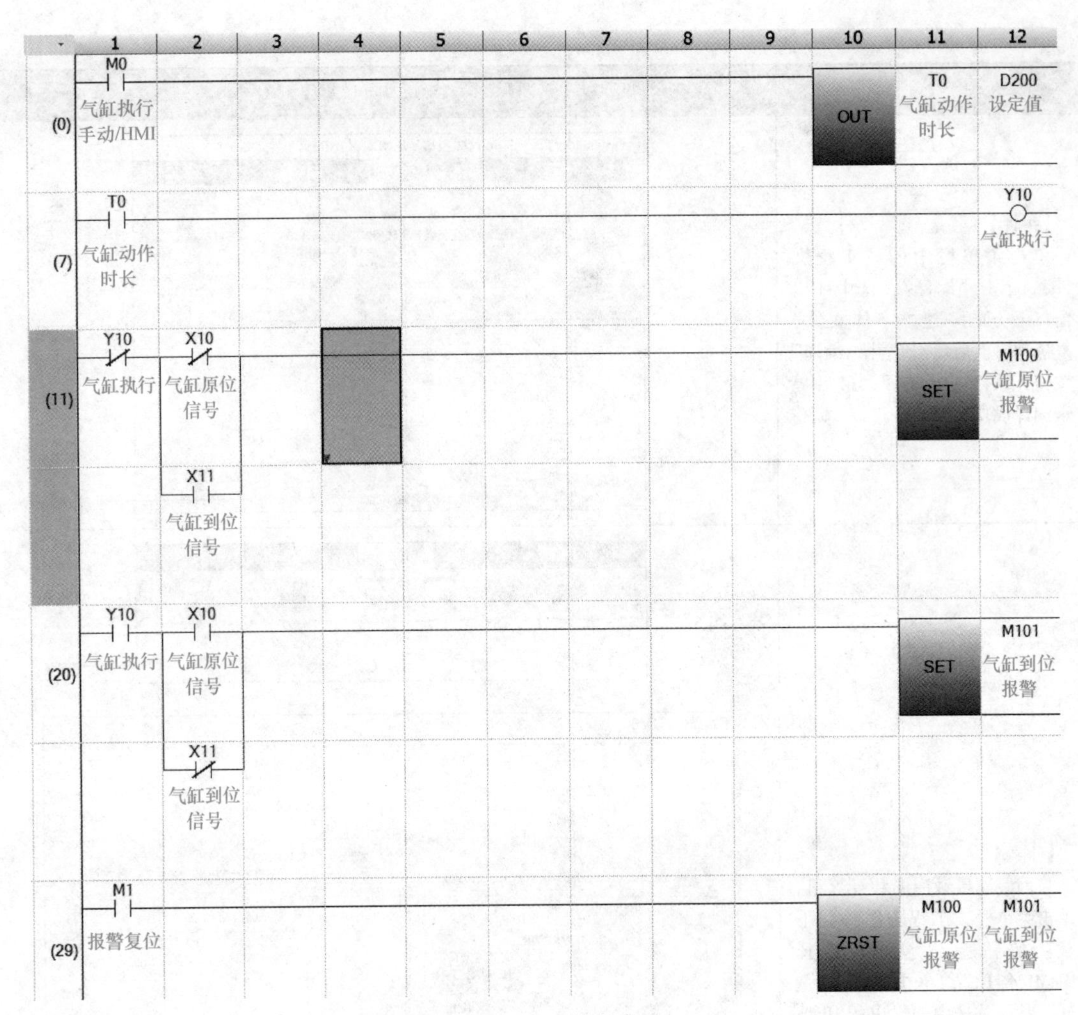

图 2-15 PLC 控制程序

新建一个工程，完成参数设置和程序编写，见表 2-5。

表 2-5 程序编辑操作表

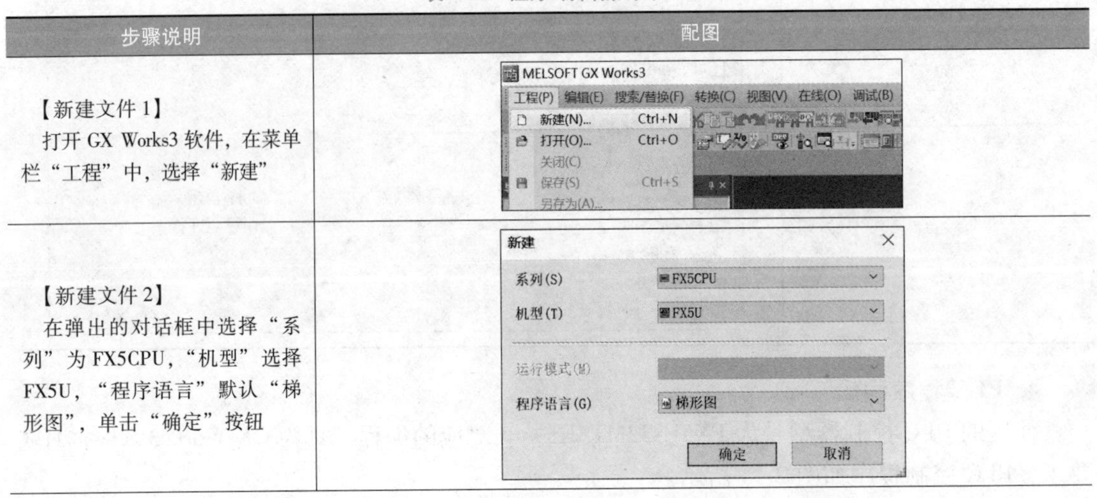

步骤说明	配图
【新建文件 1】 打开 GX Works3 软件，在菜单栏“工程”中，选择“新建”	
【新建文件 2】 在弹出的对话框中选择“系列”为 FX5CPU，“机型”选择 FX5U，“程序语言”默认“梯形图”，单击“确定”按钮	

（续）

步骤说明	配图
【保存】 在菜单栏中选择“工程”→“保存”，在弹出的对话框中，建立文件名，选择保存路径，单击“保存”按钮	
【以太网端口参数设置 1】 在软件左侧“导航”栏双击“参数”→双击 FX5UCPU→双击“模块参数”→双击“以太网端口”	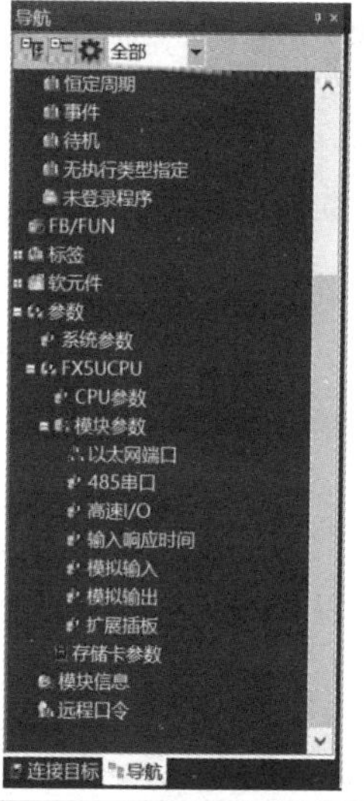
【以太网端口参数设置 2】 弹出窗口，IP 地址设置为“192.168.1.10”，双击“对象设备连接配置设置”中的“详细设置”	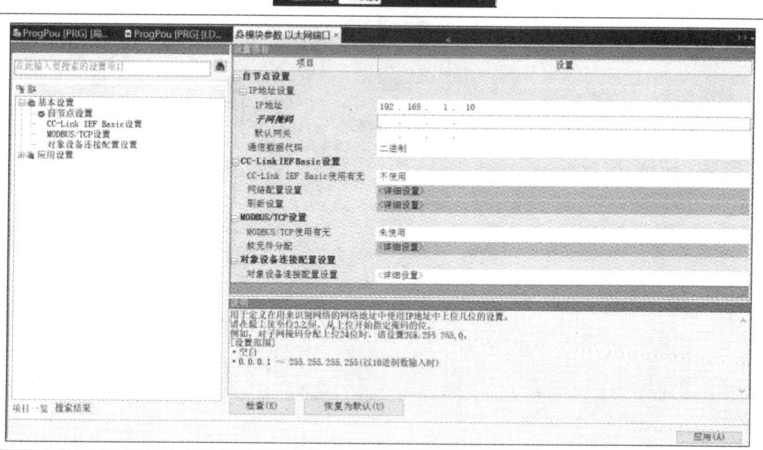

（续）

步骤说明	配图
【以太网端口参数设置 3】 弹出以太网配置窗口。在右侧“模块一览”中，双击“以太网设置（通用）”，鼠标左键按住“SLMP 连接设置”，将其拖拽至窗口左下角“本站”右侧即可	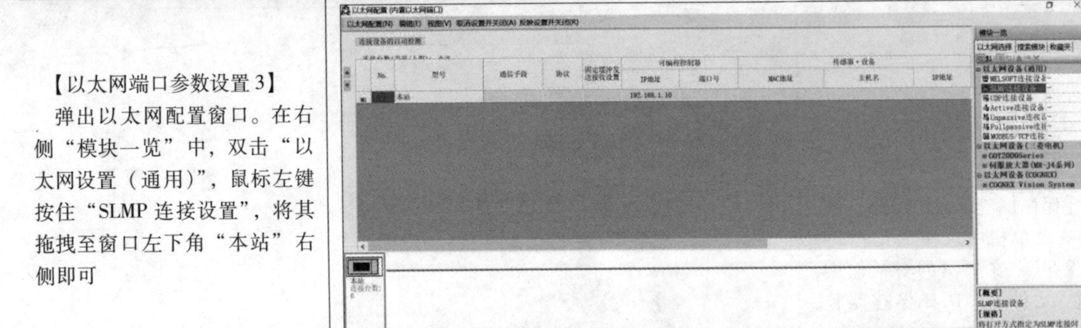
【以太网端口参数设置 4】 出现新增连接设备，在“端口号”处写入“6003”，端口号可以是任意四位>5000 的数，完成后单击右上角关闭按钮	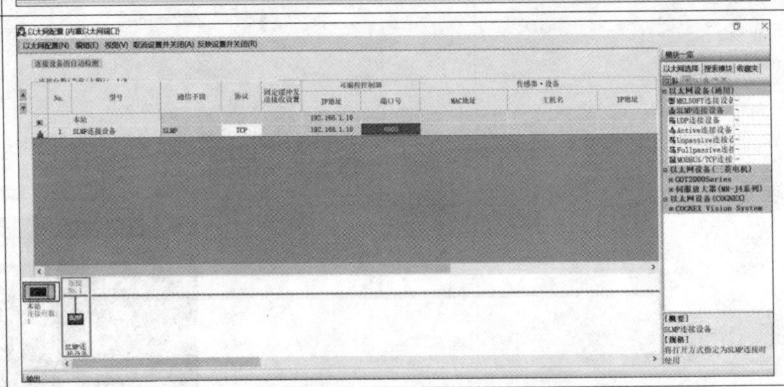
【以太网端口参数设置 5】 弹出窗口，单击“是”，进行保存设置	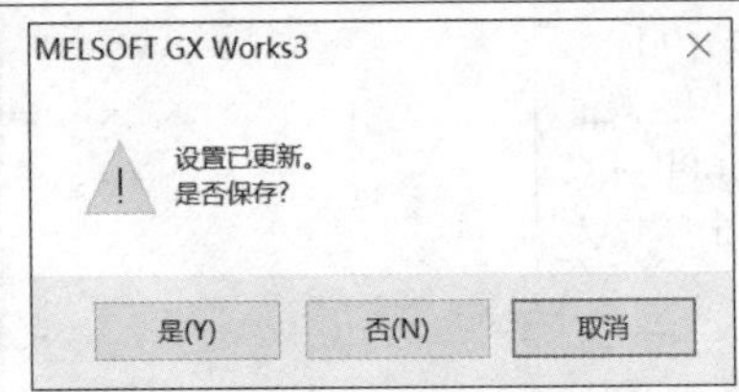
【以太网端口参数设置 6】 保存设置后，单击右下角“应用”按钮，完成以太网参数设置。所有参数设置后一定要单击“应用”按钮才可以生效	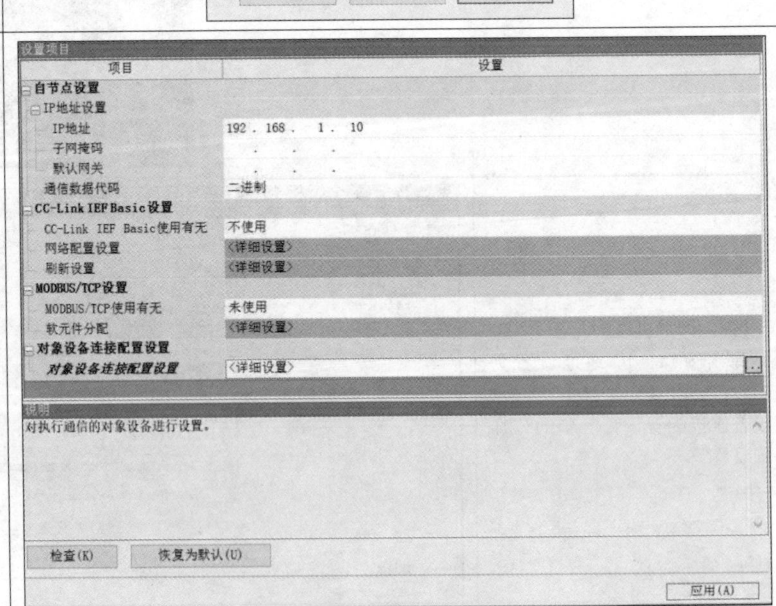

（续）

步骤说明	配图
【程序编写 1】 在程序编辑栏，双击编辑行，弹出编辑器后输入 LD→“空格”→“M0”，单击“继续”按钮输入“软元件/标签注释”，单击“确定”按钮。弹出“注释输入”对话框，输入汉字注解“气缸执行-手动/HMI”，该文字会出现在触摸屏的一个按钮开关上，单击“确定”按钮	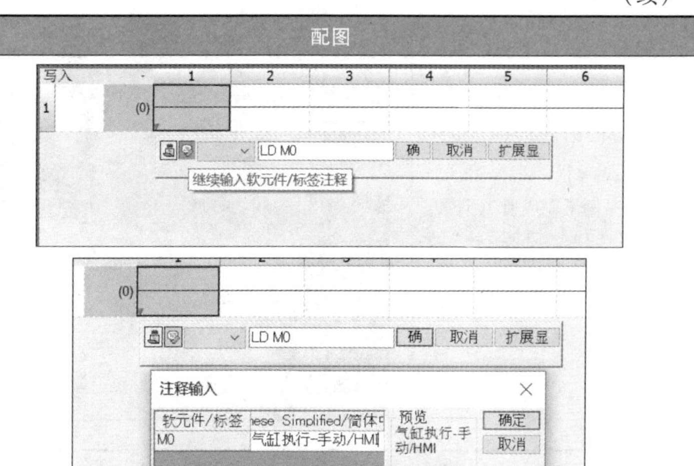
【程序编写 2】 程序显示常开触点“M0”，在工具栏快捷编辑面板中找到“软元件/标签注释编辑”，单击后显示注释，再次单击取消编辑，可以继续编写程序	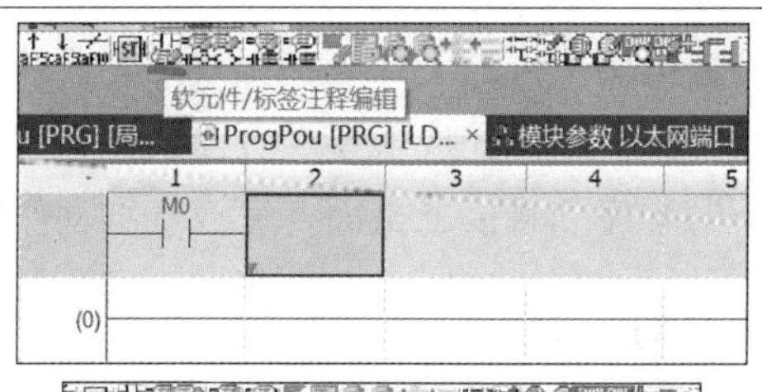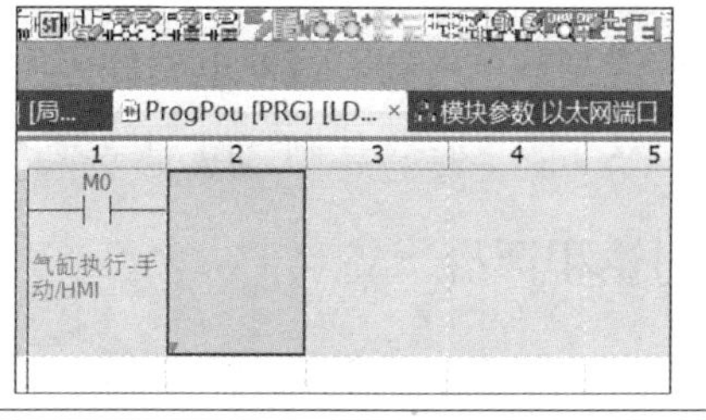
【程序编写 3】 继续输入 OUT→“空格”→“T0”→“空格”→“D200”，单击“确定”按钮，完成中文注释编辑；单击“确定”按钮，完成定时器指令编辑	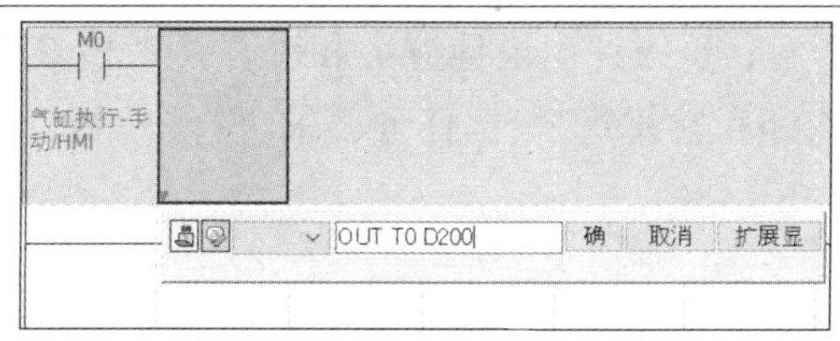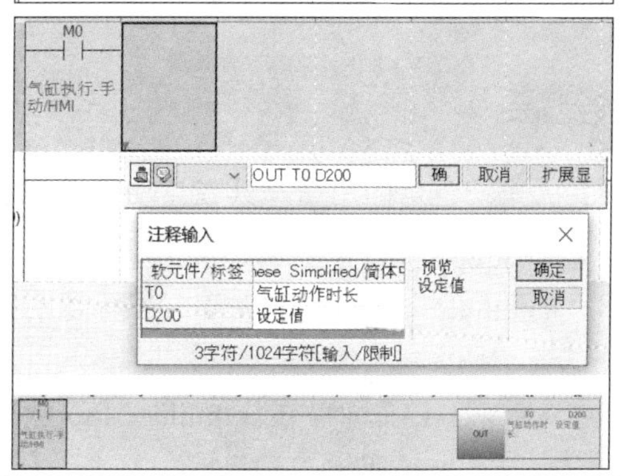

（续）

步骤说明	配图
【程序编写 4】 按照程序例子完成所有编辑，在菜单栏选择“转换”→“转换”，程序完成编译自检过程。按照下载过程完成程序下载，并连接触摸屏进行调试	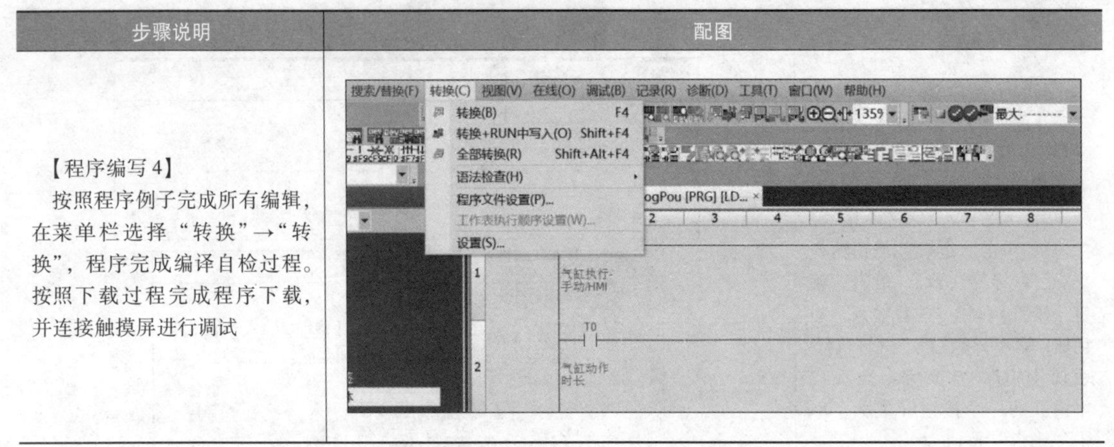

四、实战训练

训练 1：按照案例项目的 I/O 表和接线图完成接线并通电。

训练 2：按照案例项目完成触摸屏页面设计和程序编写。

训练 3：下载程序和触摸屏页面，完成气缸动作以及报警复位调试。

五、思考题与习题

思考 1：什么情况下会用到双线圈电磁阀控制气缸？

思考 2：对于双线圈电磁阀控制气缸的原理，如何编写程序？

六、分组讨论和评价

分组讨论：5~6 人一组，探讨实战训练 1、2 和 3 的最佳解决方案，每组提供训练 1、2 和 3 的成果讲解；班级评出最佳方案和讲解（考核参考）。

评价（自评和互评）：根据任务要求进行自评和互评。

单元 3 三色灯控制

一、任务概要

任务目标：了解三色灯的用途及其在自动化设备中的作用，熟悉三色灯控制器件，能够根据要求完成三色灯线路的组配安装、编程与调试。

任务要求：能够根据三色灯控制要求，熟练运用各指令及特殊中间继电器，组配线路并完成编程和调试。

条件配置：GX Works3 软件，EasyBuilder Pro 软件，Windows 7 以上系统计算机，PLC 控制实验实训台，三色灯组件。

任务书：

任务名称	掌握 PLC 控制三色灯编程技术
任务要求	在 PLC 控制实验实训台上通过触摸屏界面进行设计、程序编写及调试，完成预设三色灯控制要求
任务设定	1. 根据任务图完成三色灯及 PLC 控制器的接线 2. 编写三色灯控制程序 3. 编程设备状态控制程序及触摸屏显示页面
预期成果	在 PLC 控制实验实训台上完成预定三色灯控制任务，熟练掌握三色灯的编程与调试，通电运行正常

二、单元知识

设备三色灯是一种用于设备状态指示的 LED 灯，主要由红、黄、绿三种 LED 灯组成，根据不同颜色灯的亮灭来指示设备的工作状态。三色灯常见的为三种颜色，但是根据不同设备的状态指示要求也有两种颜色、四种颜色和五种颜色的，如图 2-16 所示。

图 2-16　三色灯

1. 数据寄存器、特殊继电器和特殊寄存器

（1）数据寄存器　它是保存数值数据用的软元件，16 位数据（最高位为正负符号的数值数据）。

（2）特殊继电器　它是可编程控制器内部确定规格的内部继电器，因此不能像通常的内部继电器那样用于程序中。但是可根据需要置为 ON/OFF，以控制 CPU 模块。特殊继电器的功能表见表 2-6，更多特殊继电器的功能可查阅相关手册。

表 2-6　特殊继电器的功能表

编号	名称	内容	R/W
SM0	最新自诊断出错（包括报警器 ON）	OFF：无出错 ON：有出错	R
SM1	最新自诊断出错（不包括报警器 ON）	OFF：无自诊断出错 ON：有自诊断出错	R
SM50	出错解除	OFF→ON：出错解除请求 ON→OFF：出错解除完成	R/W
SM51	电池过低锁存	OFF：正常 ON：电池过低	R
SM52	电池过低	OFF：正常 ON：电池过低	R
SM400	始终为 ON	ON ———— OFF	R

（续）

编号	名称	内容	R/W
SM401	始终为 OFF	ON OFF	R
SM402	RUN 后仅 1 个扫描 ON	ON OFF 1个扫描	R
SM403	RUN 后仅 1 个扫描 OFF	ON OFF 1个扫描	R
SM410	0.1s 时钟	0.05s 0.05s	R
SM411	0.2s 时钟	0.1s 0.1s	R
SM412	1s 时钟	0.5s 0.5s	R

注：R 表示读取专用，R/W 表示读取/写入用。

（3）特殊寄存器　它是可编程控制器内部确定规格的内部寄存器，因此不能像通常的内部寄存器那样用于程序中。但是可根据需要写入数据以控制 CPU 模块。特殊寄存器的功能表见表 2-7，更多特殊寄存器的功能可查阅相关手册。

表 2-7　特殊寄存器的功能表

编号	名称	内容	R/W
SD5502	定位轴 1 当前地址，（以脉冲为单位）[低位]	定位轴 1 当前地址，（以脉冲为单位）将被存储	R/W
SD5503	定位轴 1 当前地址，（以脉冲为单位）[高位]	定位轴 1 当前地址，（以脉冲为单位）将被存储	R/W
SD5520	定位轴 1 加速时间	定位轴 1 加速时间将被存储	R/W
SD5521	定位轴 1 减速时间	定位轴 1 减速时间将被存储	R/W
SD5542	定位轴 2 当前地址，（以脉冲为单位）[低位]	定位轴 2 当前地址，（以脉冲为单位）将被存储	R/W
SD5543	定位轴 2 当前地址，（以脉冲为单位）[高位]	定位轴 2 当前地址，（以脉冲为单位）将被存储	R/W
SD5560	定位轴 2 加速时间	定位轴 2 加速时间将被存储	R/W
SD5561	定位轴 2 减速时间	定位轴 2 减速时间将被存储	R/W
SD5582	定位轴 3 当前地址，（以脉冲为单位）[低位]	定位轴 3 当前地址，（以脉冲为单位）将被存储	R/W
SD5583	定位轴 3 当前地址，（以脉冲为单位）[高位]	定位轴 3 当前地址，（以脉冲为单位）将被存储	R/W
SD5600	定位轴 3 加速时间	定位轴 3 加速时间将被存储	R/W
SD5601	定位轴 3 减速时间	定位轴 3 减速时间将被存储	R/W

注：R 表示读取专用，R/W 表示读取/写入用。

2. 数据传送指令

（1）16 位数据传送指令 MOV（P）　如图 2-17 所示，将“(s)”中指定的 BIN16 位数据传送到“(d)”中指定的软元件。MOV 指令表示条件满足时保持传送。MOVP 指令表示条件满足时传送一次。

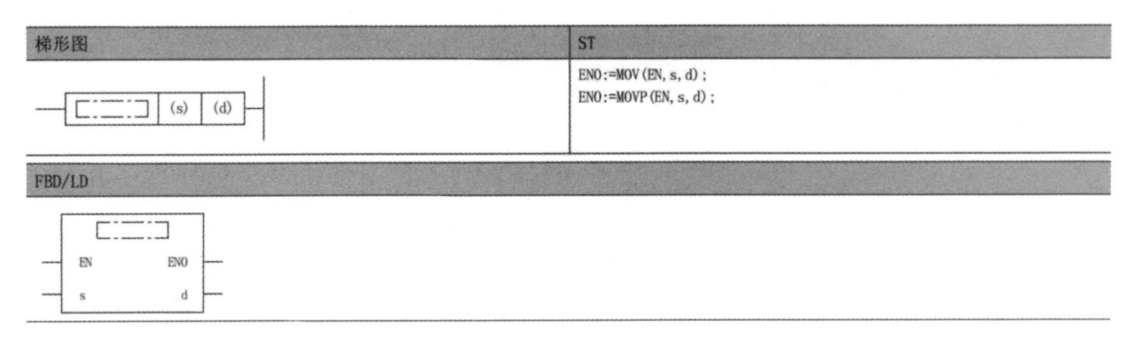

图 2-17　16 位数据传送

（2）32 位数据传送指令 DMOV（P）　如图 2-18 所示。将“(s)”中指定的 BIN32 位数据传送到“(d)”中指定的软元件。DMOV 指令表示条件满足时保持传送。DMOVP 指令表示条件满足时传送一次。

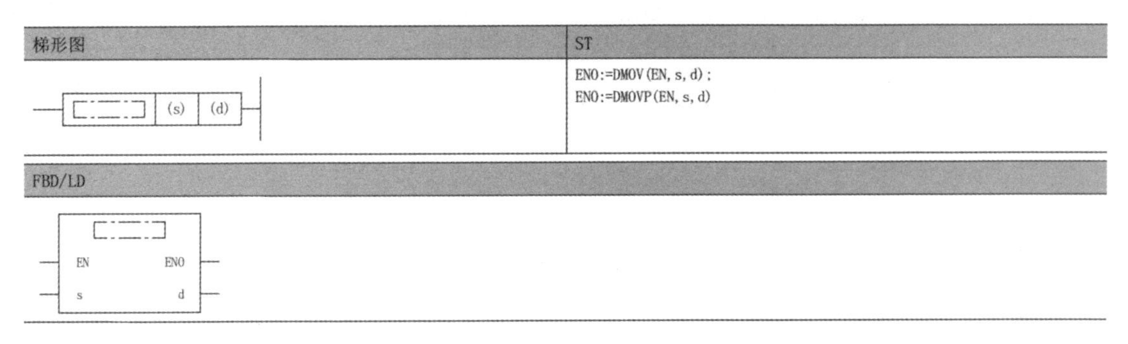

图 2-18　32 位数据传送

三、案例讲解与演示

常用三种颜色的三色灯有五根导线，接线图如图 2-19 所示。图中标注红色、黄色和绿色的导线分别代表三种颜色的指示灯的接线，彩色线代表蜂鸣器的接线，标注灰色的导线是三色灯的公共端。

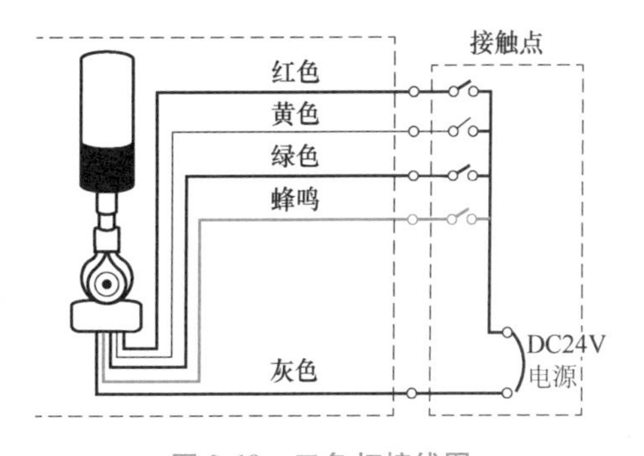

图 2-19　三色灯接线图

三色灯在 PLC 控制中的接线图如图 2-20 所示。三菱 PLC 控制器是低电平输入、低电平输出，所以三色灯的公共端灰色线接 DC24V 正极。

三色灯 PLC 程序如图 2-21 所示，每台设备的现场对三色灯的要求有所不同，此程序是按照常用的方式进行编辑的。

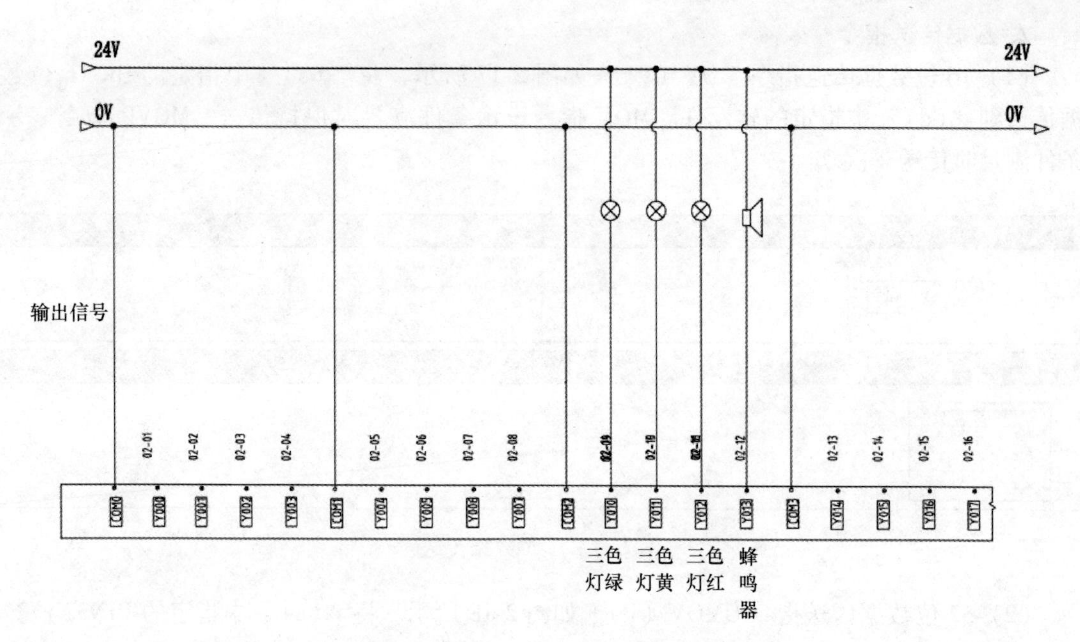

图 2-20　三色灯在 PLC 控制中的接线图

声光控制

(141) M2000 系统自动　M2003 系统暂停　SM412 1s时钟　M2003 系统暂停　Y10 三色灯绿

(161) M2001 系统复位中　SM412 1s时钟　M2002 复位完成　M2001 系统复位中　Y11 三色灯黄

(172) M900 总报警　Y12 三色灯红　Y13 蜂鸣器

图 2-21　三色灯 PLC 程序

程序中三色灯的控制方式主要有以下几种。

1）运行中：绿色常亮。

2）暂停中：绿色闪烁。

3）复位中：黄色闪烁。

4）待机中：黄色常亮。

5）报警中：红色常亮，蜂鸣器响。

设备状态通常由三色灯来反映，还可以通过触摸屏显示细分的状态说明，通过触摸屏多状态指示灯元件来显示不同的状态文字，触摸屏设备状态显示界面如图 2-22 所示。

多状态指示灯触摸屏界面设计步骤见表 2-8。

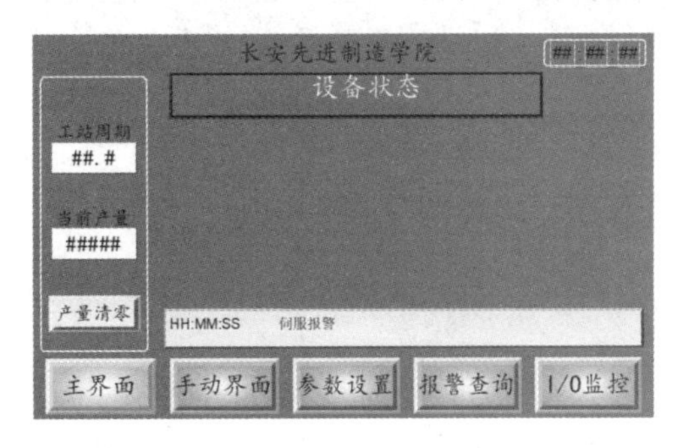

图 2-22　触摸屏设备状态显示界面

表 2-8　多状态指示灯触摸屏界面设计步骤

步骤说明	配图
【多状态指示灯元件编辑】 在菜单栏选择“元件”，单击“多状态指示灯”按钮，弹出设置属性页面	
【多状态指示灯元件属性编辑 1】 在“一般属性”选项卡中设备地址选择数据寄存器 D，地址按照程序中的地址填写，属性“状态数”选择相应数值	

（续）

<table>
<tr><th>步骤说明</th><th>配图</th></tr>
<tr><td>【多状态指示灯元件属性编辑 2】
在“标签”选项卡中状态选择“0”，写入文字内容“设备状态”，可以修改字体尺寸和颜色</td><td></td></tr>
<tr><td>【多状态指示灯元件属性编辑 3】
在“标签”选项卡中状态选择“1”，写入文字内容“＊＊＊设备处于报警中＊＊＊”。依次选择不同的状态，输入相应的文字内容，单击“确定”按钮完成设置</td><td>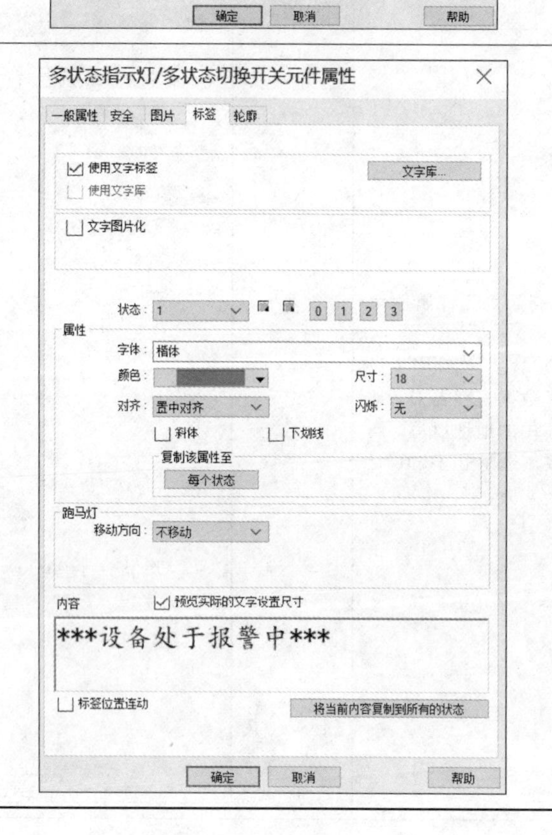
</td></tr>
</table>

设备状态 PLC 程序如图 2-23 所示。

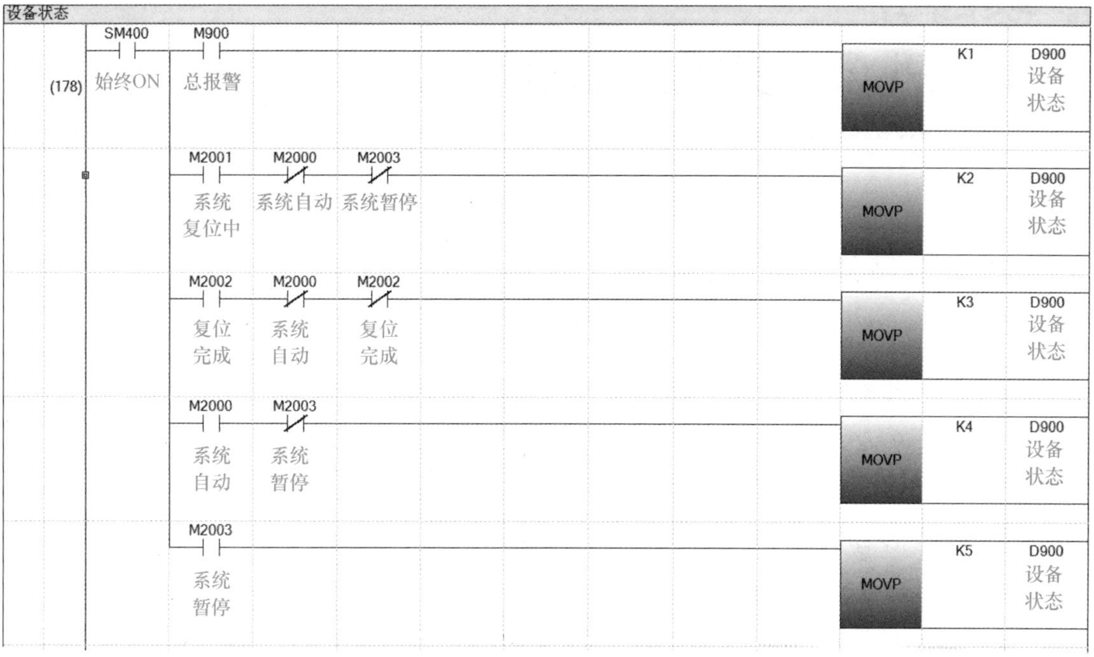

图 2-23　设备状态 PLC 程序

四、实战训练

训练 1： 按照案例讲解完成三色灯的接线及 PLC 程序编写。

训练 2： 按照案例讲解完成设备状态触摸屏界面编辑及 PLC 程序编写，并完成调试。

五、思考题与习题

思考 1： 三色灯在设备使用过程中的主要功能是什么？

思考 2： 三色灯的各种颜色变化代表的都是什么状态？

六、分组讨论和评价

分组讨论： 5~6 人一组，探讨实战训练 1、2 的最佳解决方案，每组提供训练 1、2 的成果讲解；班级评出最佳方案和讲解（考核参考）。

评价（自评和互评）：根据任务要求进行自评和互评。

03

项目三

>>>>> PLC与变频器编程及实战训练

单元1 变频器的设置与操作

一、任务概要

任务目标：了解变频器的工作原理和使用方法，了解变频器常见的控制接线图，掌握三菱变频器D700面板的控制方式与参数的设置。

任务要求：熟练掌握变频器常见接线图、变频器PU操作、变频器PU运行。

任务书：

任务名称	变频器的设置与操作
任务要求	完成变频器接线，通电测试，设置参数
任务设定	1. 了解变频器的原理 2. 完成变频器的接线 3. 完成参数设置并调试
预期成果	掌握变频器的构成和原理，通过变频器的接线、调试掌握变频器的使用方法

二、单元知识

1. 变频器的概念和组成

变频器是把电压和频率固定不变的工频交流电变换为电压或频率可变的交流电的装置。变频器主要由整流（交流变直流）、滤波、逆变（直流变交流）、制动单元、驱动单元、检测单元、微处理单元等组成。变频器靠内部IGBT的开断来调整输出电源的电压和频率，根据电动机的实际需要来提供其所需要的电源电压，进而达到节能、调速的目的。另外，变频器还有很多的保护功能，如过流、过压、过载保护等。

2. 变频器的原理

变频器的主电路大体上可分为两类，电压型和电流型。电压型是指将电压源的直流变换为交流的变频器，直流回路的滤波是电容；电流型是指将电流源的直流变换为交流的变频器，其直流回路滤波是电感。变频器由三部分构成，即将工频电源变换为直流功率的整流器，能够吸收变流器和逆变器产生的脉动电压的平波回路，以及将直流功率变换为交流功率的逆变器。

（1）整流器　二极管的变流器可以把工频电源变换为直流电源，用两组晶体管变流器构成可逆变流器，由于其功率方向可逆，可以进行再生运转。

（2）平波回路　在整流器整流后的直流电压中，含有电源6倍频率的脉动电压，此外逆变器产生的脉动电流也会使直流电压变动。为了抑制电压波动，采用电感和电容吸收脉动电压（电流）。装置容量小时，如果电源和主电路构成器件有余量，可以省去电感，采用简单的平波回路。

（3）逆变器　与整流器相反，逆变器是将直流功率变换为所要求频率的交流功率，以所确定的时间使六个开关器件导通、关断就可以得到三相交流输出。

控制电路是给异步电动机供电（电压、频率可调）的主电路提供控制信号的回路，它由频率、电压的运算电路，主电路的电压、电流检测电路，电动机的速度检测电路，将运算电路的控制信号进行放大的驱动电路，以及逆变器和电动机的保护电路组成。

① 运算电路。将外部的速度、转矩等指令同检测电路的电流、电压信号进行比较运算，决定逆变器的输出电压、频率。

② 电压、电流检测电路。与主回路电位隔离，检测电压、电流等。

③ 速度检测电路。以装在异步电动机轴上的速度检测器（tg、plg等）的信号为速度信号，送入运算回路，根据指令和运算可使电动机按指定速度运转。

④ 驱动电路。驱动主电路器件工作的电路，与控制电路隔离，使主电路器件导通、关断。

⑤ 保护电路。检测主电路的电压、电流等，当发生过载或过电压等异常情况时，为了防止逆变器和异步电动机损坏，使逆变器停止工作或抑制电压、电流值。

3. 变频器的常见故障

1）过流（OC）。

① 重新起动时，一升速就跳闸，说明过电流十分严重，主要由负载短路、机械某个部位被卡住、逆变模块损坏、电动机的转矩过小等引起。

② 上电就跳闸，这种现象一般不能复位，主要原因有模块损坏、驱动电路损坏、电流检测电路损坏。

③ 重新起动时并不立即跳闸而是在加速时跳闸，主要原因有加速时间设置太短、电流上限设置太小、转矩补偿（V/F）设定较高。

2）过压（OU）。过电压报警一般出现在停机的时候，其主要原因是减速时间太短或制动电阻及制动单元有问题。

3）欠压（UV）。欠压也是在使用中经常碰到的问题，主要是因为主回路电压太低（220V系列低于200V，380V系列低于400V）。整流桥某一路损坏或可控硅三路中有的工作不正常，都有可能导致欠压故障的出现；其次，主回路接触器损坏，导致直流母线电压损耗在充电电阻上面，也有可能导致欠压；还有就是电压检测电路发生故障而出现欠压问题。

4）过热（OH）。过热也是一种比较常见的故障，主要原因有周围温度过高、风机堵转、温度传感器性能不良、电动机过热等。

5）输出不平衡。输出不平衡一般表现为电动机抖动、转速不稳，主要原因有模块损坏、驱动电路损坏、电抗器损坏等。

6）过载。过载也是使变频器跳闸比较频繁的故障之一。平时发现过载现象时，首先应该分析一下到底是电动机过载还是变频器自身过载，一般来讲，由于电动机过载能力较强，只要变频器参数表的电动机参数设置得当，一般不大会出现电动机过载。而变频器本身由于过载能力较差，很容易出现过载报警，这时可以检测变频器输出电压来判断变频器是否过载。

7）开关电源损坏。开头电源损坏通常是由于开关电源的负载发生短路造成的。丹佛斯变频器采用了新型脉宽集成控制器 UC2844 来调整开关电源的输出，同时 UC2844 还带有电流检测、电压反馈等功能。当发生无显示、控制端子无电压、DC12V、24V 风扇不运转等现象时，首先应该考虑是否为开关电源损坏。

8）SC 故障。是安川变频器较常见的故障。IGBT 模块损坏，是引起 SC 故障报警的原因之一。此外驱动电路损坏也容易导致 SC 故障报警。

9）GF——接地故障。接地故障也是平时会碰到的故障。在排除电动机接地存在问题外，最可能发生故障的部分就是霍尔传感器了。霍尔传感器由于受温度，湿度等环境因素的影响，工作点很容易发生飘移，导致 GF 报警。

10）限流运行。在平时设备的运行中可能会碰到变频器提示电流极限现象。对于一般的变频器在限流报警出现时就不能正常平滑地工作，电压（频率）首先降下来，直到电流下降到允许的范围，一旦电流低于允许值，电压（频率）会再次上升，从而导致系统的不稳定。

4. 变频器的接线图

变频器主电路的接线方式如图 3-1 所示。

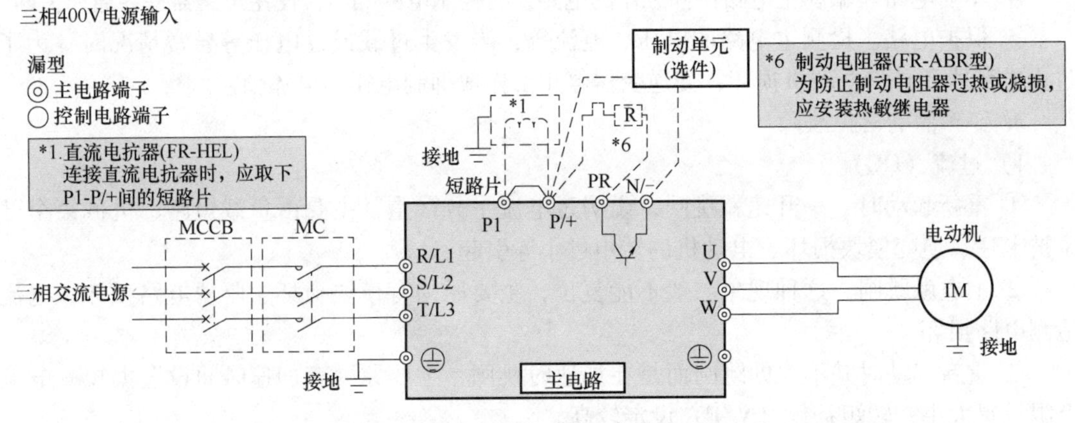

图 3-1 变频器主电路的接线方式

主电路端子的端子排列与电源、电动机的接线如图 3-2 所示。

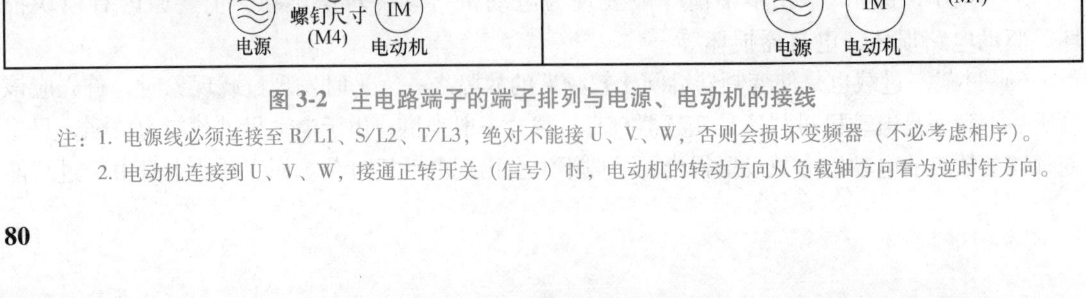

图 3-2 主电路端子的端子排列与电源、电动机的接线

注：1. 电源线必须连接至 R/L1、S/L2、T/L3，绝对不能接 U、V、W，否则会损坏变频器（不必考虑相序）。

2. 电动机连接到 U、V、W，接通正转开关（信号）时，电动机的转动方向从负载轴方向看为逆时针方向。

端子连接图如图3-3所示。

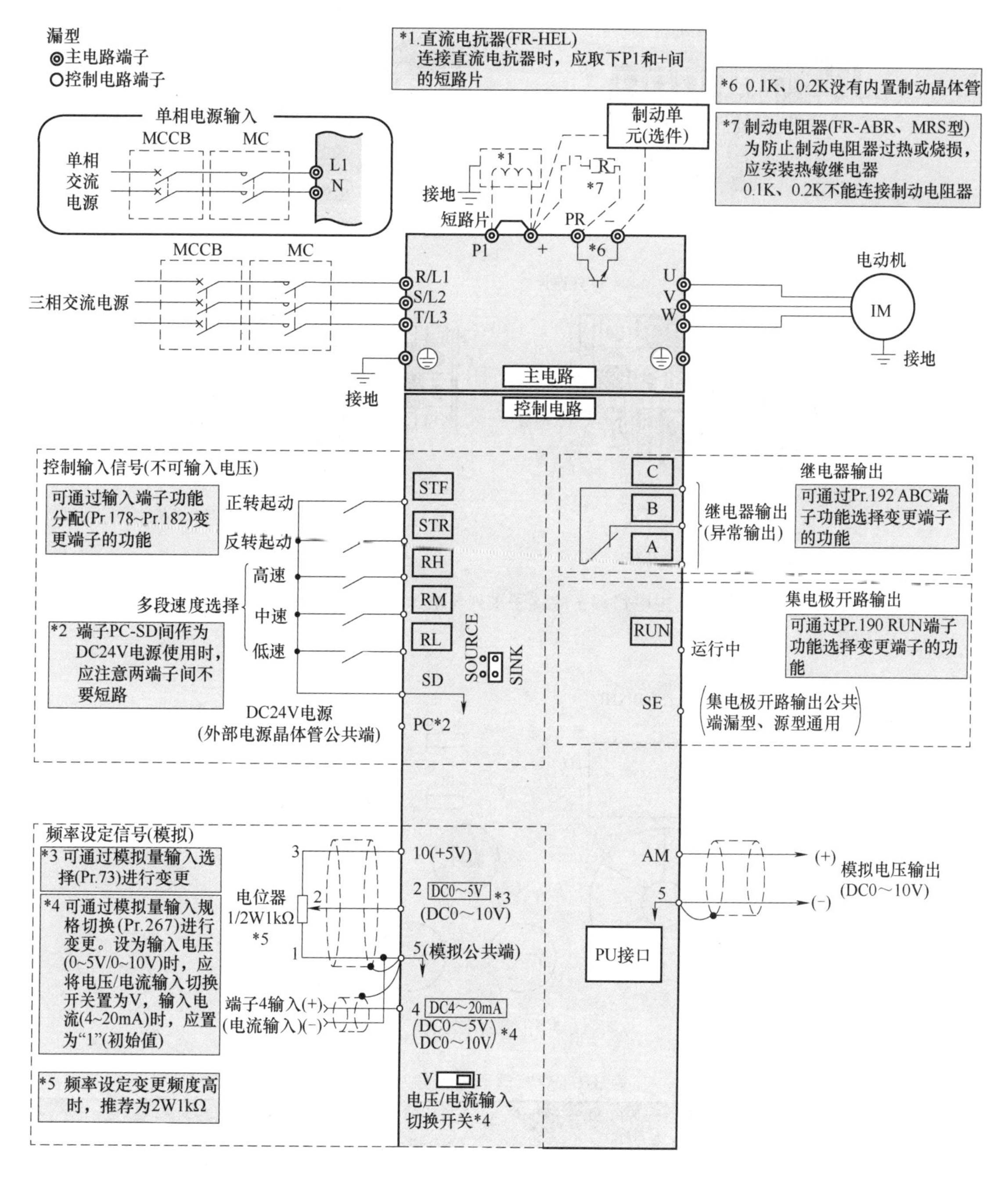

图3-3　端子连接图

主电路端子的端子排列与电源、电动机的接线如图3-4所示。

5. 变频器面板

变频器面板如图3-5所示。

变频器面板按钮功能见表3-1。

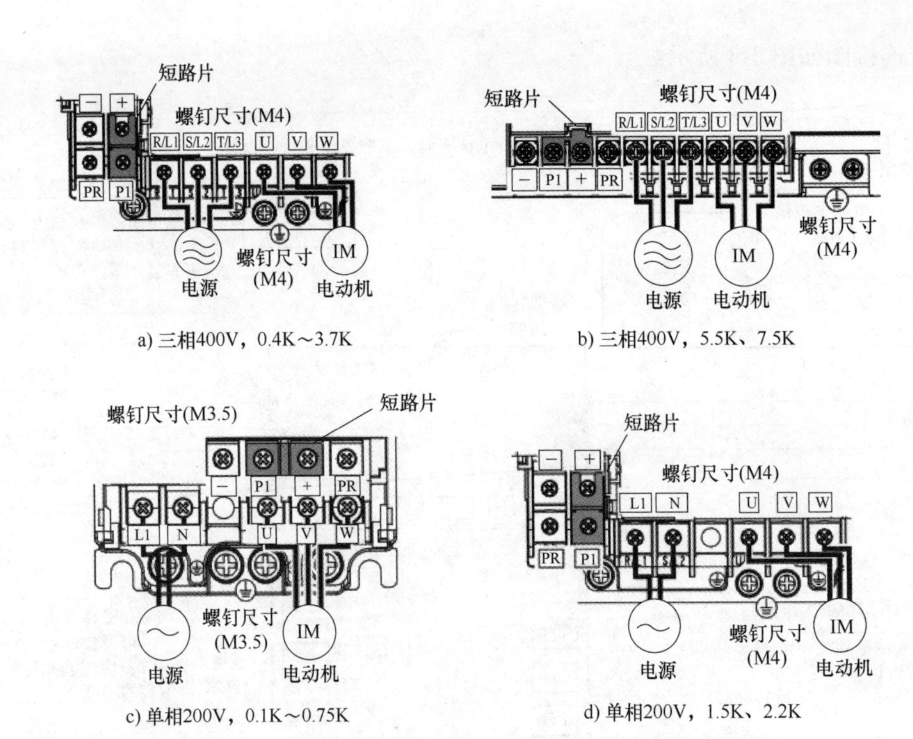

图 3-4 主电路端子的端子排列与电源、电动机的接线

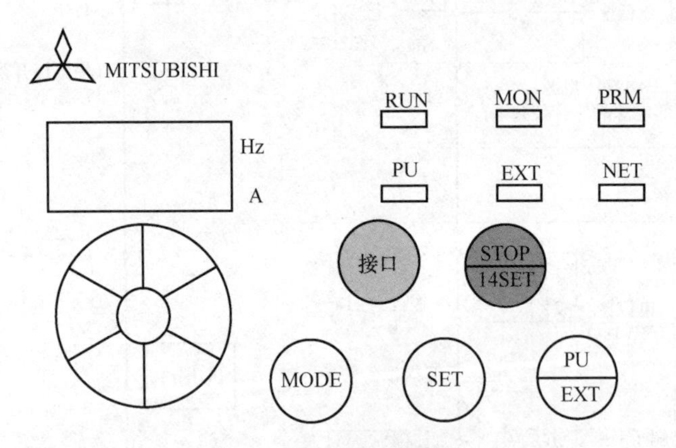

图 3-5 变频器面板

表 3-1 变频器面板按钮功能

显示/按钮	功能
RUN 显示	运行状态显示 1）亮灯：正转运行中 2）缓慢闪烁（1.4s 循环）：反转运行中 3）快速闪烁（0.2s 循环）：有以下三种情况 ① 按 RUN 键或输入起动指令都无法运行时 ② 有起动指令，频率指令在起动频率以下时 ③ 输入了 MRS 信号时

（续）

显示/按钮	功能
MON 显示	1）监视器显示 2）监视模式时亮灯
PRM 显示	1）参数设定模式显示 2）参数设定模式时亮灯
PU 显示	运行模式显示 1）PU：PU 运行模式时亮灯 2）EXT：外部运行模式时亮灯 3）PU、EXT：外部/PU 组合运行模式 1/2 时亮灯
监视器（4 位 LED）	显示频率、参数序号等
Hz、A	单位显示 1）Hz：显示频率时亮灯 2）A：显示电流时亮灯。（显示电压时熄灯、显示设定频率监视时闪烁）
RUN 键	起动指令。通过 Pr. 40 的设定，可以选择旋转方向
STOP/RESET 键	进行运行的停止、报警的复位
MODE 键	切换设定模式
SET 键	各设定的确定
PU/EXT	切换 PU/外部操作模式（组合模式用 Pr. 79 变更）

6. 变频器的基本功能参数

变频器的基本功能参数见表 3-2。

表 3-2　变频器的基本功能参数

参数	名称	表示	设定范围	单位	出厂设定值
0	转矩提升	P0	0%~30%	0.1%	6%，4%，3%
1	上限频率	P1	0~120Hz	0.01Hz	120Hz
2	下限频率	P2	0~120Hz	0.01Hz	0Hz
3	基准频率	P3	0~400Hz	0.01Hz	50Hz
4	3 速设定（高速）	P4	0~400Hz	0.01Hz	50Hz
5	3 速设定（中速）	P5	0~400Hz	0.01Hz	30Hz
6	3 速设定（低速）	P6	0~400Hz	0.01Hz	10Hz
7	加速时间	P7	0~3600s	0.1s	5s
8	减速时间	P8	0~3600s	0.1s	5s
9	电子过电流保护	P9	0~500A	0.01A	额定输出电流
30	扩展功能显示选择	P160	0，9999	1	9999
79	操作模式选择	P79	0~7	1	0

注：只有当 Pr. 160“扩展功能显示选择”的设定值为“0”时，变频器的扩展功能参数才有效。

7. 变频器 PU 运行

1）电源接通时显示监视器页面。

2）按 PU/EXT 键，进入 PU 运行模式。

3）旋转按钮，显示想要设定的频率。

4）在数值闪烁期间按 STE 键设定频率（若不按 STE 键，数值闪烁约 5s 后显示将变为“0.00”。这种情况下可返回第 3）步重新设定频率）。

5）闪烁约 3s 后显示将返回“0.00”（监视显示），通过 RUN 键运行。

6）要变更设定频率，可执行第 3）、4）步操作。

7）按 STOP/RESET 键停止。

PU 运行页面显示如图 3-6 所示。

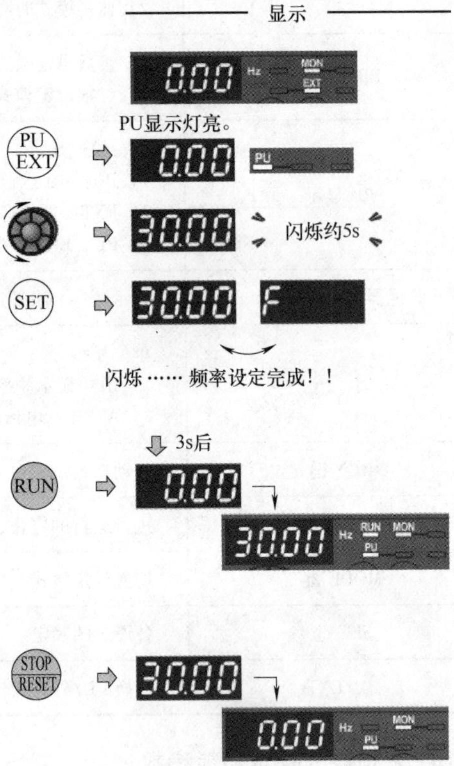

图 3-6 PU 运行页面显示

三、实战训练

训练 1：按变频器的接线要求完成接线。

训练 2：下载三菱变频器的使用手册，熟悉变频器的设置，完成变频器的调试。

四、思考题与习题

思考 1：设备开发什么时候会用到变频器？

思考 2：变频器的工作原理是什么？

五、分组讨论和评价

分组讨论：5~6 人一组，探讨实战训练 1、2 的最佳解决方案，每组提供训练 1、2 的成果讲解；班级评出最佳方案和讲解（考核参考）。

评价（自评和互评）：根据任务要求进行自评和互评。

单元 2 PLC 控制变频器实战

一、任务概要

任务目标：熟悉变频器的运行方式，掌握通过不同通信方式调整变频器参数从而实现运行的编程方法。

任务要求：通过控制变频器运行的程序编写案例，熟练掌握模拟量通信和用 RS-485 通信来控制变频器调整参数的方法。

条件配置：GX Works3 软件，EasyBuilder Pro 软件，Windows 7 以上系统计算机，RS-485 通信控制变频器。

任务书：

任务名称	通过控制变频器运行的程序编写案例，熟练掌握 PLC 控制变频器的运行方法
任务要求	用 RS-485 通信控制变频器，熟练完成模拟量通信和 RS-485 通信控制变频器的运行
任务设定	1. 掌握变频器的运行方式 2. 制作触摸屏控制界面 3. 了解模拟量通信方式，通过编写程序控制变频器的运行 4. 了解 RS-485 通信方式，通过编写程序控制变频器的运行
预期成果	通过变频器编程控制认知学习，掌握变频器的运行和调试方式，能够用 RS-485 通信控制变频器，设置不同频率以完成模拟量通信和 RS-485 通信控制变频器的运行

二、单元知识

1. 变频器的运行模式

变频器的运行模式是指对输入到变频器的起动指令和频率指令的输入场所的指定，常见的有以下两种。第一种是使用控制电路端子在外部设置电位器和开关来进行操作，即外部运行模式；第二种是使用操作面板以及参数单元输入起动指令、频率指令，即 PU 运行模式。通过 PU 接口进行 RS-485 通信使用的是网络运行模式（NET 运行模式）。可以通过操作面板或通信的命令代码来进行运行模式的切换。

变频器的外部连接图如图 3-7 所示。

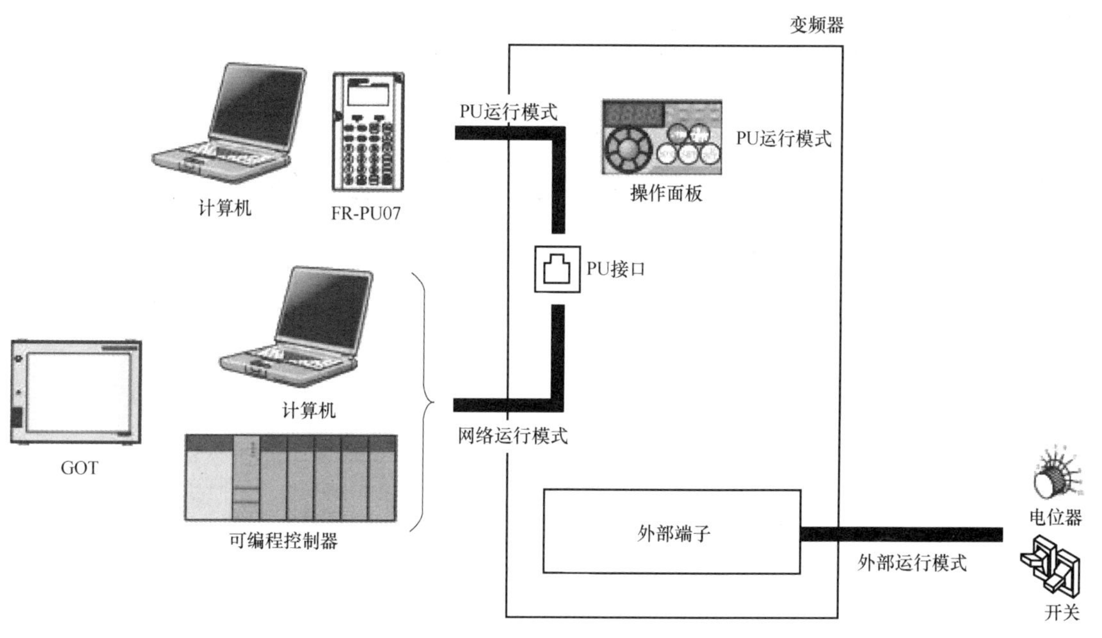

图 3-7　变频器的外部连接图

变频器的运行模式如图 3-8 所示。

2. 变频器的运行步骤

变频器需要设置频率指令及起动指令。将起动指令设为 ON 后电动机便开始运转，同时根据频率指令（设定频率）来决定电动机的转速。变频器的运行步骤流程图如图 3-9 所示。

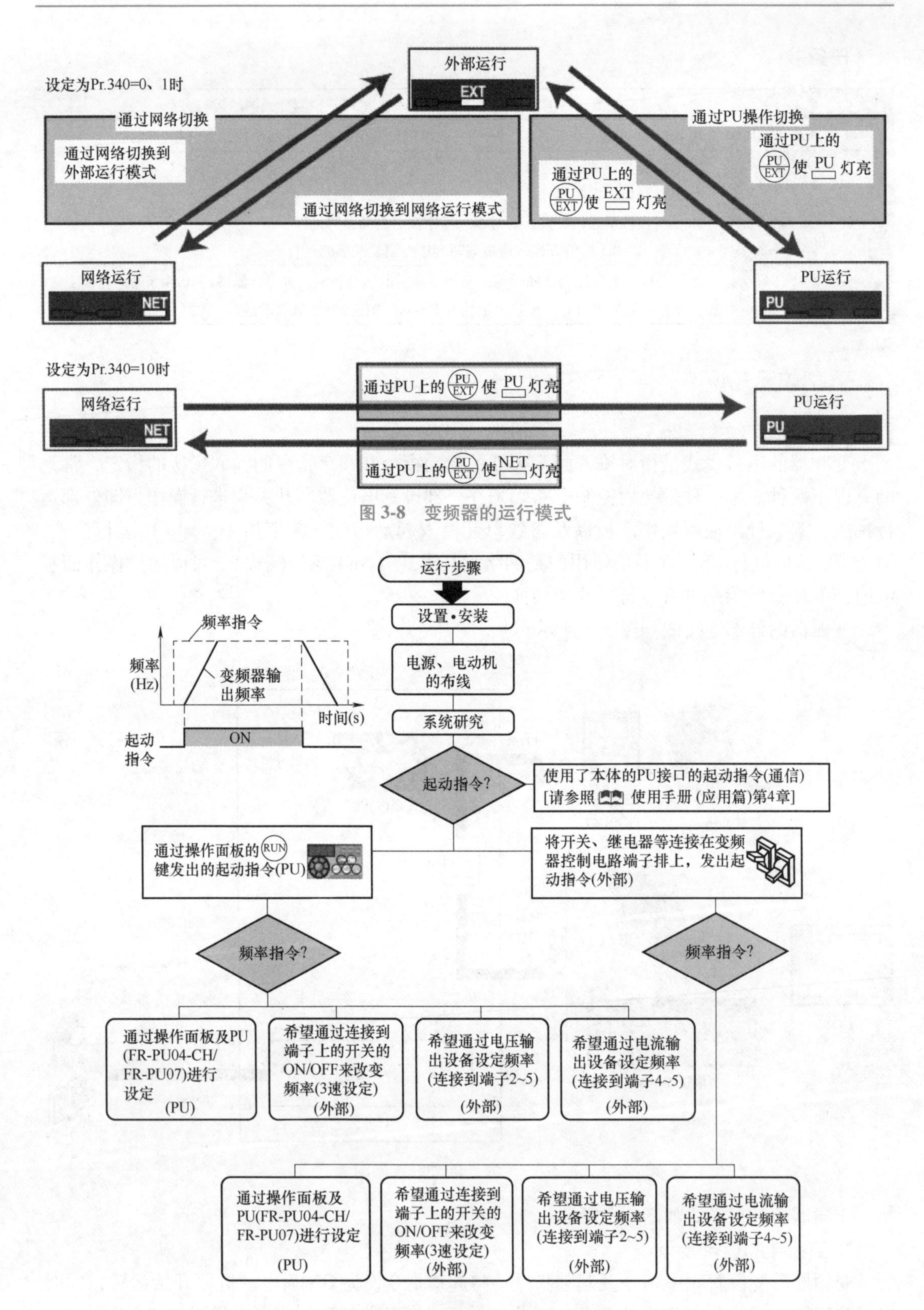

图 3-8　变频器的运行模式

图 3-9　变频器的运行步骤流程图

3. 变频器的多段速参数设定

变频器的多段速预先通过参数来设定，并通过触点端子来切换，仅通过触点信号（RH、RM、RL、REX 信号）的 ON、OFF 操作即可选择各个速度，速度参数编号及设定范围见表 3-3。

表 3-3　变频器的多段速参数设定

参数编号	名称	初始值	设定范围	内容
4	多段速设定（高速）	50Hz	0~400Hz	RH-ON 时的频率
5	多段速设定（中速）	30Hz	0~400Hz	RM-ON 时的频率
6	多段速设定（低速）	10Hz	0~400Hz	RL-ON 时的频率
24	多段速设定（4 速）	9999	0~400Hz、9999	通过 RH、RM、RL、REX 信号的组合可以进行 4~15 段速度的频率设定 9999：未选择
25	多段速设定（5 速）	9999	0~400Hz、9999	
26	多段速设定（6 速）	9999	0~400Hz、9999	
27	多段速设定（7 速）	9999	0~400Hz、9999	
232	多段速设定（8 速）	9999	0~400Hz、9999	
233	多段速设定（9 速）	9999	0~400Hz、9999	
234	多段速设定（10 速）	9999	0~400Hz、9999	
235	多段速设定（11 速）	9999	0~400Hz、9999	
236	多段速设定（12 速）	9999	0~400Hz、9999	
237	多段速设定（13 速）	9999	0~400Hz、9999	
238	多段速设定（14 速）	9999	0~400Hz、9999	
239	多段速设定（15 速）	9999	0~400Hz、9999	

可通过键盘操作键将对应的功能参数码预置到 15 段速，变频器即可按照预置的功能运行。预置这些功能参数码没有先后顺序，只要预置进去后即被记忆。

4. 编程前的 PU 操作

1）按 PU/EXT 模式选择按钮，将变频器运行模式切换至 PU 操作模式。

2）按 MODE 键，进入参数设定模式，此时显示“P0”。

3）旋转频率设定旋钮，调至“Pr. 79”参数。

4）按 SET 键，显示“Pr. 79”参数的当前值。

5）继续旋转频率设定旋钮，把“Pr. 79”参数值调至“2”，断电保存参数。

三、案例讲解与演示

1. PLC 模拟量输出控制变频器的运行频率

通过触摸屏上的正转、反转和停止按钮控制一台电动机的正反转运行与停止；正反转运行状态分别由正反转指示灯显示；触摸屏可设置运行频率。触摸屏界面设计如图 3-10 所示。

FX5U PLC 输出端子“Y0”“Y1”连接变频器的 STR、STF 正反转控制端子，从而实现对变频器的正反转控制，如图 3-11 所示。通过内置模拟量输出模块（图 3-12），将数字量转换为直流电压信号输出，连接变频器模拟量输入控制端子“2”“5”。同时设置变频器内部的参数，从而实现对变频器的频率控制。

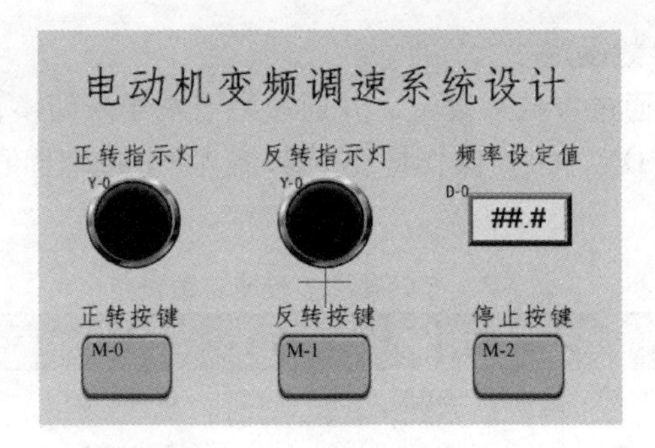

图 3-10 触摸屏界面设计

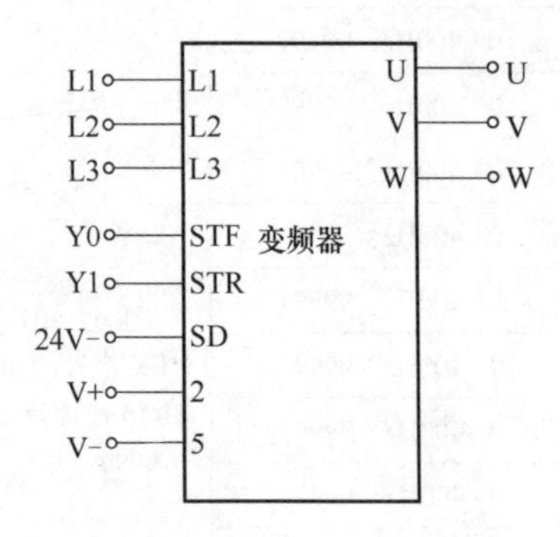

图 3-11 变频器与 PLC 的连接

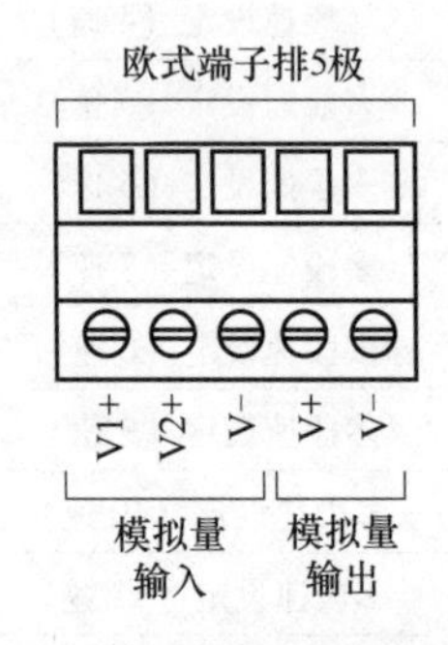

图 3-12 内置模拟量输出模块

程序设计中，利用双重互锁实现电动机的正反转控制。触摸屏中的频率设定值通过“D0”寄存器，利用 MOV 传送指令写入模拟量输出特殊寄存器“SD6180”，然后通过 PLC 内置模拟量输出模块中的 D/A 功能输出对应的直流电压至变频器模拟量输入端子。模拟输出程序如图 3-13 所示。

图 3-13 模拟输出程序

打开 PLC 编程界面左侧“导航”目录树，依次选择“参数”→FX5U CPU→“模块参数”→“模拟输出”。双击“模拟输出”选项，分别将“D/A 转换允许/禁止设置”和“D/A 输出允许/禁止设置”均设置为“允许”，然后单击“应用”按钮，如图 3-14 所示。

根据模拟量输出模块寄存器 0~4000 对应输出 0~10V，变频器模拟量输入的 0~10V 对应转换为频率 0~50Hz，因此将模拟量输出应用设置中的“比例缩放设置”启用，将比例缩放上限值设置为“50”，比例缩放下限值设置为“0”，如图 3-15 所示。

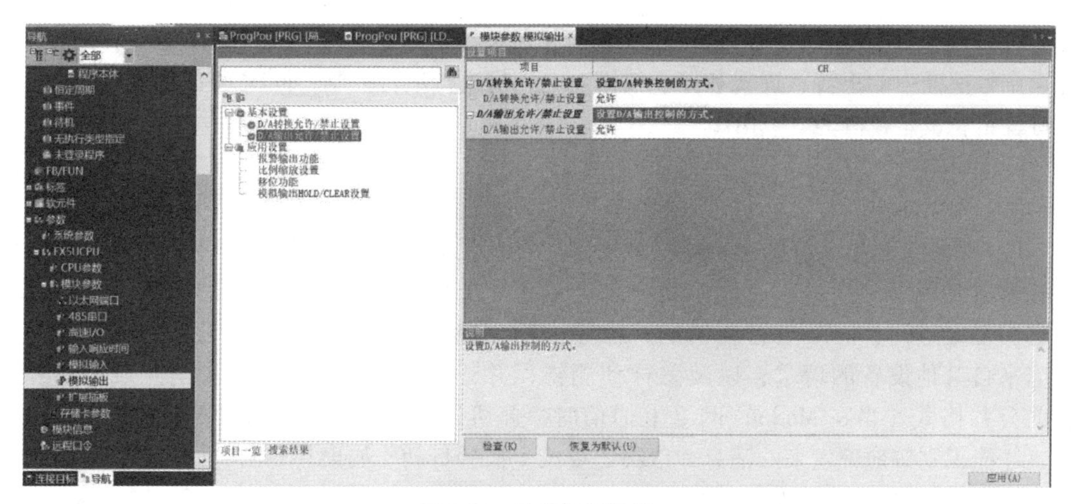

图 3-14　模拟输出设置

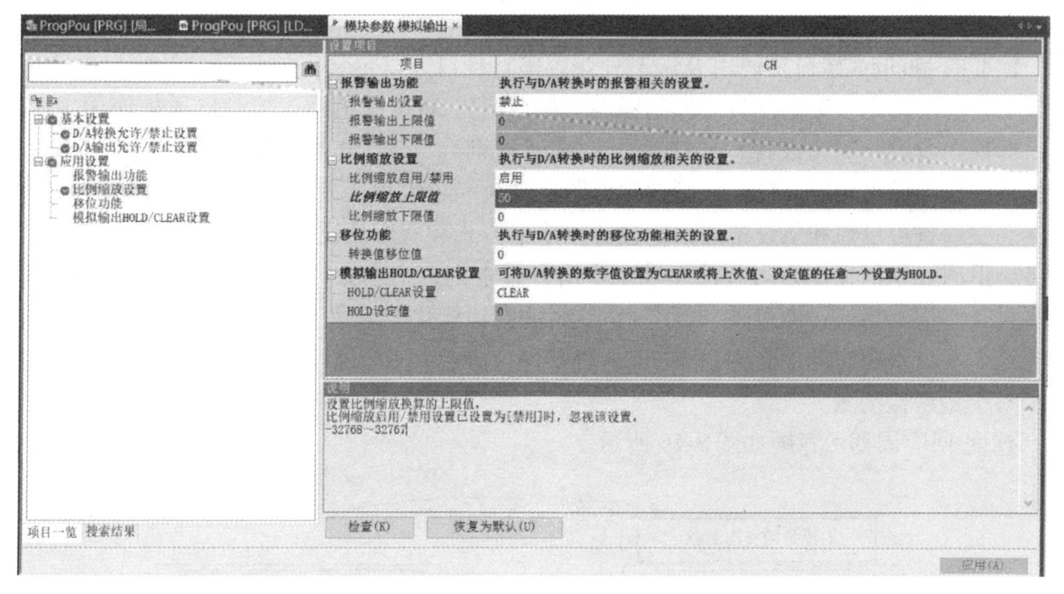

图 3-15　比例缩放设置

变频器的参数设置见表 3-4。

表 3-4　变频器的参数设置

参数号	参数名称	默认值	设置值	设置值含义
P1	上限频率	120Hz	50Hz	最高运行频率为 50Hz
P2	下限频率	0Hz	0Hz	最低运行频率为 0Hz
P7	加速时间	5s	5s	从 0Hz 加速至基准频率 50Hz 所需时间
P8	减速时间	5s	5s	从 50Hz 减速至基准频率 0Hz 所需时间
P79	运行模式选择	0	0	外部/PU 模式切换，可通过变频器按键切换
P73	模拟量输入选择	1	0	将模式 1 模拟量输入 0~5V 更改为模式 0 模拟量输入 0~10V

PLC 程序和触摸屏程序都设计完成后，分别对其进行下载，下载完成并重启系统后，通过操作触摸屏中的正转、反转和停止按键对电动机进行运行控制，同时对变频器给定的频率进行设定，设定范围为 0~50Hz。

2. PLC 串行通信控制变频器的运行参数

（1）Modbus 协议

1）常见的工业通信标准。通过此协议，控制器相互之间、控制器通过网络（如以太网）和其他设备之间可以通信。此协议定义了一个控制器能识别使用的消息结构，且不管它们是经过何种网络进行通信的，描述了一个控制器请求访问其他设备的过程、如何回应来自其他设备的请求，以及怎样侦测错误并记录，同时，也制定了消息域格局和内容的公共格式。当在 Modbus 网络上通信时，此协议决定了每个控制器需要知道的设备地址，并能识别按地址发来的消息，以决定要产生何种行动。如果需要回应，控制器将生成反馈信息并用 Modbus 协议发出。在其他网络上，包含了 Modbus 协议的消息可以转换为在此网络上使用的帧或包结构。这种转换也扩展了根据具体的网络解决节地址、路由路径及错误检测的方法。

标准的 Modbus 接口是使用 RS-232C 兼容串行接口，它定义了连接口的针脚、电缆、信号位、传输波特率、奇偶校验。控制器能直接或经由 Modem 组网。控制器通信使用主-从技术，即仅一台设备（主设备）能初始化传输（查询），其他设备（从设备）根据主设备查询提供的数据做出相应反应。典型的主设备有主机和可编程仪表，典型的从设备有可编程控制器。主设备可单独和从设备通信，也能以广播方式和所有从设备通信。如果单独通信，从设备会返回一个消息作为回应，如果以广播方式查询，则不做任何回应。Modbus 协议建立了主设备查询的格式，即设备（或广播）地址、功能代码、所有要发送的数据、一个错误检测域。从设备回应的消息也由 Modbus 协议构成，包括确认要行动的域、任何要返回的数据和一个错误检测域。

查询-回应周期示意图如图 3-16 所示。

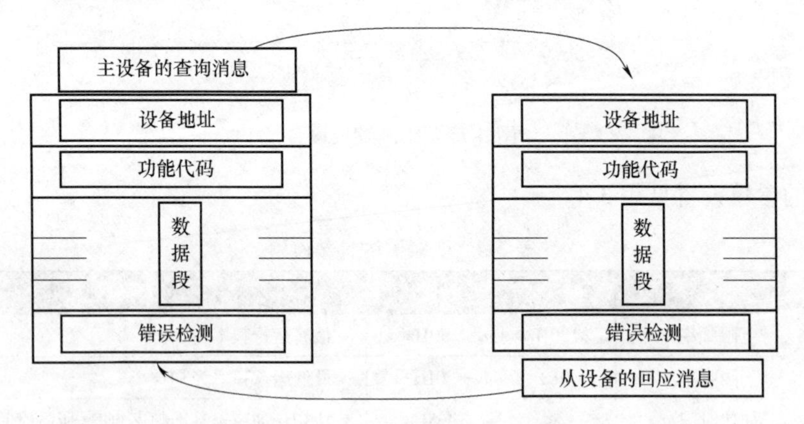

图 3-16　查询-回应周期示意图

2）查询。查询消息中的功能代码并告知被选中的从设备要执行何种功能。数据段包含了从设备要执行功能的所有附加信息。例如，功能代码 03 是要求从设备读保持寄存器并返回它们的内容。数据段必须包含要告知从设备的信息：从何寄存器开始读及要读的寄存器数量。错误检测域为从设备提供了一种验证消息内容是否正确的方法。

3）回应。如果从设备产生一正常的回应，在回应消息中的功能代码是对查询消息中的功能代码的回应。数据段包括了从设备收集的数据，如寄存器值或状态。如果有错误发生，功能代码将被修改，以用于指出回应消息是错误的，同时数据段包含了描述此错误信息的代码。错误检测域允许主设备确认消息内容是否可用。

控制器三种传输模式（ASCII、RTU或TCP）中的任何一种都能在标准的Modbus网络通信。用户选择的模式包括串口通信参数（波特率、校验方式等）。在配置每个控制器时，一个Modbus网络上的所有设备都必须选择相同的传输模式和串口参数，每个Modbus系统只能使用一种模式，不允许两种模式混用，常用的是RTU模式。

（2）RS-485通信的特点及其应用　RS-485属于有线传输，所以需要硬件传输媒介，实际有两根线就可以了。在这两根线上传输的实际是同一个信号，只是发送端把该信号一分为二，在接收端再把它还原为原来的信号。这样做的好处通过和RS-232比较便知。

1）RS-232也需要两根线，更多的时候还要加上地线，所以通常是三根线，不考虑地线，其余的两根只有一根线传输的是数据信号，而另一根线传输的是时钟，即信号原来什么样，发送端发送出去的就是什么样，同样接收端也是这样处理。而RS-485的接收端可以把信号在传输过程中引入的干扰抵消掉，RS-232的接收端则不能，所以RS-485的抗干扰能力强，可以传输信号上千米、而RS-232只能传输十几米。

RS-485接口采用的是平衡驱动器和差分接收器组合，抗共模干扰能力增强，即抗噪声干扰性好。

RS-485接口的最大传输距离标准值为4000ft[⊖]，实际上可达3000m；另外RS-232-C接口在总线上只允许连接一个收发器，即只有单站能力。而RS-485接口在总线上可连接多达128个收发器，即具有多站能力。因此用户可以利用单一的RS-485接口方便地建立起设备网络。RS-485接口具有良好的抗噪声干扰性、长的传输距离和多站能力等优点，使其成为首选的串行接口。因为RS-485接口组成的半双工网络一般只需两根连线，所以RS-485接口均采用屏蔽双绞线传输。RS-485接口连接器采用DB-9的9芯插头座，与智能终端连接的RS-485接口采用DB-9（孔），与键盘连接的键盘接口RS-485采用DB-9（针）。

2）RS-485的电气特性比较。逻辑“1”以两线间的电压差为+(2~6)V表示；逻辑“0”以两线间的电压差为-(2~6)V表示。接口信号电平比RS-232-C降低了，因此不易损坏接口电路的芯片，且该电平与TTL电平兼容，可方便与TTL电路连接。RS-485的数据最高传输速率为10Mbps。

（3）变频器的通信功能　变频器的通信功能是指以RS-485通信方式连接FX5可编程控制器与变频器，最多可以对16台变频器进行运行监控、读出/写入各种指令以及参数的功能，PLC控制与变频器的连接如图3-17所示。

该功能可以对三菱公司变频器FREQROL-F800/A800/F700PJ/F700P/A700/E700/E700EX（无传感器伺服）/D700/V500系列进行链接；可以执行变频器的运行监视、各种指令、参数的读出/写入；总延长距离最长为1200m（仅限由FX5-485ADP构成时）。下面以三菱变频器D700型号为例进行介绍。

⊖ 1ft=0.3048m。

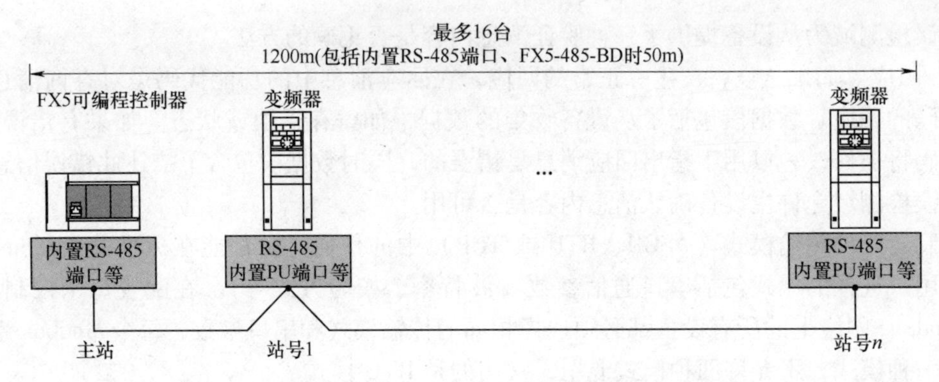

图 3-17　PLC 控制与变频器的连接

FX5U PLC 控制器可以使用内置 RS-485 端口、通信板、通信适配器，使用变频器通信功能。串行口的分配不受系统构成的影响，固定编号，串口通道分配如图 3-18 所示。

1）内置 RS-485 端口为通道 1，内置于 CPU 模块中，不需要扩展设备，通信距离在 50m 以下。

2）通信板 FX5-485-BD 为通道 2，由于可以内置在 CPU 模块中，所以安装面积不变，为集成型，通信距离在 50m 以下。

3）通信适配器 FX5-485ADP 为通道 3、通道 4，在 CPU 模块的左侧安装通信适配器，通信距离在 1200m 以下。

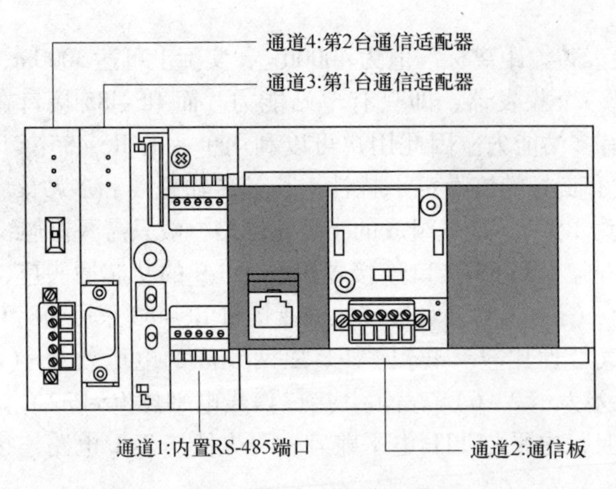

图 3-18　串口通道分配

PLC 与 RS-485 通信设备连接时使用 10BASE-T 电缆或是带屏蔽的双绞电缆，PU 接口连接情况如图 3-19 所示。

在通信连接时，需要对 PLC 以及最远端的变频器进行设定或连接终端电阻。

FX5U 控制器一侧内置 RS-485 端口，FX5-485-BD、FX5-485ADP 中内置有终端电阻，将终端电阻切换开关设定为 110Ω，如图 3-20 所示。

变频器一侧根据传送速度、传送距离不同，有时会受到反射的影响，当这种反射妨碍通信时，需要设置终端电阻。内置有终端电阻时，应将离 PLC 控制器最远的变频器的终端电阻开关设定在 100Ω 一侧，如图 3-21 所示。

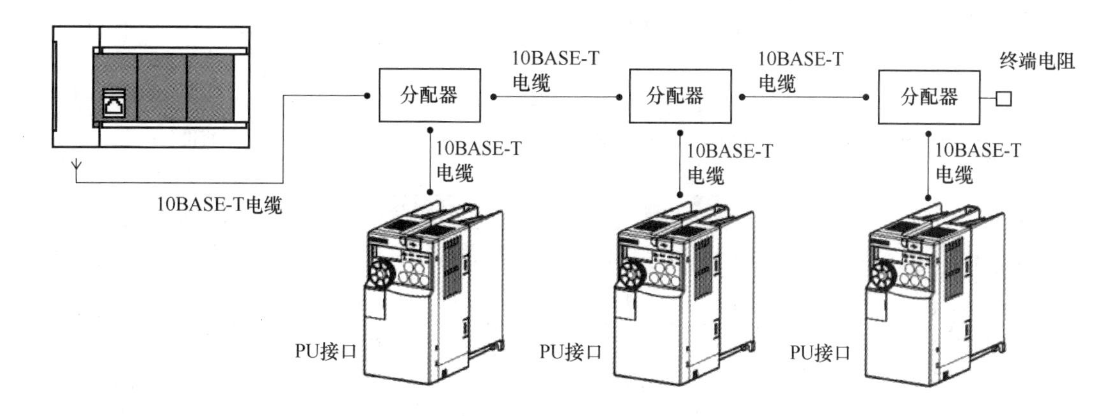

图 3-19　PU 接口连接情况

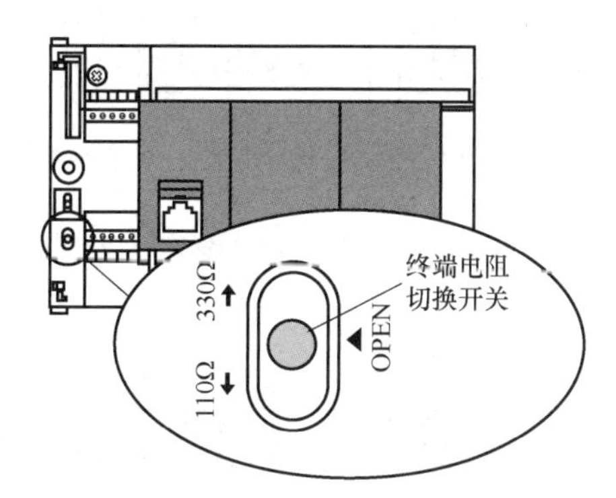

a) FX5U CPU模块内置RS-485端口

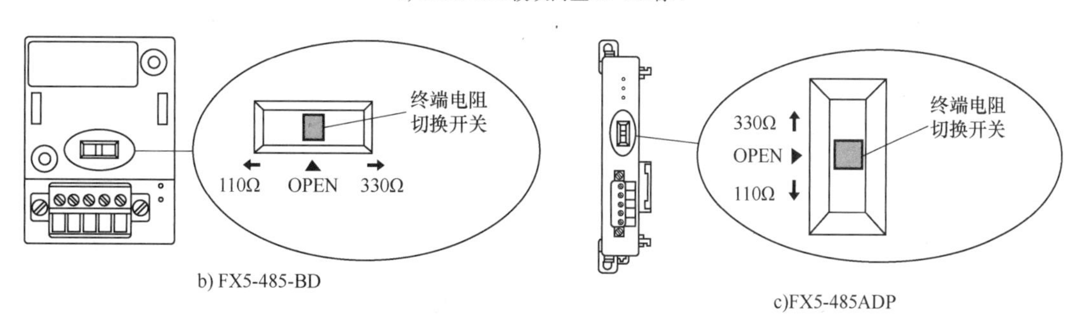

b) FX5-485-BD

c)FX5-485ADP

图 3-20　PLC 控制器侧设置终端电阻

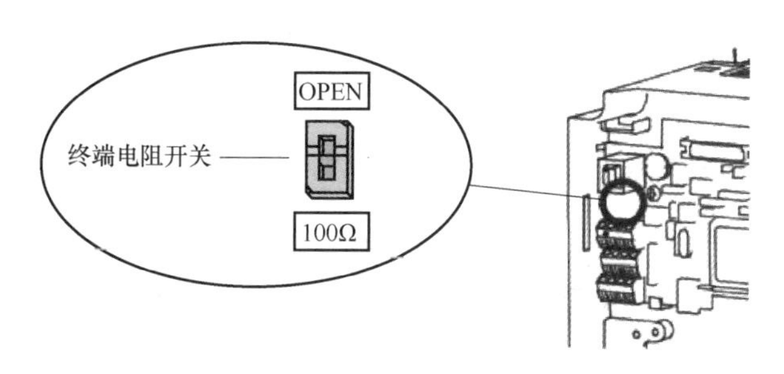

图 3-21　变频器侧设置终端电阻

PLC 控制器与变频器的通信接线图如图 3-22 所示。

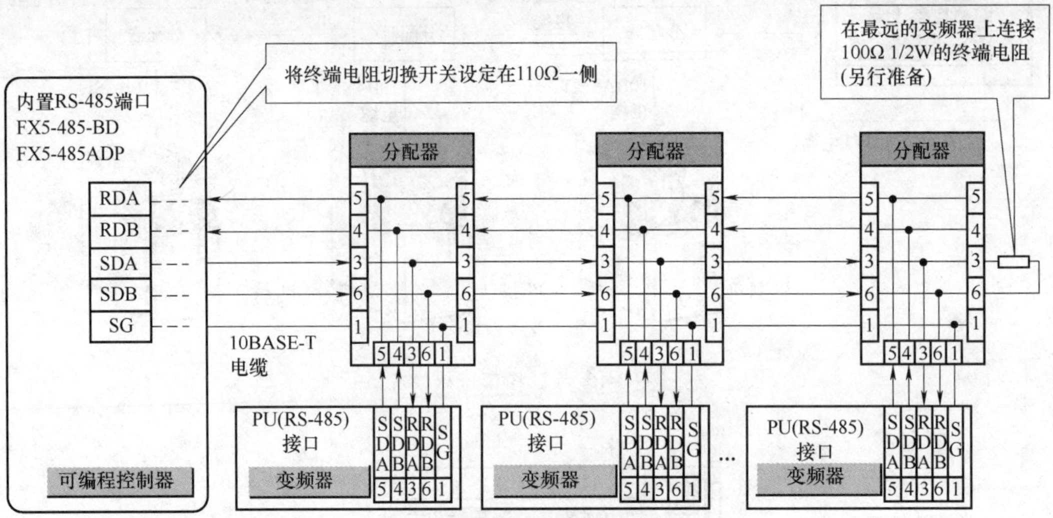

图 3-22　PLC 控制器与变频器的通信接线图

连接到 PLC 控制器之前，将变频器的 PU 参数设定为与通信相关参数相一致，D700 型号变频器参数见表 3-5。

表 3-5　D700 型号变频器参数

参数编号	参数项目	设定值	设定内容
Pr. 117	PU 通信站号	0~31	最多可以连接 16 台
Pr. 118	PU 通信速度	48	4800bps
		96	9600bps
		192	19200bps
		384	38400bps
Pr. 119	PU 通信停止位长度	10	数据长度：7 位 停止位：1 位
Pr. 120	PU 通信奇偶校验	2	偶校验
Pr. 123	设定 PU 通信的等待时间	999	在通信数据中设定
Pr. 124	设定 PU 通信 CR/LF	1	CR：有/LF：无
Pr. 79	选择运行模式	0	上电时外部运行模式
Pr. 549	选择协议	0	三菱变频器（计算机链接）协议
Pr. 340	选择通信启动模式	1 或 10	1：网络运行模式 10：网络运行模式（可以通过操作面板更改 PU 运行模式和网络运行模式）

PLC 控制器的通信设置，内置 RS-485 端口设置：打开 GX Works3 设定参数，找到导航窗口，双击“参数”，双击 FX5UCPU，双击“模块参数”，双击“485 串行”，协议格式选择为“变频器通信”，基本设置如图 3-23 所示。固有设置和 SM/SD 设置不改变。

项目	设置
协议格式	设置协议格式。
协议格式	变频器通信
详细设置	设置详细设置。
数据长度	7bit
奇偶校验	偶数
停止位	1bit
波特率	9,600bps

图 3-23　通信设置

（4）PLC 控制变频器编程　PLC 控制器与变频器使用以下指令进行通信。在变频器通信指令中，根据数据通信的方向和参数的写入/读出方向，有以下六种指令，见表 3-6。

表 3-6　PLC 控制变频器指令表

指令	功能	控制方向
IVCK	变频器的运行监视	可编程控制←变频器
IVDR	变频器的运行控制	可编程控制→变频器
IVRD	读出变频器的参数	可编程控制←变频器
IVWR	写入变频器的参数	可编程控制←变频器
IVBWR	变频器参数的成批写入	可编程控制←变频器
IVMC	变频器的多个指令	可编程控制↔变频器

1）变频器的运行控制指令及编程实例。IVDR 指令是在 PLC 控制器中写入变频器运行所需的设定值，控制指令形式如图 3-24 所示，指令内容、范围和数据类型见表 3-7。

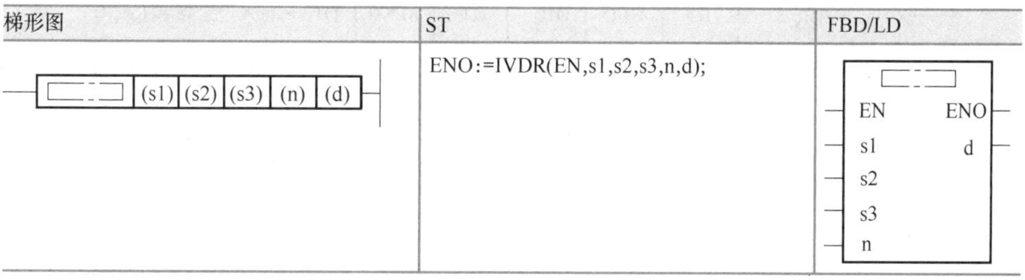

梯形图	ST	FBD/LD
(s1) (s2) (s3) (n) (d)	ENO:=IVDR(EN,s1,s2,s3,n,d);	EN ENO s1 d s2 s3 n

图 3-24　变频器运行控制指令形式

表 3-7　变频器运行控制指令内容、范围和数据类型

操作数	内容	范围	数据类型	数据类型（标签）
(s1)	变频器的站号	K0~31	无符号 BIN16 位	ANY16
(s2)	变频器的指令代码	参考变频器的指令代码说明	无符号 BIN16 位	ANY16
(s3)	向变频器的参数中写入的设定值，或者保存设定数据的软元件编号		无符号 BIN16 位	ANY16

（续）

操作数	内容	范围	数据类型	数据类型（标签）
(n)	使用通道	K1~4	无符号 BIN16 位	ANY16_U
(d)	输出指令执行状态的起始位软元件编号		位	ANYBIT_ARRAY

程序实例：

将变频器启动时的初始值设为 60Hz，通过 PLC 控制器（通道 1），利用切换指令对变频器（站号 3）的运行速度（HED）进行速度 1（40Hz）、速度 2（20Hz）的切换。写入内容：D10=运行速度（初始值：60Hz、速度 1：40Hz、速度 2：20Hz）。变频器运行控制指令程序如图 3-25 所示。

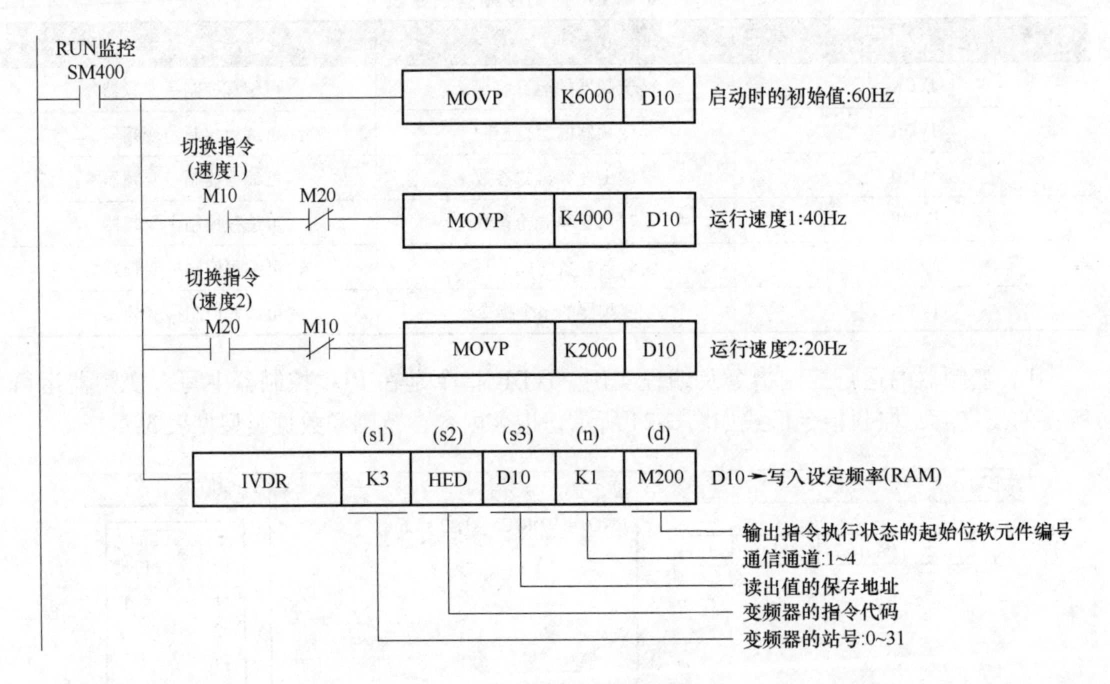

图 3-25　变频器运行控制指令程序

2）读出变频器的参数及编程实例。IVRD 指令是在 PLC 控制器中读出变频器的参数，指令形式如图 3-26 所示，指令内容、范围和数据类型见表 3-8。

梯形图	ST	FBD/LD
(s1) (s2) (d1) (n) (d2)	ENO:=IVRD(EN,s1,s2,n,d1,d2);	EN ENO s1 d1 s2 d2 n

图 3-26　读出变频器的参数指令形式

表 3-8　PLC 读出变频器参数指令内容、范围和数据类型

操作数	内容	范围	数据类型	数据类型（标签）
(s1)	变频器的站号	K0～31	无符号 BIN16 位	ANY16
(s2)	变频器的参数编号	参考变频器的参数编号说明	无符号 BIN16 位	ANY16
(s3)	保存读出值的软元件编号		无符号 BIN16 位	ANY16
(n)	使用通道	K1～4	无符号 BIN16 位	ANY16_U
(d)	输出指令执行状态的起始位软元件编号		位	ANYBIT_ARRAY

程序实例：

在 PLC 控制（通道 1）中，在保存用软元件中读出的变频器（站号 6）的参数值，见表 3-9。该程序实例使用了 D700 变频器的第 2 参数指定代码的指令程序，如图 3-27 所示。

表 3-9　D700 变频器第 2 参数表

参数编号	名称	第 2 参数指定代码	保存用软元件
C2	端子 2 频率设定的偏置频率	902	D100
C3	端子 2 频率设定的偏置	1902	D101
125	端子 2 频率设定的增益频率	903	D102
C4	端子 2 频率设定的增益	1903	D103

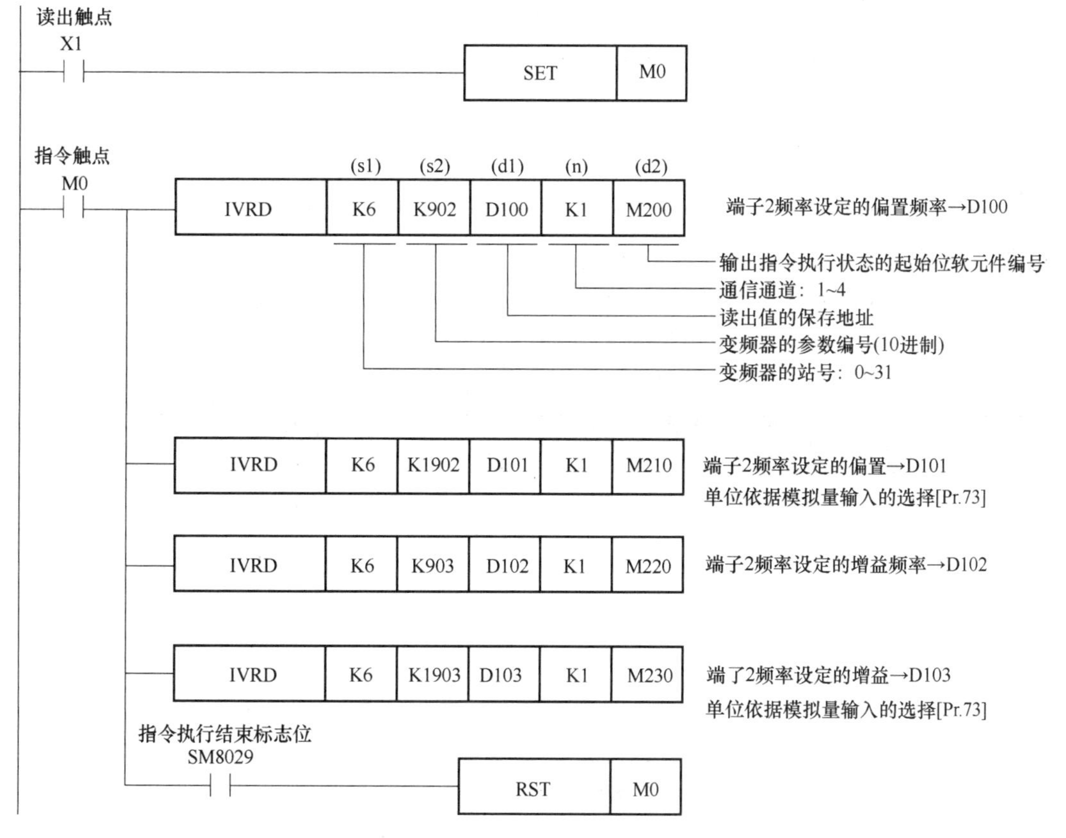

图 3-27　读出变频器的参数指令程序

3）写入变频器的参数及编程实例　IVWR 指令是从 PLC 控制器向变频器写入参数值，指令形式如图 3-28 所示，指令内容、范围和数据类型见表 3-10。

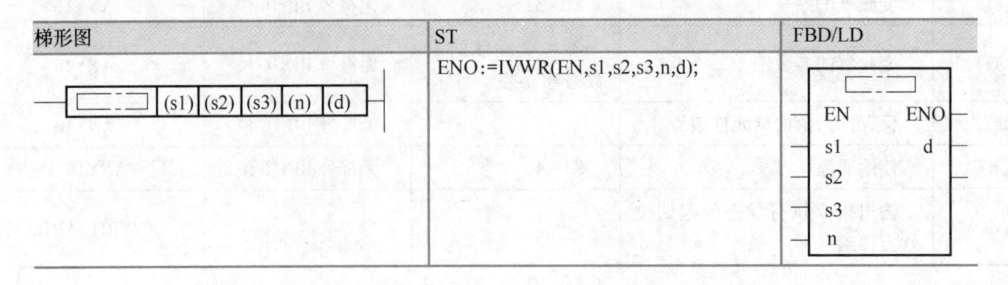

图 3-28　写入变频器的参数指令

表 3-10　PLC 写入变频器参数指令内容、范围和数据类型

操作数	内容	范围	数据类型	数据类型（标签）
(s1)	变频器的站号	K0~31	无符号 BIN16 位	ANY16
(s2)	变频器的参数编号	参考变频器的参数编号说明	无符号 BIN16 位	ANY16
(s3)	向变频器的参数中写入的设定值，或者保存设定数据的软元件编号		无符号 BIN16 位	ANY16
(n)	使用通道	K1~4	无符号 BIN16 位	ANY16_U
(d)	输出指令执行状态的起始位软元件编号		位	ANYBIT_ARRAY

程序实例：

针对变频器（站号 6），从 PLC 控制器（通道 1）写入设定值，具体参数见表 3-11。该程序实例使用了 D700 变频器的第 2 参数指定代码的程序，如图 3-29 所示。

表 3-11　D700 变频器第 2 参数表

参数编号	名称	第 2 参数指定代码	写入的设定值
C2	端子 2 频率设定的偏置频率	902	10［Hz］
C3	端子 2 频率设定的偏置	1902	100［%］
125	端子 2 频率设定的增益频率	903	200［Hz］
C4	端子 2 频率设定的增益	1903	100［%］

4）变频器参数的成批写入及编程实例。IVBWR 指令是成批地写入变频器的参数，指令形式如图 3-30 所示，指令内容、范围和数据类型见表 3-12。

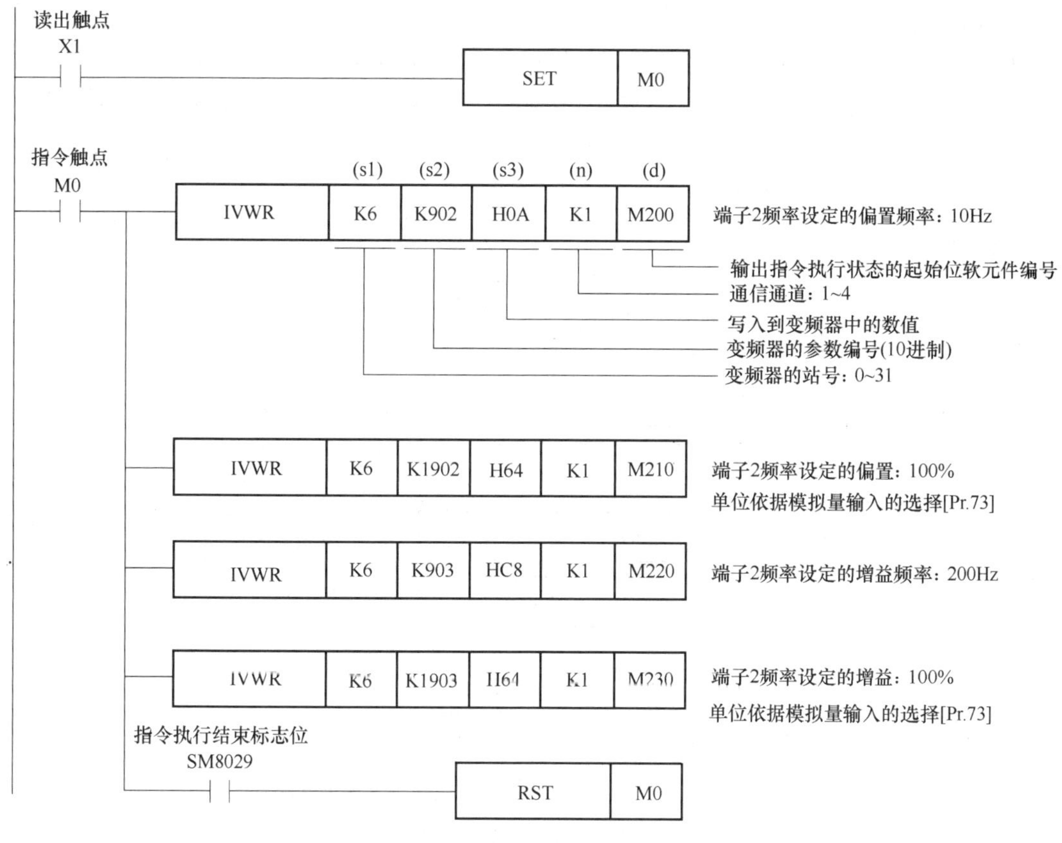

图 3-29 写入变频器的参数指令程序

梯形图	ST	FBD/LD
[ ] (s1) (s2) (s3) (n) (d)	ENO:=IVBWR(EN,s1,s2,s3,n,d);	EN ENO s1 d s2 s3 n

图 3-30 变频器参数成批写入指令

表 3-12 变频器参数成批写入指令内容、范围和数据类型

操作数	内容	范围	数据类型	数据类型（标签）
(s1)	变频器的站号	K0~31	无符号 BIN16 位	ANY16
(s2)	变频器的参数写入个数		无符号 BIN16 位	ANY16
(s3)	写入到变频器中的参数表的起始软元件编号		无符号 BIN16 位	ANY16
(n)	使用通道	K1~4	无符号 BIN16 位	ANY16_U
(d)	输出指令执行状态的起始位软元件编号		位	ANYBIT_ARRAY

程序实例：

从 PLC 控制器（通道 1）向变频器（站号 5）写入上限频率（Pr. 1）：120Hz，下限频率（Pr. 2）：5Hz，加速时间（Pr. 7）：1s，减速时间（Pr. 8）：1s。写入内容：参数编号 1 = D200、2 = D202、7 = D204、8 = D206、上限频率 = D201、下限频率 = D203、加速时间 = D205、减速时间 = D207，如图 3-31 所示。

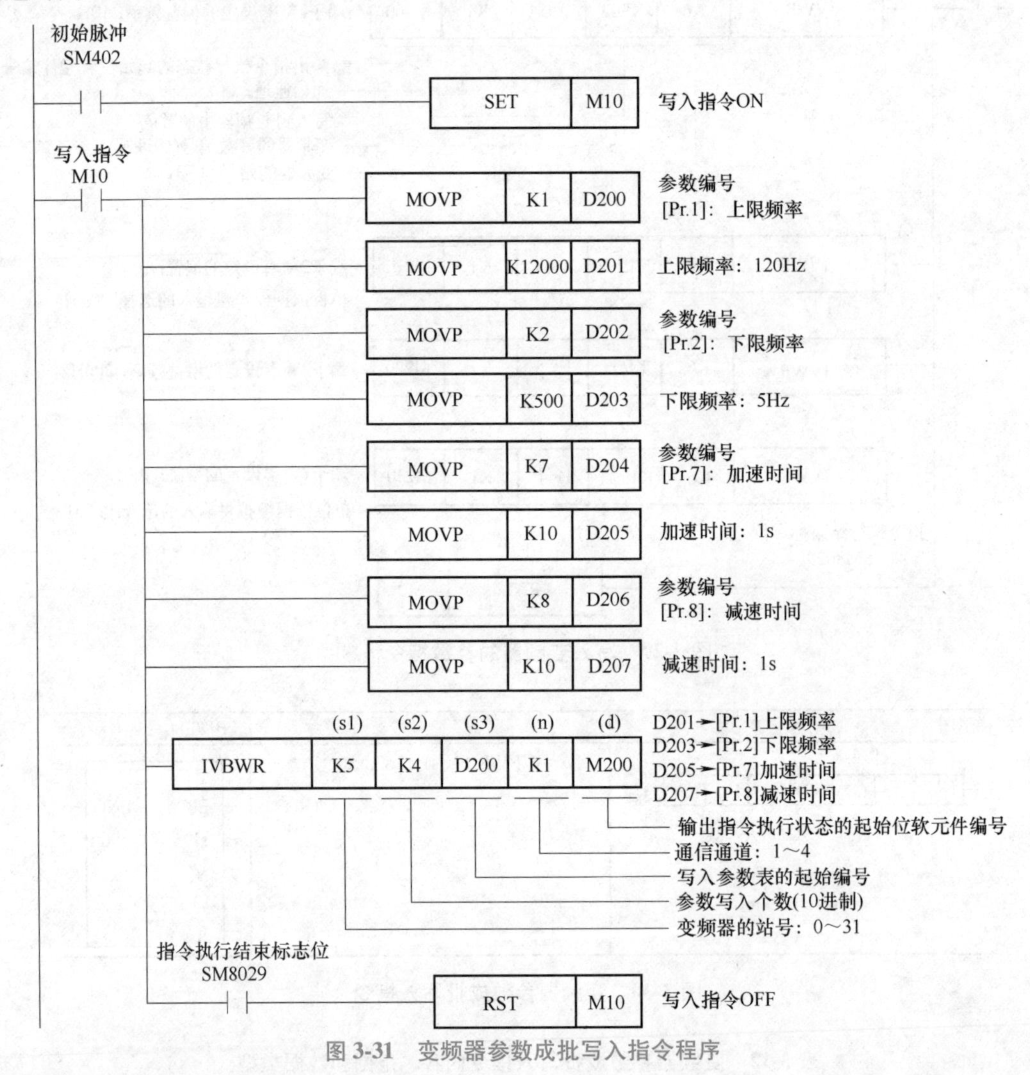

图 3-31　变频器参数成批写入指令程序

5）变频器的多个指令及编程实例　IVMC 指令是向变频器写入两种设定（运行指令和设定频率）时，同时执行两种数据（变频器状态监控和输出频率等）的读出，指令形式如图 3-32 所示，指令内容、范围和数据类型见表 3-13。

表 3-13　变频器多个指令内容、范围和数据类型

操作数	内容	范围	数据类型	数据类型（标签）
(s1)	变频器的站号	K0~31	无符号 BIN16 位	ANY16
(s2)	变频器的多个指令收发数据类型的指定		无符号 BIN16 位	ANY16

（续）

操作数	内容	范围	数据类型	数据类型（标签）
(s3)	写入到变频器中的参数表的起始软元件编号		无符号 BIN16 位	ANYBIT_ARRAY
(d1)	保存从变频器读出的读出值的起始软元件		无符号 BIN16 位	ANYBIT_ARRAY
(n)	使用通道	K1~4	无符号 BIN16 位	ANY16_U
(d2)	输出指令执行状态的起始位软元件编号		位	ANYBIT_ARRAY

梯形图	ST	FBD/LD
(s1) (s2) (s3) (d1) (n) (d2)	ENO:=IVMC(EN,s1,s2,s3,n,d1,d2);	EN ENO s1 d1 s2 d2 s3 n

图 3-32　变频器的多个指令

程序实例：

从 FX5 可编程控制器（通道 1）向变频器（站号 0）写入（s3）：运行指令（扩展）、(s3)+1：设定频率（RAM），读出（d1）：变频器状态监控（扩展）、（d1）+1：输出频率（转速）。收发类型代码：H0000。程序实例如图 3-33 所示。

①（s3）：运行指令（扩展）。利用正转指令（M21）、反转指令（M22）指示变频器进行正转、反转。写入内容：D10=运行指令（M21=正转指令、M22=反转指令）。

②（s3）+1：设定频率（RAM）。将启动时的初始值设为 60Hz，利用切换指令切换速度 1（40Hz）、速度 2（20Hz）。写入内容：D11=运行速度（初始值：60Hz、速度 1：40Hz、速度 2：20Hz）。

③（d1）：变频器状态监控（扩展）。将读出值保存于 M100~M115 中，输出（Y0~Y3）到外部。读出内容：D20=变频器状态监控（扩展）（变频器运行中=M100、正转中=M101、反转中=M102、发生异常=M115）。

④（d1）+1：输出频率（转速）。读出输出频率（转速）。读出内容：D21=输出频率（转速）。

（5）PLC 控制器串口通信状态　确认 CPU 模块或通信板/通信适配器中的 RD、SD 的 LED 显示状态，见表 3-14。正常情况下，在变频器通信中执行发送、接收时，两个 LED 都应处于清晰地闪烁状态。当 LED 不闪烁时，应检查接线或者确认通信设定。

表 3-14　串口通信状态表

LED 显示状态		运行状态
RD	SD	
灯亮	灯亮	正在执行数据的发送、接收
灯亮	灯灭	正在执行数据的接收，没有执行发送
灯灭	灯亮	正在执行数据的发送，没有执行接收
灯灭	灯灭	不在执行数据的发送、接收中

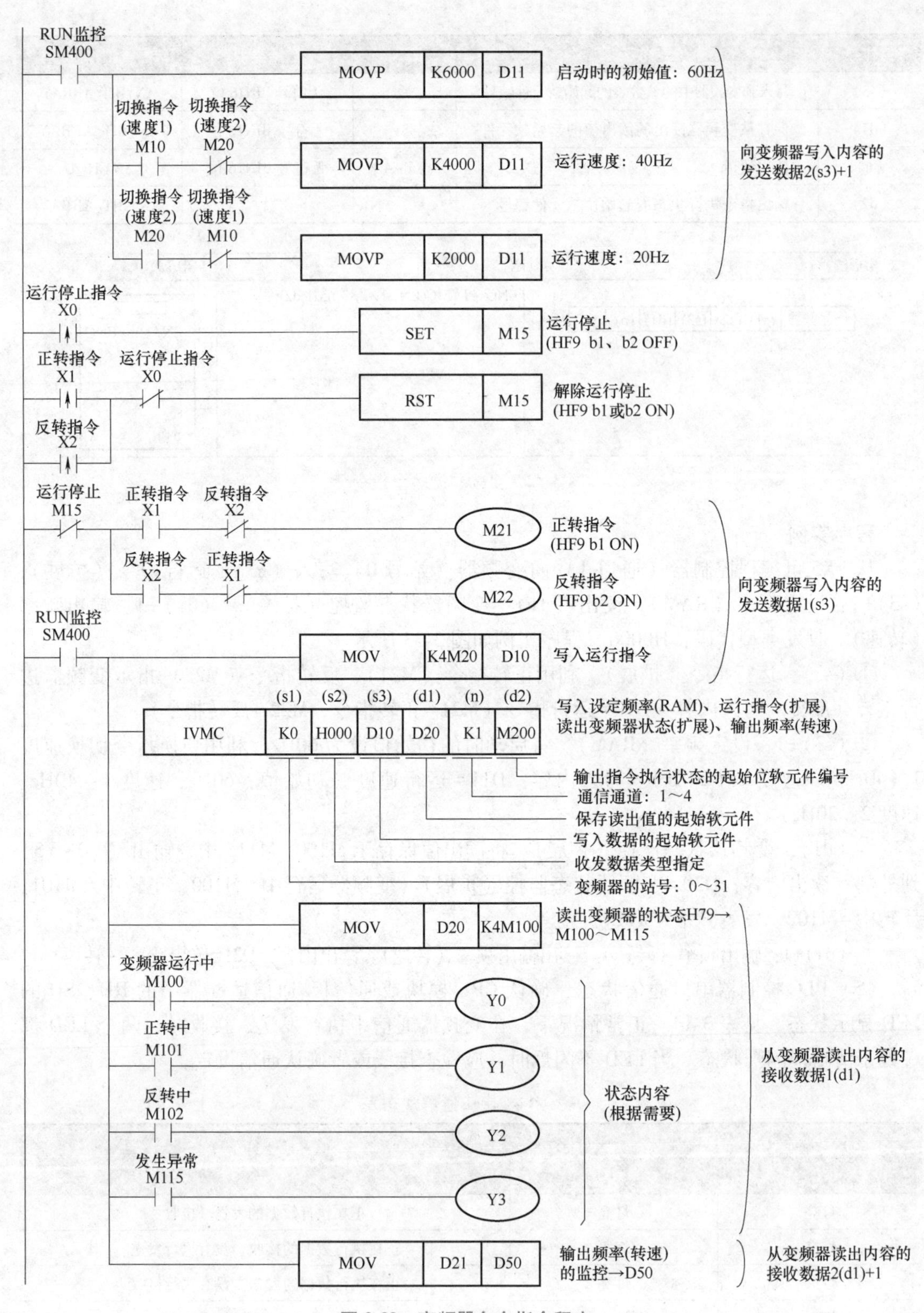

图 3-33　变频器多个指令程序

3. 家用洗衣机的PLC控制系统

全自动洗衣机就是将洗衣的全过程（浸泡→洗涤→漂洗→脱水）预先设定好*N*个程序，洗衣时选择其中一个程序，打开水龙头和起动洗衣机开关后，洗衣的全过程就会自动完成。洗衣完成后由蜂鸣器发出响声。

（1）要求　首先按下洗衣机总电源开关按钮QA1，通过按钮QA2选择洗涤时间。第一次按下QA2时，洗衣机进行轻柔洗涤，时间为5min，指示灯HL2点亮；第二次按下QA2，进行内衣模式洗涤，时间为10min，指示灯HL3点亮；第三次按下QA2时，进行外衣模式洗涤，时间为15min，指示灯HL4点亮；第四次按下QA2时，进行强力洗涤，时间为20min，指示灯HL5点亮。

开始洗涤时，按下起动按钮QA3后，打开进水电磁阀SOL1，开始进水，同时，将进水指示灯HL6点亮。

当洗衣机中的水位上升到水位上限时，关闭进水电磁阀，同时，进水指示灯HL6熄灭，洗衣机的电动机M1进行搅拌洗涤。洗涤的方式按照电动机正转6s→停止2s→电动机反转6s→停止2s的顺序循环进行。

当到达预设洗涤时间后，电动机M1停止，打开排水电磁阀SOL2，开始排水，同时，指示灯HL6点亮。当洗衣机里的水位到达水位下限后，延时5s，等待洗涤的衣服中存储的水继续依靠重力排出，然后关闭排水电磁阀，HL6熄灭。延时2s后，将再次打开进水电磁阀，HL1指示灯点亮，开始第二次漂洗，漂洗的方式是按照电动机正转6s→停止2s→电动机反转6s→停止2s的顺序循环进行，漂洗的时间为5min。然后重复上面所述的排水过程，再进行第二次的漂洗。

甩干过程的实施是在第二次漂洗排空水后进行的。甩干时打开排水电磁阀，同时点亮指示灯HL6，起动甩干电动机M2，5min后结束甩干操作，关闭排水电磁阀SOL2，HL6熄灭，然后，启动蜂鸣器HA发出洗衣结束的提示响声，蜂鸣器的运行时间为10s，达到10s后，还没有按下停止按钮，则程序自动停止蜂鸣器的运行。

（2）电气原理图　洗衣机输入信号接线图如图3-34所示，输出信号接线图如图3-35所示。

（3）程序编写　首先，双击打开GX Works3软件，然后单击“创建新工程”，在弹出的对话框中选择程序类型为“梯形图”类型，开始编写程序。

在第1段程序中的第一个扫描周期使用ZRST指令对“S0～S33”进行初始化清零操作，将“S0～S33”都置位为0，此操作完成后将“S0”状态置位为1。

在第15步开始的程序中，当电源按钮被按下时置位“S20”，进行洗涤时间的选择，程序如图3-36所示。

从第22步开始，程序通过检查“X1”按钮按下的次数，来增加“D0”中的数值。每按一次加1，当“D0”的数值>3时，设置“D0”的值为“0”，这样就实现了“D0”字元件中0～3数值的限定。

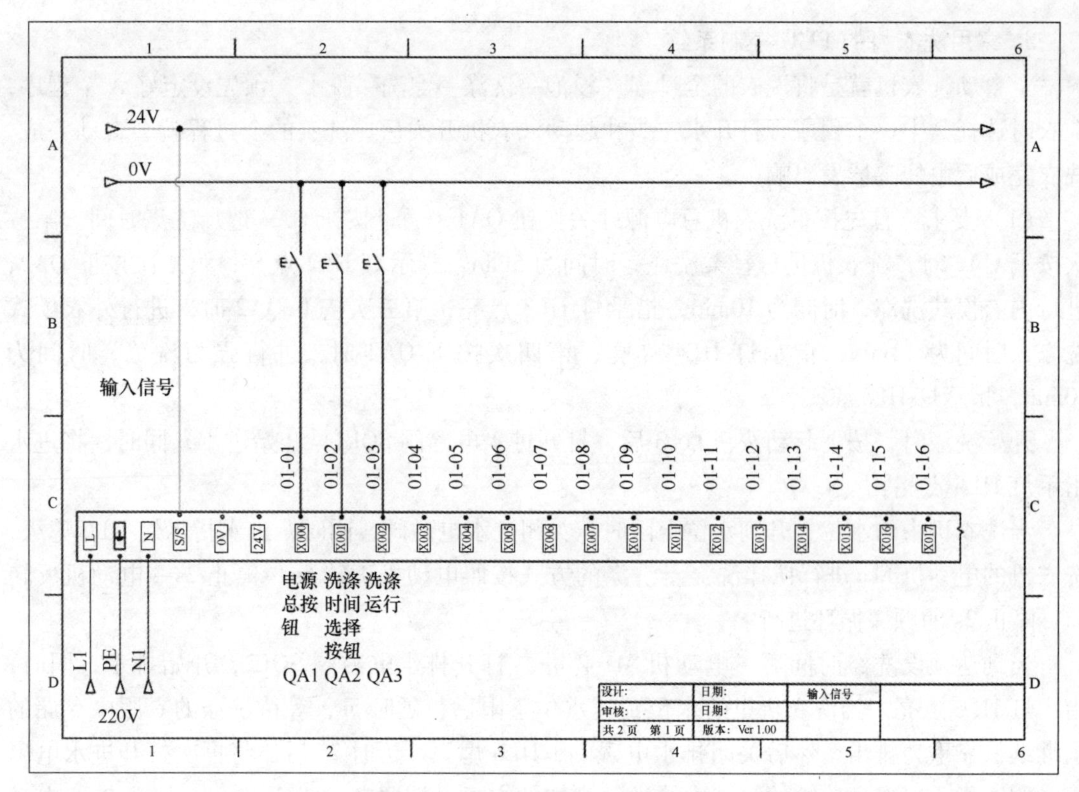

图 3-34 洗衣机输入信号接线图

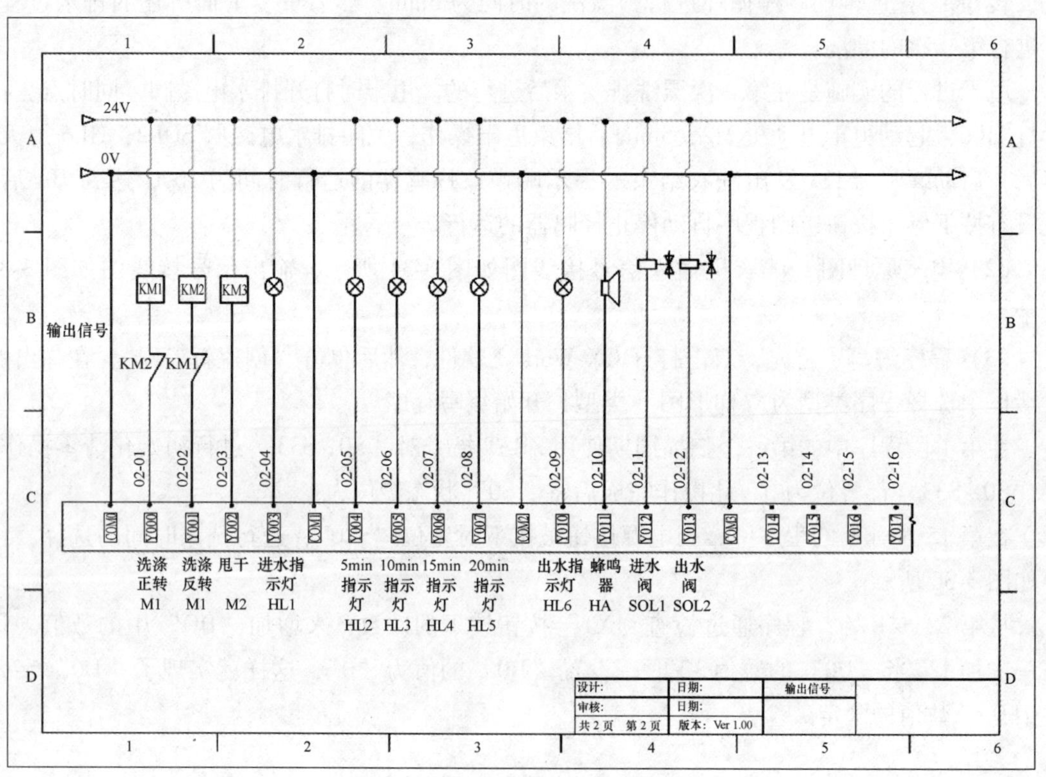

图 3-35 洗衣机输出信号接线图

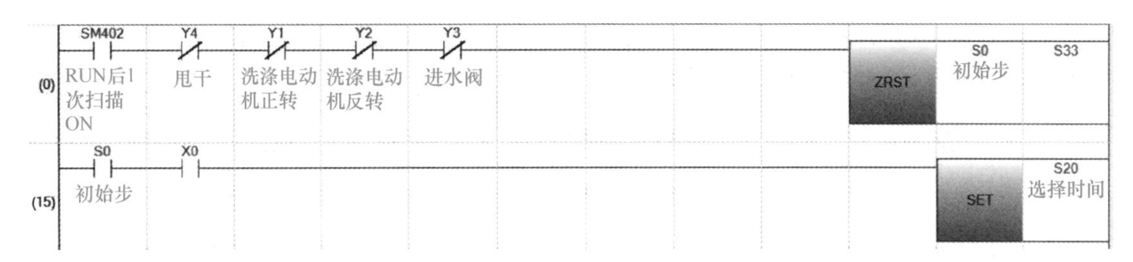

图 3-36 程序（一）

当字“D0”=0时，将9000送到“D1”，洗涤时间为9000×0. 1/60=15（min）。
当字“D0”=1时，将12000送到“D1”，洗涤时间为12000×0. 1/60=20（min）。
当字“D0”=2时，将15000送到“D1”，洗涤时间为15000×0. 1/60=25（min）。
当字“D0”=3时，将18000送到“D1”，洗涤时间为18000×0. 1/60=30（min）。
程序如图3-37所示，在用户按下“X2”按钮时，进入衣服洗涤阶段。

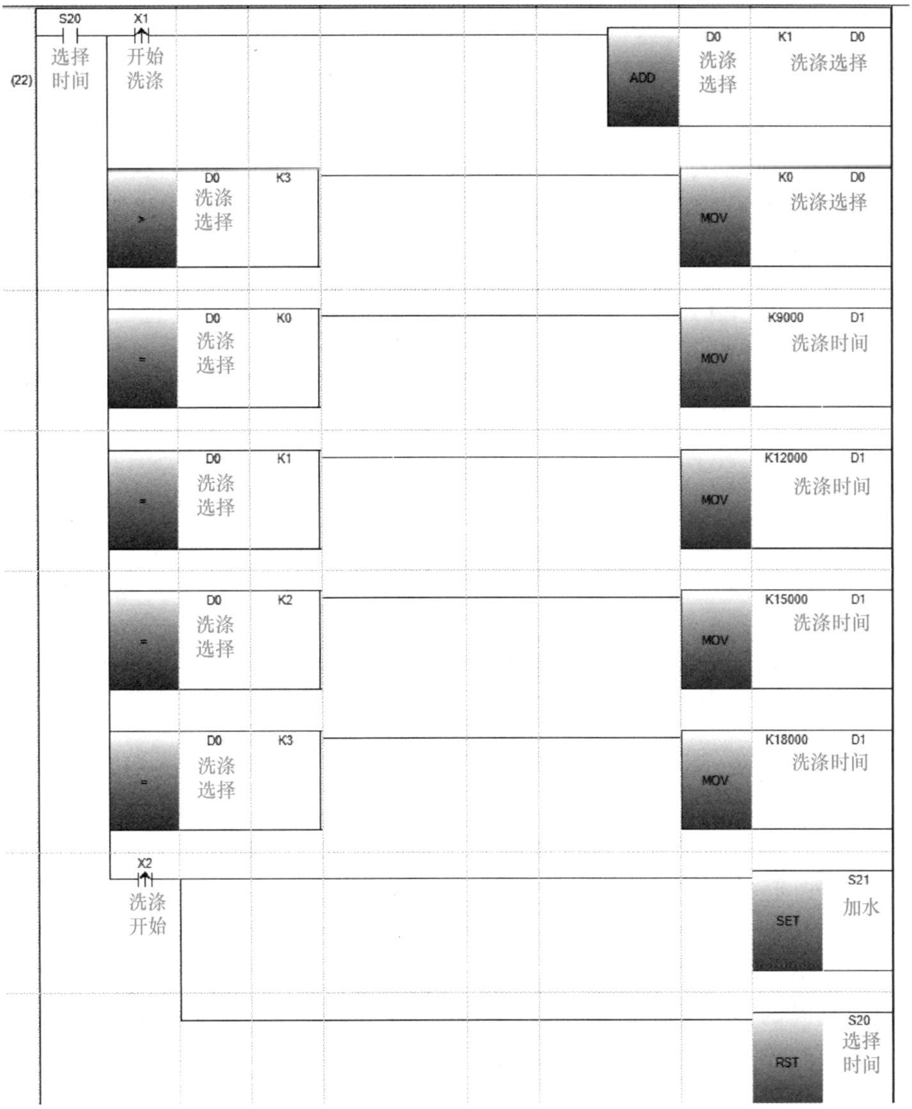

(22) S20 选择时间 X1 开始洗涤 ADD D0 洗涤选择 K1 D0 洗涤选择
> D0 洗涤选择 K3 MOV K0 D0 洗涤选择
= D0 洗涤选择 K0 MOV K9000 D1 洗涤时间
= D0 洗涤选择 K1 MOV K12000 D1 洗涤时间
= D0 洗涤选择 K2 MOV K15000 D1 洗涤时间
= D0 洗涤选择 K3 MOV K18000 D1 洗涤时间
X2 洗涤开始 SET S21 加水
RST S20 选择时间

图 3-37 程序（二）

进入衣服洗涤阶段后先打开进水阀门，将洗涤用水加入到高水位。当水位达到要求后进入衣服的正式洗涤阶段，程序如图 3-38 所示。

图 3-38　程序（三）

正式洗涤阶段以正转洗涤开始，持续时间为 6s，完成后切换到等待时间。注意程序的互锁，正转运行的前提是洗涤电动机反转不能运行，为防止多处对正转线圈操作造成资源冲突，所以在此处添加了“M3”辅助控制元件。详细的执行逻辑在程序的最后部分。程序如图 3-39 所示。

图 3-39　程序（四）

程序首先使用加水到位的“M0”辅助单元启动洗涤总时间的计时，然后完成洗涤逻辑要求的 2s 等待时间，程序如图 3-40 所示。

反转 6s 与“S22”部分相似，程序如图 3-41 所示。

等待 2s 的编程与“S23”相似，但需加入洗涤总时间“T5”是否到达的判断。如果已到达，程序在等待时间 2s 到达后跳转到“S22”进行正转洗涤。如果洗涤的总时间到达则进行下一步“S26”出水程序，程序如图 3-42 所示。

图 3-40　程序（五）

图 3-41　程序（六）

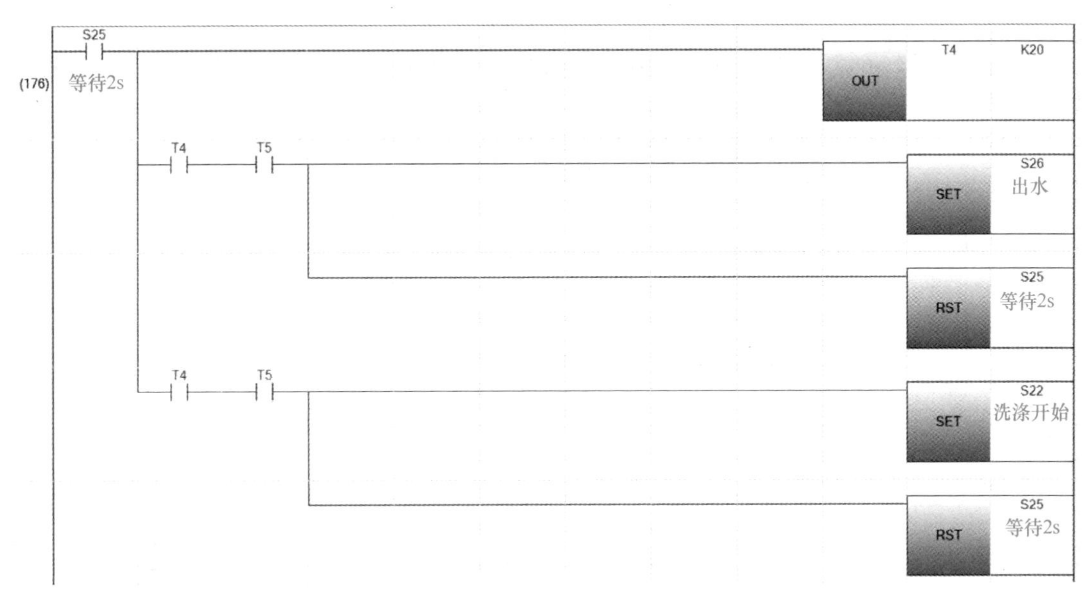

图 3-42　程序（七）

洗衣完成后进行漂洗。先打开出水阀放水，到水位低限时关闭出水阀，利用水位低限的上沿对漂洗次数进行计数，并将计数值放到“D2”的字元件中，漂洗的程序如图 3-43 所示。

图 3-43　程序（八）

放水完成后，执行进水的程序，直到水位达到高水位便进入正反转漂洗，程序如图 3-44 所示。

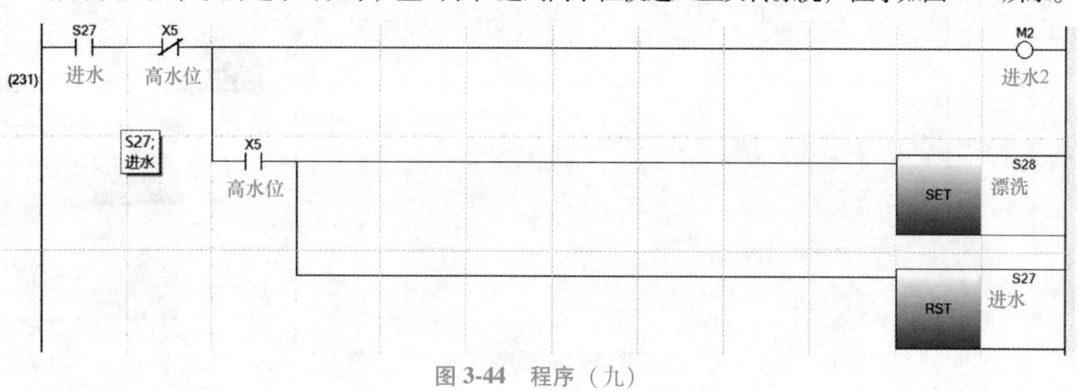

图 3-44　程序（九）

漂洗时先反转 6s，等待 2s 再正转 6s，再等待 2s。反转漂洗，并进入等待 2s 程序，程序如图 3-45 所示。

图 3-45　程序（十）

正转漂洗程序与反转类似。在漂洗 6s 后进入等待程序，程序如图 3-46 所示。

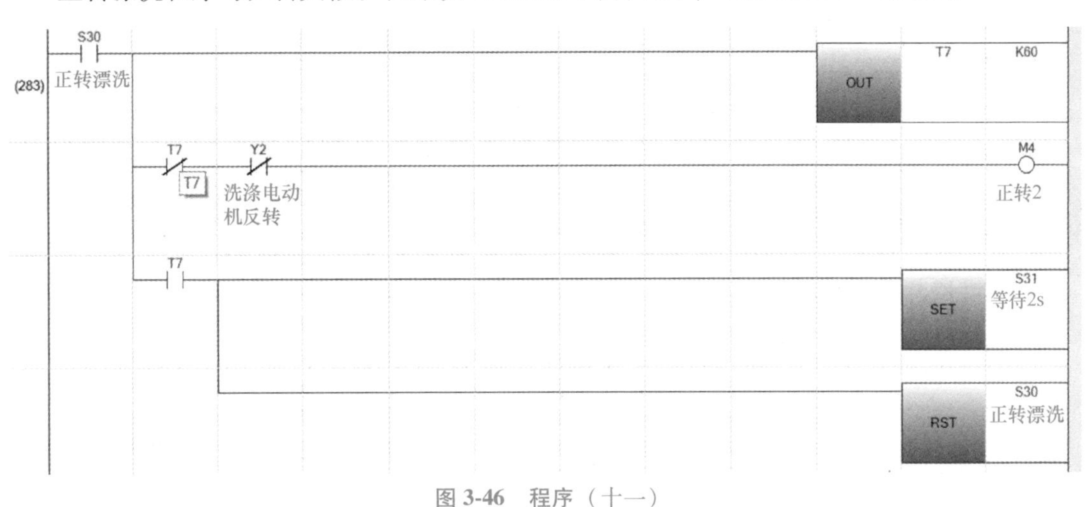

图 3-46 程序（十一）

等待 2s 后，系统程序会判断漂洗是否完成，如完成则进行甩干程序，如没有完成则跳转到“S27”的放水程序，程序如图 3-47 所示。

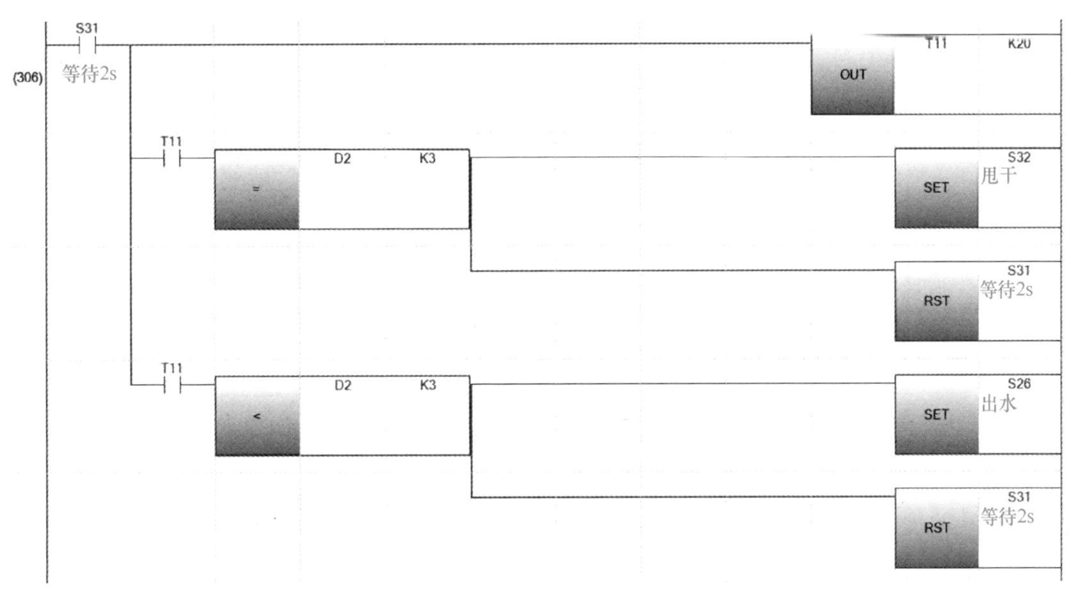

图 3-47 程序（十二）

在甩干的开始阶段，先将水放干，当水位到达低限时开始甩干，时间 30s，程序如图 3-48所示。

甩干后打开蜂鸣器发出提示，可按“X6”按钮复位蜂鸣器，如不按复位按钮，在 10s 后 PLC 会自动复位蜂鸣器，同时将程序跳转到“S20”步处，并复位“M0”“S33”，同时将字元件清零，程序如图 3-49 所示。

使用不同辅助位元件的作用是方便程序的多处使用（如“Y3”放水阀的程序，使用 M1 和 M2 分别在不同状态下控制 Y3 放水阀）不会导致资源冲突。因此需要先完成这些逻辑输出的编程，程序如图 3-50 所示。

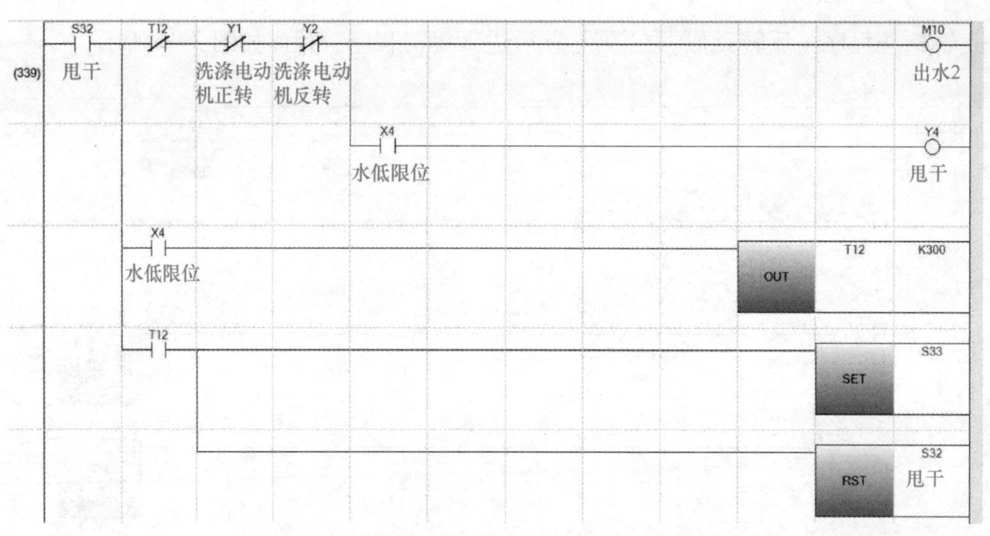

图 3-48　程序（十三）

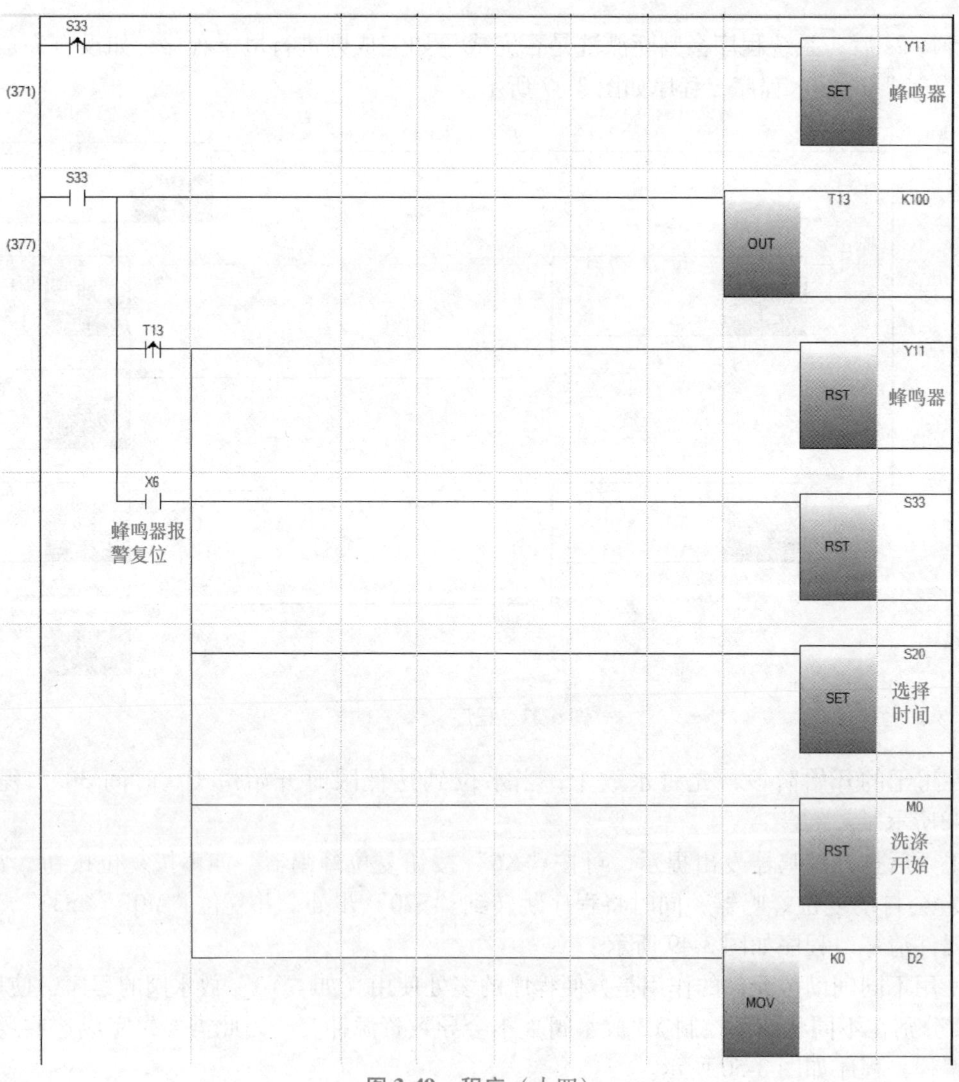

图 3-49　程序（十四）

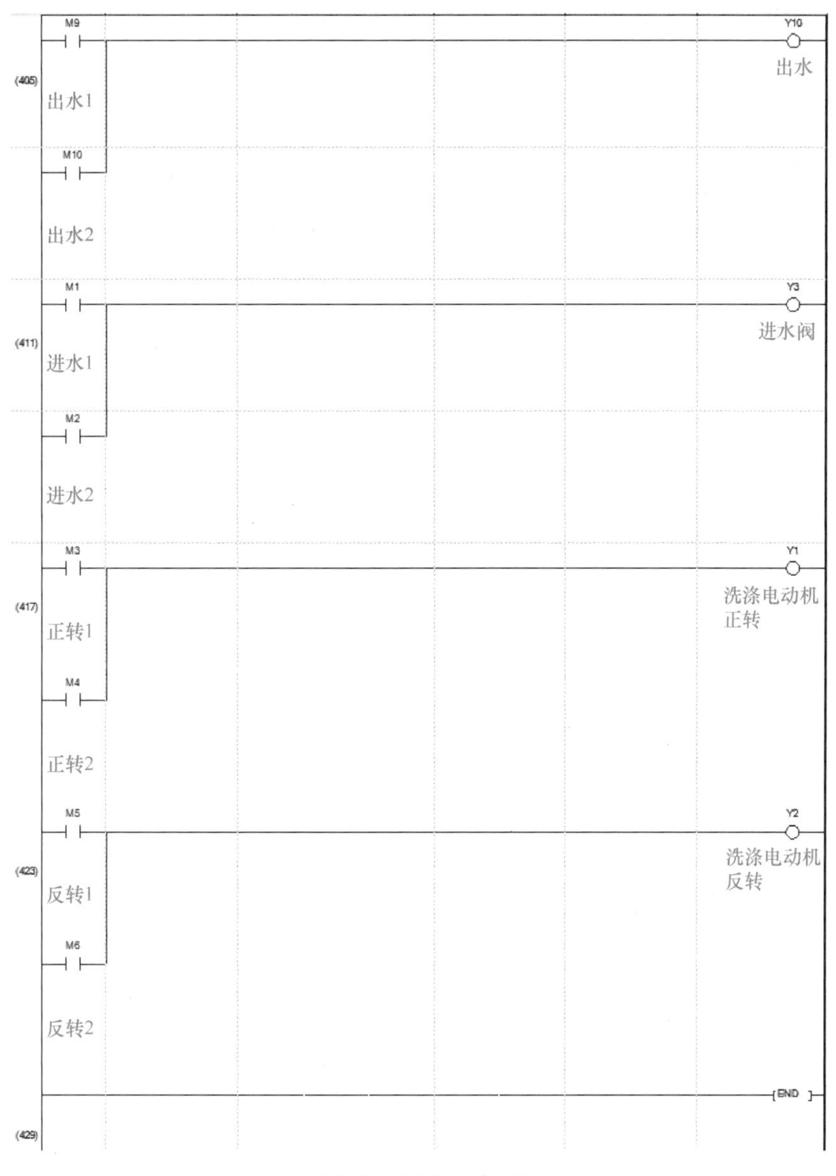

图 3-50　程序（十五）

全自动洗衣机按照上述的程序编制运行，就能够完成洗涤、漂洗和甩干了。

四、实战训练

训练 1：按照模拟量控制变频器实例，设计触摸屏界面，编写程序并进行调试。

训练 2：熟悉变频器的通信参数设置，测试 PLC 控制变频器指令程序实例。

训练 3：设计家用洗衣机的多频率参数可设置程序。

五、思考题与习题

思考：在多种串口通信协议中，如何选择相对应的通信协议进行通信？

习题：查阅台达品牌变频电动机的使用手册，通过 Modbus RTU 通信协议设置参数并编写程序。

六、分组讨论和评价

分组讨论：5~6 人一组，探讨实战训练 1、2 和 3 的最佳解决方案，每组提供训练 1、2、3 的成果讲解；班级评出最佳方案和讲解（考核参考）。

评价（自评和互评）：根据任务要求进行自评和互评。

项目四

>>>>> PLC与伺服系统编程及实战训练

单元 1 伺服电动机及驱动器的 PLC 控制

一、任务概要

任务目标： 深入了解伺服电动机及驱动器的工作原理，了解伺服电动机及伺服器的接线与调试。掌握伺服电动机及伺服驱动器 PLC 控制的接线和使用，通过案例学习和实践掌握伺服电动机 PLC 控制的接线方法。

任务要求： 熟练掌握伺服电动机及驱动器的接线和调试方法，掌握 PLC 驱动伺服电动机运动的常用接线方法。

条件配置： GX Works3 软件，EasyBuilder Pro 软件，Windows 7 以上系统计算机，伺服电动机 PLC 控制实操训练台。

任务书：

任务名称	掌握伺服电动机及驱动器的接线、调试和 PLC 常用驱动控制接线的方法
任务要求	完成伺服驱动器的接线与调试，实现给定任务伺服电动机 PLC 驱动控制的接线与调试
任务设定	1. 了解伺服电动机及驱动器的工作原理 2. 完成伺服电动机及驱动器的接线 3. 通电调试运行正常
预期成果	熟练使用驱动器的参数设置，能够在伺服电动机 PLC 控制实操训练台上自主完成给定任务的 PLC 运动编程控制

二、单元知识

1. 认识伺服电动机及驱动器

（1）伺服电动机的概念　伺服电动机是指在伺服系统中控制机械元件运转的电动机。伺服电动机可使控制速度、位置精度非常准确，可以将电压信号转化为转矩和转速以驱动控制对象。伺服电动机转子转速受输入信号控制，并能快速反应，在自动控制系统中用作执行元件，且具有机电时间常数小、线性度高等特性，可把所收到的电信号转换成电动机轴上的角位移或角速度输出。伺服电动机分为直流伺服电动机和交流伺服电动机两大类，伺服电动机的主要特点是当信号电压为零时无自转现象，转速随着转矩的增加而匀速下降。伺服电动机的组成如图 4-1 所示。

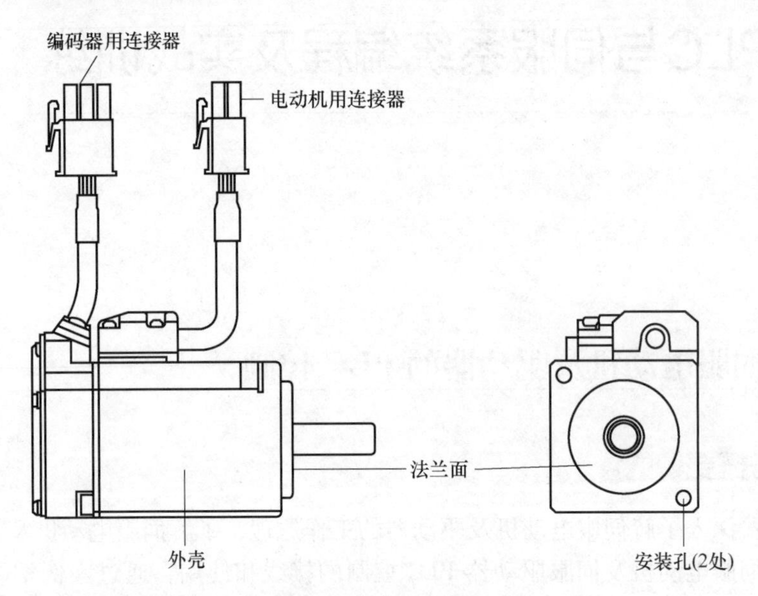

图 4-1 伺服电动机的组成

伺服电动机主要靠脉冲来定位，基本上可以这样理解：伺服电动机接收到 1 个脉冲，就会旋转 1 个脉冲对应的角度，从而实现位移。因为伺服电动机本身具备发出脉冲的功能，所以伺服电动机每旋转一个角度，都会发出对应数量的脉冲，这样和伺服电动机接收的脉冲就形成了呼应（或者称为闭环），如此一来，系统就会知道发出了多少脉冲给伺服电动机，同时又接收了多少脉冲回来，因此，就能够很精确地控制电动机的转动，从而实现精确地定位。目前伺服电动机的定位精度可以达到 1μm。

（2）伺服控制器的概念　伺服控制器又称为“伺服驱动器”“伺服放大器”，是用来控制伺服电动机的一种控制器。其作用类似于变频器作用于普通交流电动机，属于伺服系统的一部分，主要应用于高精度的定位系统。该控制器一般是通过位置、速度和转矩 3 种方式对伺服电动机进行控制，属于目前实现高精度传动系统定位的高端产品。伺服驱动器的外形如图 4-2 所示。

图 4-2 伺服驱动器的外形

（3）伺服系统控制的 3 种工作模式　伺服系统控制的 3 种工作模式如图 4-3 所示。

1）转矩控制模式。该模式通过外部模拟量的输入或直接的地址赋值来设定电动机轴对外的输出转矩的大小，例如，如果 10V 对应 5N · m，当外部模拟量设定为 5V 时，电动机轴输出为 2.5N · m；电动机轴负载小于 2.5N · m 时电动机正转，外部负载等于 2.5N · m 时电动机不转，大于 2.5N · m 时电动机反转（通常在有重力负载的情况下产生）。可以通过及时地改变模拟量来改变设定的转矩大小，也可通过通信方式改变对应的地址的数值来改变转矩。

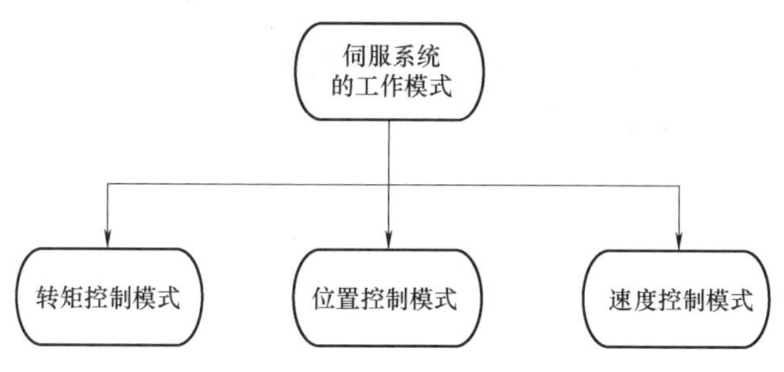

图 4-3　伺服系统控制的 3 种工作模式

转矩控制模式主要应用于对材质的受力有严格要求的缠绕和放卷的装置中，例如，绕线装置或拉光纤设备，转矩的设定要根据缠绕半径的变化随时更改，以确保材质的受力不会随着缠绕半径的变化而改变。

以收卷控制为例，转矩控制模式如图 4-4 所示。进行恒定的张力控制时，由于负载转矩会因收卷滚筒半径的增大而增加，因此，需据此对伺服电动机的输出转矩进行控制。同时在转矩控制卷绕过程中如果材料断裂，收卷滚筒将因负载变轻而高速旋转，因此必须设定速度限制值。

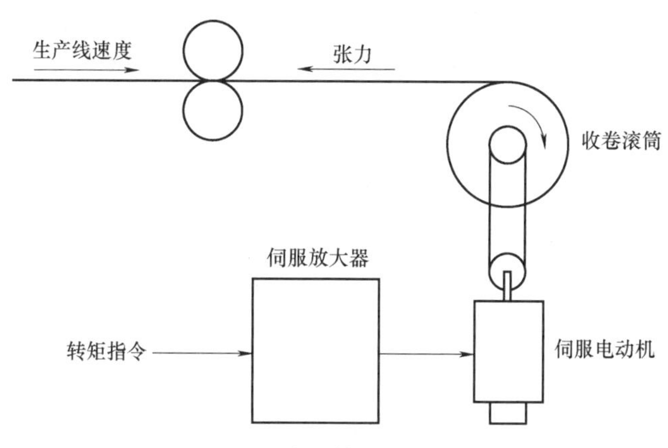

图 4-4　收卷转矩控制模式

2）位置控制模式。位置控制模式一般是通过外部输入的脉冲频率来确定转动速度的大小，也有些伺服驱动可以通过通信方式直接对速度和位移进行赋值。位置控制模式由于可以对速度和位置都有很严格的控制，故一般应用于定位装置，应用领域有数控机床、印刷机械等。

伺服驱动的位置控制模式的特点如下。

① 位置控制模式是利用上位机产生脉冲来控制伺服电动机，脉冲的个数决定了伺服电动机转动的角度（或者是工作台移动的距离），脉冲频率决定了电动机的转速。数控机床的工作台控制就属于位置控制模式。

② 对伺服驱动器来说，最高可以接收 500kHz 的脉冲（差动输入），集电极输入是 200kHz。

③ 电动机输出的转矩由负载决定。负载越大，电动机输出转矩越大，但不能超出电动

机的额定负载。

④ 急剧地加减速或者过载会造成主电路过电流而影响功率器件，可用伺服放大器钳位电路限制输出转矩，转矩的限制可以通过模拟量或者参数设置来进行。

位置控制模式如图 4-5 所示。

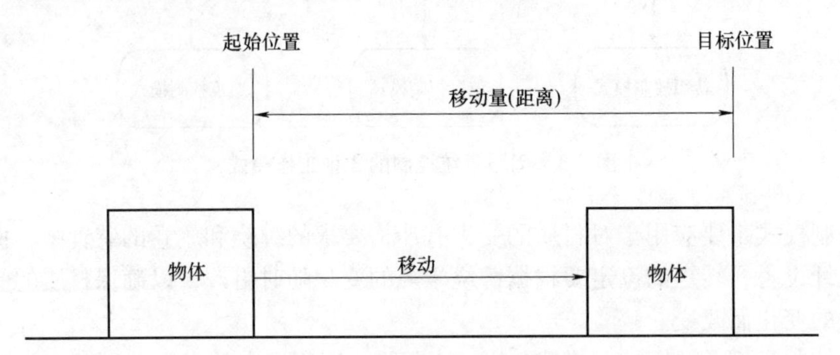

图 4-5　位置控制模式

3）速度控制模式。通过模拟量的输入或脉冲的频率都可以进行转动速度的控制，在用上位控制装置的外环 PID 控制时，速度模式也可以进行定位，但必须把电动机的位置信号或直接负载的位置信号反馈给上位控制器以做运算用。位置控制模式也支持直接负载外环检测位置信号，此时电动机轴端的编码器只检测电动机转速，位置信号则直接由最终负载端的检测装置来提供。其优点在于可以减少中间传动过程的误差，增加整个系统的定位精度。

速度控制模式可以维持电动机的转速保持不变。当负载增大时，电动机输出的转矩增大，当负载减小时，电动机输出的转矩减小。

速度控制模式速度的设定可以通过模拟量（DC 0～±10V）或通过参数来调整，最多可以设置 7 个速度，控制方式和变频器相似。

伺服系统速度控制模式的特点是可实现精细、速度范围宽、速度波动小的运行。

① 软起动、软停止功能。可调整加减速运动中的加减速度，避免加速、减速时的冲击，如图 4-6 所示。

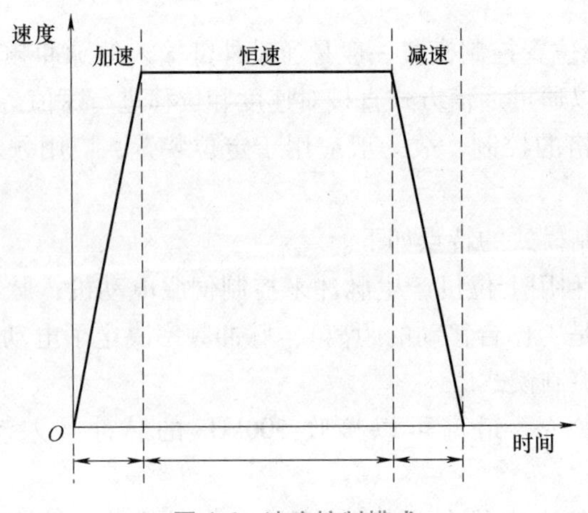

图 4-6　速度控制模式

② 速度控制范围宽。可进行从微速到高速的宽范围的速度控制［1：(1000～5000) 左右］，速度控制范围具有恒转矩特性。

③ 速度变化率小，即使负载有变化，也可进行小速度波动的运行。

4）伺服系统3种控制模式的比较。如果对电动机的速度、位置都没有要求，只要输出一个恒转矩，可以用转矩控制模式；如果对位置和速度有一定的精度要求，而对实时转矩不是很关心，用转矩控制模式不太方便，用速度或位置控制模式比较好；如果上位控制器有比较好的闭环控制功能，用速度控制模式效果会好一点；如果本身要求不是很高，或者基本没有实时性的要求，可用位置控制模式，其对上位控制器没有很高的要求。

就伺服驱动器的响应速度来看，转矩控制模式运算量最小，驱动器对控制信号的响应最快；位置控制模式运算量最大，驱动器对控制信号的响应最慢。

对运动中的动态性能有比较高的要求时，需要实时对电动机进行调整，如果控制器本身的运算速度很慢（如PLC或低端运动控制器），可以用位置方式控制；如果控制器的运算速度比较快，可以用速度方式控制，把位置环从驱动器移到控制器上，减少驱动器的工作量，提高效率（如大部分中高端运动控制器）；如果有更好的上位控制器，也可以用转矩方式控制，把速度环也从驱动器上移开，但一般只有高端专用控制器才采取这种方法，而且这时完全不需要使用伺服电动机。

（4）伺服系统的分类

1）按照调节理论分类。

① 开环伺服系统。没有位置测量装置，信号流是单向的（数控装置→进给系统），故系统稳定性好。

开环伺服系统的特点：无位置反馈，精度相对闭环系统来讲不高，其精度主要取决于伺服驱动系统和机械传动机构的性能和精度。一般以功率步进电动机为伺服驱动元件。这类系统具有结构简单、工作稳定、调试方便、维修简单、价格低廉等优点，在精度和速度要求不高、驱动转矩不大的场合得到广泛应用，一般用于经济型数控机床。

② 半闭环伺服系统。半闭环伺服系统的检测装置为编码器，从驱动装置（常用伺服电动机）或丝杠引出，采样是对旋转角度进行检测，不是直接检测运动部件的实际位置。

半闭环伺服系统的特点：半闭环环路内不包括或只包括少量机械传动环节，因此可获得稳定的控制性能，其系统的稳定性虽不如开环系统，但比闭环要好；由于丝杠的螺距误差和齿轮间隙引起的运动误差难以消除，因此，其精度较闭环差，较开环好，但可对这类误差进行补偿，因而仍可获得满意的精度。

半闭环数控系统结构简单、调试方便，精度也较高，因而在现代CNC机床中得到了广泛应用。

③ 闭环伺服系统。闭环伺服系统的检测装置为外部传感器（光栅尺），直接对运动部件的实际位置进行检测。

闭环伺服系统的特点：从理论上讲，可以清除整个驱动和传动环节的误差、间隙和失动量，具有很高的位置控制精度；由于位置环内的许多机械传动环节的摩擦特性、刚性和间隙都是非线性的，故很容易造成系统的不稳定，使闭环系统的设计、安装和调试都相当困难。

该系统主要用于精度要求很高的镗铣床、超精车床、超精磨床以及较大型的数控机床等。

2）按照使用的执行元件分类。

① 电液伺服系统，采用电液脉冲电动机和电液伺服电动机。优点：在低速下可以得到很高的输出转矩，刚性好、时间常数小、反应快、速度平稳。缺点：液压系统需要供油系统，体积大、噪声大、易漏油。

② 电气伺服系统、伺服电动机（步进电动机、直流电动机和交流电动机）。优点：操作维护方便、可靠性高。缺点：在高负荷运行时可能会产生较多热量，需要良好的散热措施。

③ 直流伺服系统。进给运动系统采用大惯量、宽调速永磁直流伺服电动机和中小惯量直流伺服电动机；主运动系统采用他励直流伺服电动机。优点：调速性能好。缺点：有电刷、速度不高。

④ 交流伺服系统，采用交流感应异步伺服电动机（一般用于主轴伺服系统）和永磁同步伺服电动机（一般用于进给伺服系统）。优点：结构简单、不需维护、适用于在恶劣环境下工作、动态响应好、转速高、容量大。缺点：相对于普通电动机而言价格较高。

3）按照被控制对象分类。

① 进给伺服系统：指一般概念的位置伺服系统，包括速度控制环和位置控制环。

② 主轴伺服系统：只是一个速度控制系统。

4）按照反馈比较控制方式分类。

① 脉冲、数字比较伺服系统。

② 相位比较伺服系统。

③ 幅值比较伺服系统。

④ 全数字伺服系统。

2. 伺服电动机及驱动器的选型

选用工业上常用的伺服电动机松下 A6 系列进行介绍并进行实训。

（1）伺服电动机的选型

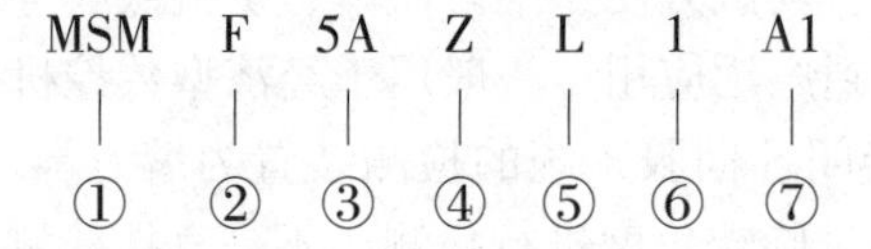

① 类型，见表 4-1。

表 4-1 类型

符号	类型
MSM	低惯性（低惯量）50W~5.0kW
MQM	中惯性（中惯量/扁平型）100~400W
MDM	中惯性（中惯量）1.0~22.0kW
MGM	中惯性（中惯量/低速大转矩）0.85~5.5kW
MHM	高惯性（高惯量）50W~7.5kW

② 系列：F-A6 系列。

③ 电动机额定功率，见表 4-2。

表 4-2　电动机额定功率

符号	额定功率	符号	额定功率	符号	额定功率	符号	额定功率
5A	50W	10	1.0kW	29	2.9kW	75	7.5kW
01	100W	13	1.3kW	30	3.0kW	C1	11.0kW
02	200W	15	1.5kW	40	4.0kW	C5	15.0kW
04	400W	18	1.8kW	44	4.4kW	D2	22.0kW
08	750W	20	2.0kW	50	5.0kW		
09	0.85kW, 1000W	24	2.4kW	55	5.5kW		

④ 电压规格。其中 1 为 100V；2 为 200V；Z 为 100V/200V 共用（仅限 50W）。

⑤ 旋转编码器规格，见表 4-3。

表 4-3　旋转编码器规格

符号	方式	脉冲数	分辨率	导线
L	绝对式	23bit	8388608	7 线

⑥ 设计顺序，1 为标准品。

⑦ 电动机构造：80mm 以下，MSMF50~1000W，见表 4-4。

表 4-4　电动机构造

符号	轴规格		保持制动器		油封		电动机编码器端子	
	直轴	带键带螺纹	无	有	无	有	连接器 JN	导线
A1	●		●		●		●	
A2	●		●		●			●
B1	●			●	●		●	
B2	●			●	●			●
C1	●		●			●	●	
C2	●		●			●		●
D1	●			●		●	●	
D2	●			●		●		●
S1		●	●		●		●	
S2		●	●		●			●
T1		●		●	●		●	
T2		●		●	●			●
U1		●	●			●	●	
U2		●	●			●		●

（续）

符号	轴规格		保持制动器		油封		电动机编码器端子	
	直轴	带键带螺纹	无	有	无	有	连接器 JN	导线
V1		●		●		●	●	
V2		●		●		●		●

注：中惯量和高惯量类型电动机构造可参考松下伺服电动机手册。

（2）伺服驱动器的选型

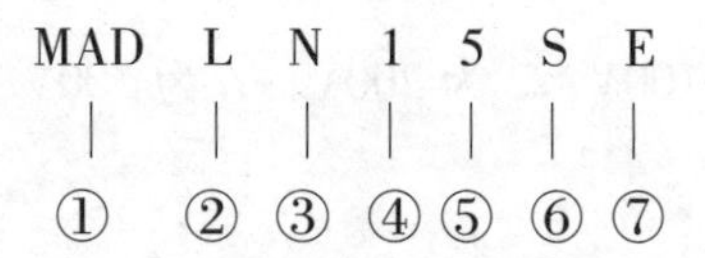

① 外形型号符号，见表 4-5。

表 4-5 外形型号符号

符号	型号名	符号	型号名
MAD	A 型	MED	E 型
MBD	B 型	MFD	F 型
MCD	C 型	MGD	G 型
MDD	D 型	MHD	H 型

② 系列：L-A6 系列。

③ 安全功能：N 为无安全功能，T 为有安全功能。

④ 功率元件的最大电流，见表 4-6。

表 4-6 功率元件的最大电流

符号	电流	符号	电流	符号	电流
0	6A	5	40A	C	160A
1	8A	8	60A	E	240A
2	12A	9	80A	F	360A
3	22A	A	100A		
4	24A	B	120A		

⑤ 电源电压规格。其中 1 为单相 100V，3 为三相 200V，5 为单相/三相 200V。

⑥ I/F 规格，S 为模拟/脉冲。

⑦ 功能区分。其中 E 为位置控制型（脉冲系列专用），3 为多功能型（脉冲、模拟、全闭环），5 为通用通信型（脉冲系列专用、RS-232/RS-485）。

（3）伺服驱动器的接线　选用松下 200W 伺服电动机，型号为 MSMF0221A1，驱动器型号为 MADLN25SE。伺服驱动器各部分的名称如图 4-7 所示。

1）伺服驱动器的主电源接线图如图 4-8 所示。

2）伺服驱动器连接器 X4 的接线图如图 4-9 所示。

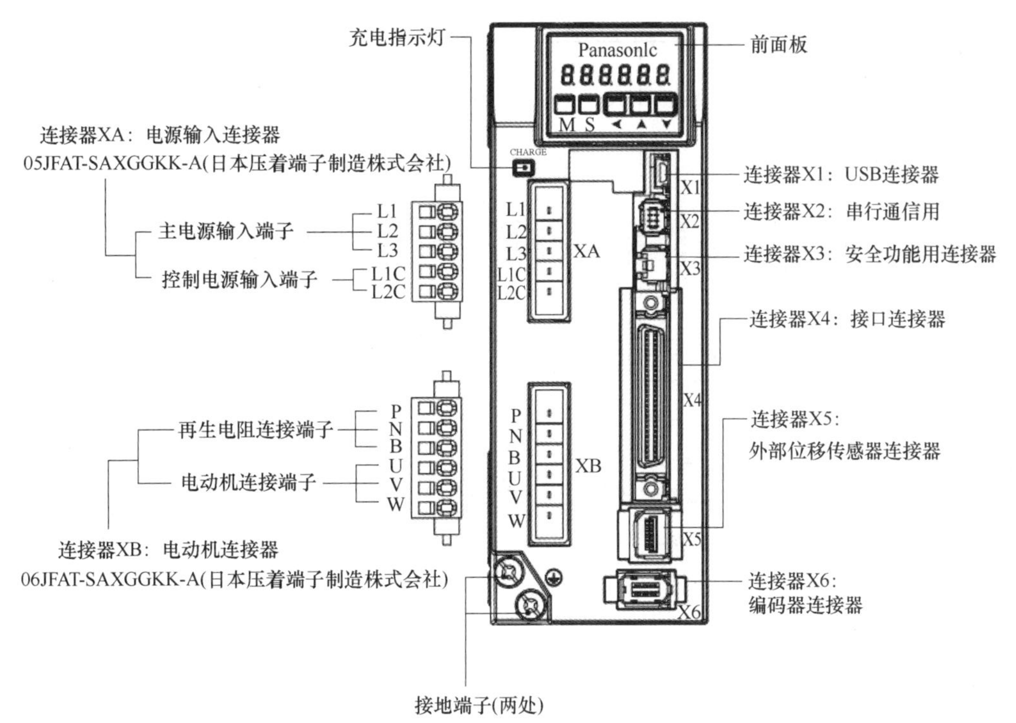

图 4-7　伺服驱动器各部分的名称

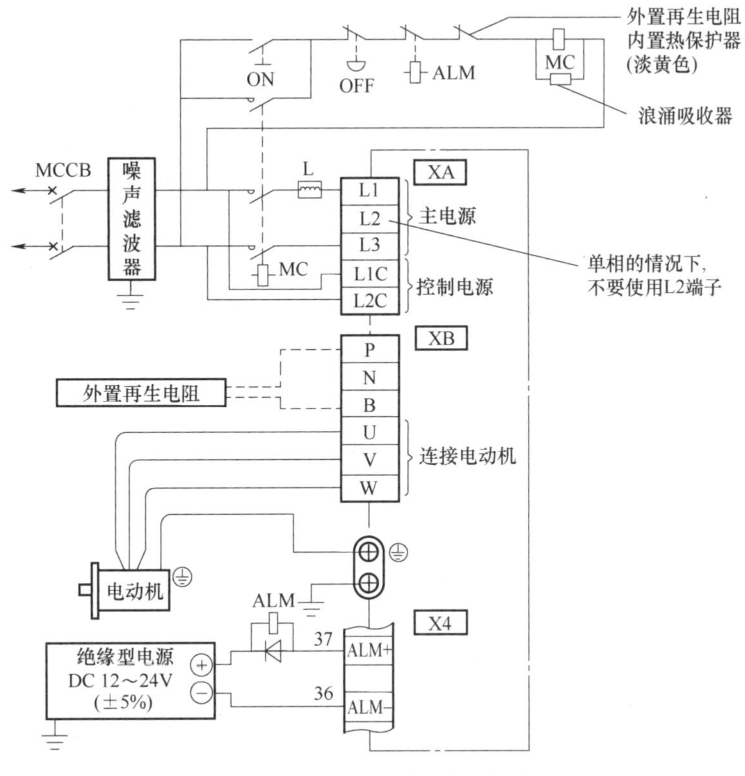

图 4-8　伺服驱动器的主电源接线图

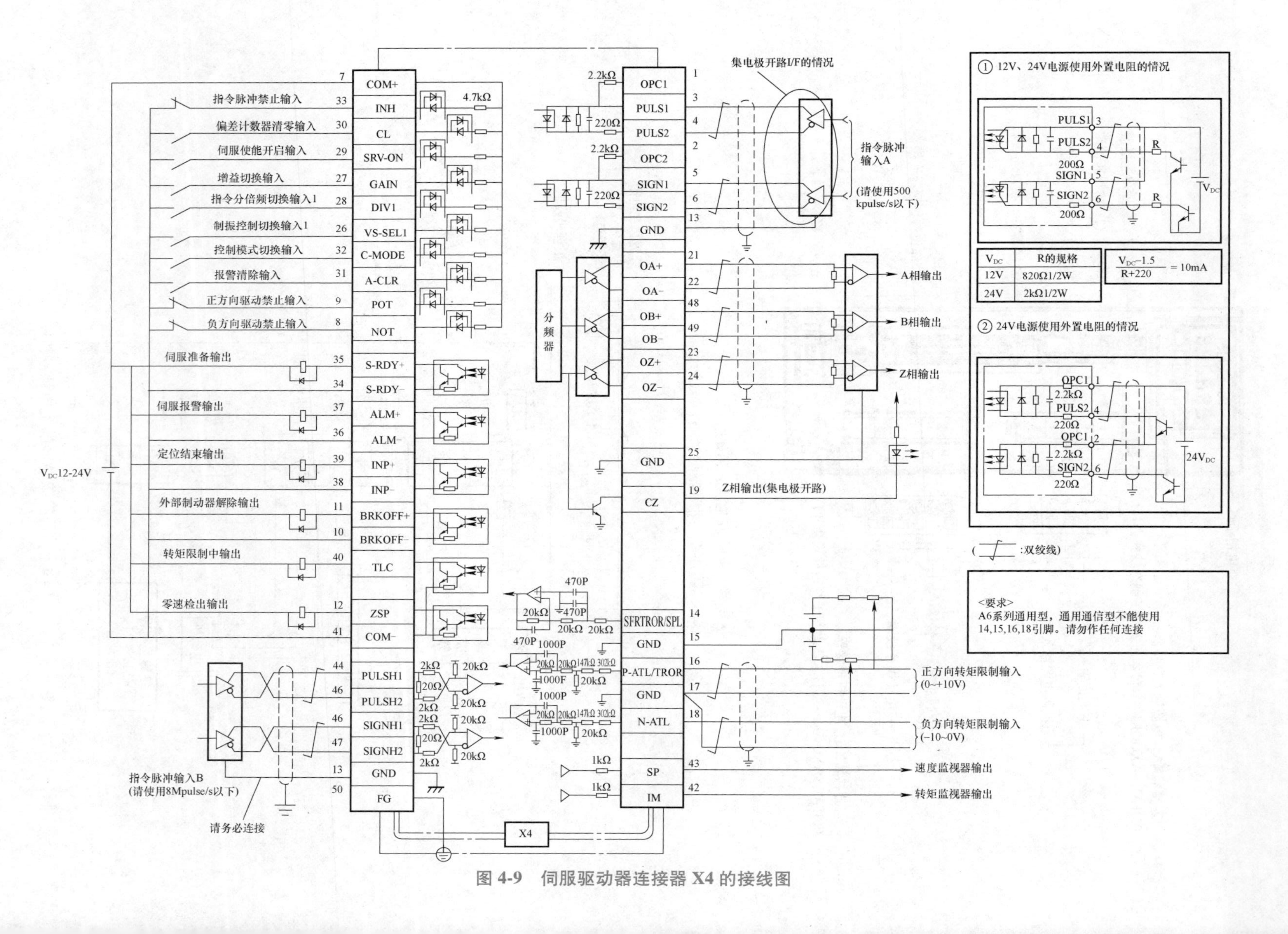

图 4-9 伺服驱动器连接器 X4 的接线图

3）伺服驱动器的操作面板构成如图 4-10 所示。

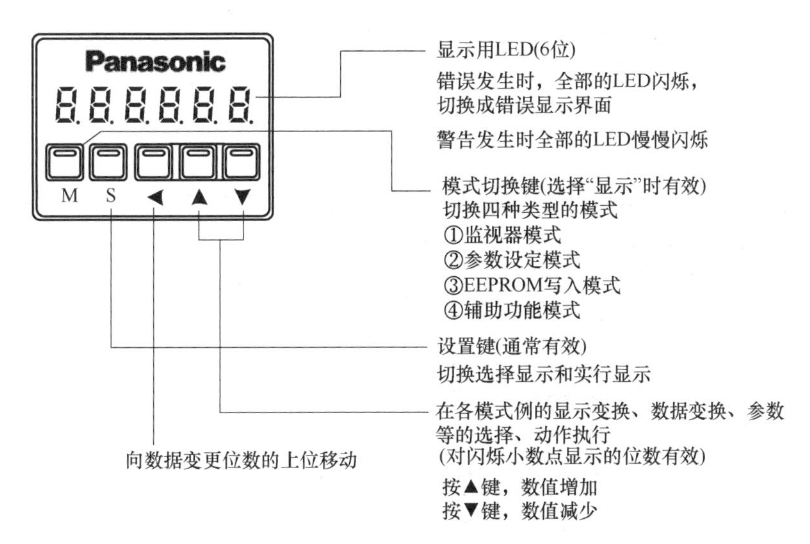

图 4-10　伺服驱动器的操作面板构成

4）操作面板参数设定的使用方法。

① 在监视模式下按下<M>键，进入参数设定模式，如图 4-11 所示。

② 按▲键、▼键选择参数 No.，如图 4-12 所示。

③ 按◀键，可将闪烁的小数点移动到高位，可以变更此数值，如图 4-13 所示。

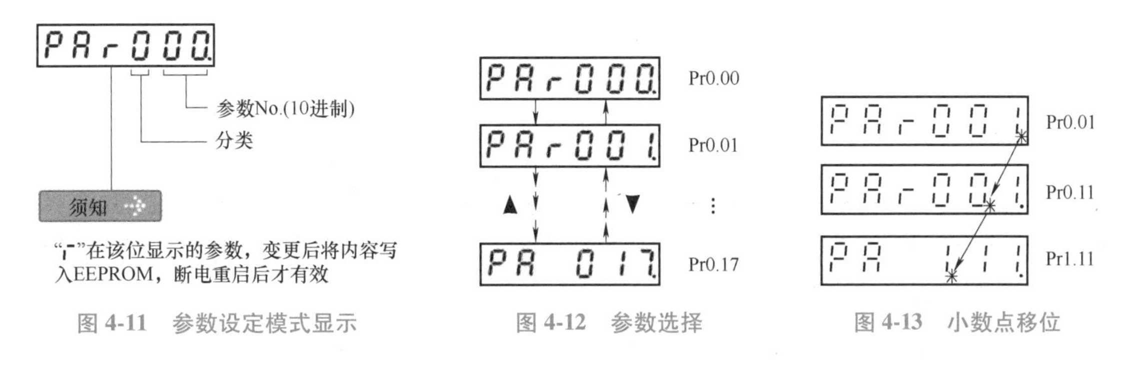

图 4-11　参数设定模式显示　　图 4-12　参数选择　　图 4-13　小数点移位

④ 按<S>键，进入该参数数值设置，如图 4-14 所示。按▲键、▼键，变更参数的数值（按▲键，增加数值，按▼键，减少数值）。按◀键，可将闪烁的小数点移动到高位，可以变更此数值。长按<S>键，可更新驱动器内部的参数值。

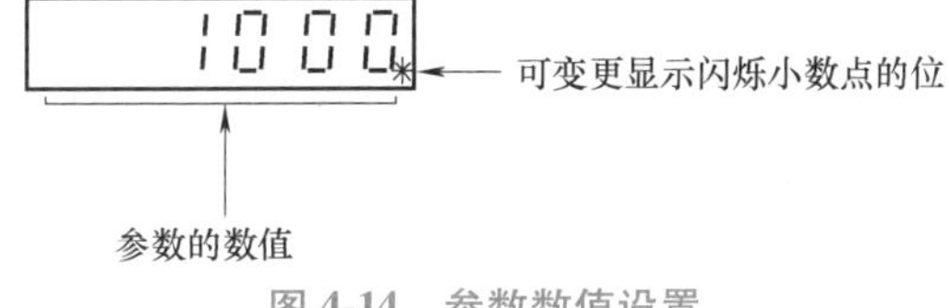

图 4-14　参数数值设置

⑤ 参数值更新后，按<M>键，由参数设定模式切换至 EEPROM 写入模式，如图 4-15 所示。

⑥ 参数写入 EEPROM 模式时，按<S>键切换为执行写入，如图 4-16 所示。

图 4-15　写入模式　　　　图 4-16　执行写入

⑦ 执行写入时，长▲按键，变换为 Start。由开始写入到写入结束，如图 4-17 所示。写入结束后会显示 reset，应切断控制电源并重启，参数值才可以生效。

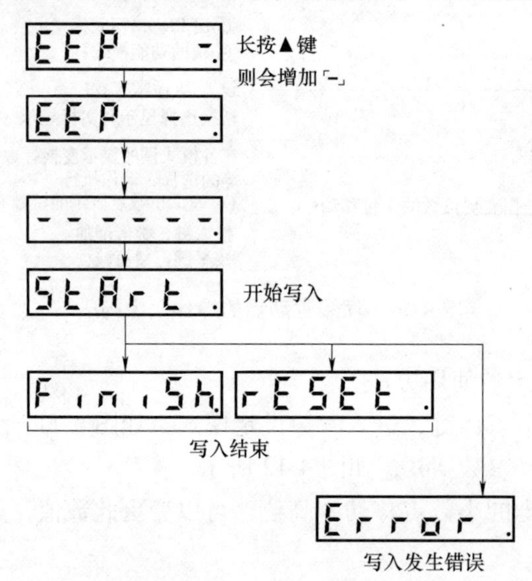

图 4-17　参数写入保存

驱动器调试的主要参数设定为 Pr000～Pr008，见表 4-7。

表 4-7　参数一览表

参数 No.		名称	设定范围	标准出厂设定	
分类	No.			A、B、C 型	D、E、F 型
0	00	旋转方向设定	0～1	1	
0	01	控制模式设定	0～6	0	
0	02	实时自动调整设定	0～6	1	
0	03	实时自动调整机械刚性设定	0～31	13	11
0	04	惯量比	0～10000	250	
0	05	指令脉冲输入选择	0～2	0	
0	06	指令脉冲旋转方向设定	0～1	0	
0	07	指令脉冲输入模式设定	0～3	1	
0	08	电动机每旋转一次的输出脉冲数	$0～2^{23}$	10000	

三、实战训练

训练 1：完成伺服电动机及驱动器的接线。

训练 2：下载松下 A6 伺服驱动器手册，完成通电测试并进行伺服驱动器的参数设置。

四、思考题与习题

思考：设备开发时，什么时候会用到伺服电动机？

五、分组讨论和评价

分组讨论：5~6 人一组，探讨实战训练 1 和 2 问题的最佳解决方案，每组提供训练 1、2 的成果讲解；班级评出最佳方案和讲解（考核参考）。

评价（自评和互评）：根据任务要求进行自评和互评。

单元 2 伺服电动机控制实战训练

一、任务概要

任务目标：了解伺服电动机的接线方法，熟悉 PLC 控制的编程方法和指令，掌握单轴实验平台的接线、程序编写及调试技能。

任务要求：通过单轴实验平台的接线图样讲解，轴定位指令编程案例讲解，熟悉 FX5U PLC 轴定位指令的使用方法，能熟练编写 PLC 运动控制程序，实现伺服电动机运动的 PLC 控制。

条件配置：GX Works3 软件，EasyBuilder Pro 软件，Windows 7 以上系统计算机，伺服电动机 PLC 控制单轴实操训练台。

任务书：

任务名称	熟悉 PLC 控制的编程方法和指令，掌握伺服电动机 PLC 控制实操训练台单轴运行的控制编程
任务要求	熟练使用 FX5U PLC 轴定位指令，会编写 PLC 运动控制程序，实现轴运动编程控制；掌握轴运动控制指令的使用方法，完成单轴实验平台自动运行调试
任务设定	1. 独立完成伺服电动机 PLC 控制实操训练台单轴实验平台接线 2. 实现通电测试 3. 独立完成 PLC 控制程序编写 4. 实现触摸屏界面设计 5. 独立完成下载程序并调试
预期成果	熟练使用轴运动控制指令，完成伺服电动机的手动运行、回原点、参数设置、点位设置，并完成自动运行

二、单元知识

1. FX5 系列 PLC 轴定位参数设置

在导航窗口双击“参数”→双击“FX5UCPU”→双击“模块参数”→双击“高速 I/O”→双击“输出功能”→单击“定位”→双击“详细设置”，打开“基本设置”页面，如图 4-18 所示，“基本设置”中的项目对应各轴定位参数。

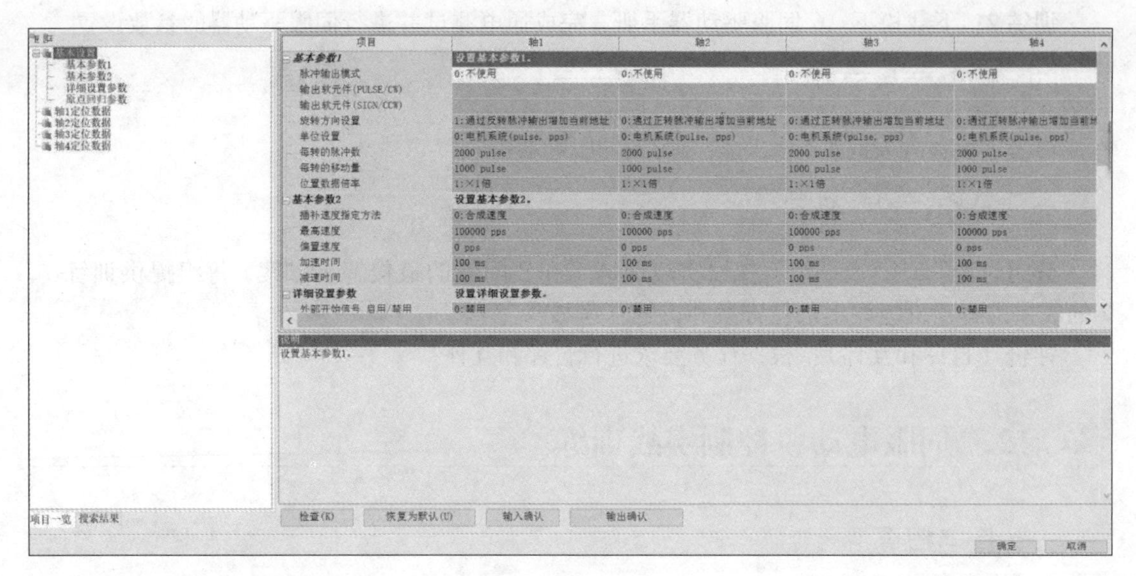

项目	轴1	轴2	轴3	轴4
基本参数1	设置基本参数1.			
脉冲输出模式	0:不使用	0:不使用	0:不使用	0:不使用
输出软元件(PULSE/CW)				
输出软元件(SIGN/CCW)				
旋转方向设置	1:通过反转脉冲输出增加当前地址	0:通过正转脉冲输出增加当前地址	0:通过正转脉冲输出增加当前地址	0:通过正转脉冲输出增加当前地
单位设置	0:电机系统(pulse, pps)	0:电机系统(pulse, pps)	0:电机系统(pulse, pps)	0:电机系统(pulse, pps)
每转的脉冲数	2000 pulse	2000 pulse	2000 pulse	2000 pulse
每转的移动量	1000 pulse	1000 pulse	1000 pulse	1000 pulse
位置数据倍率	1:×1倍	1:×1倍	1:×1倍	1:×1倍
基本参数2	设置基本参数2.			
插补速度指定方法	0:合成速度	0:合成速度	0:合成速度	0:合成速度
最高速度	100000 pps	100000 pps	100000 pps	100000 pps
偏置速度	0 pps	0 pps	0 pps	0 pps
加速时间	100 ms	100 ms	100 ms	100 ms
减速时间	100 ms	100 ms	100 ms	100 ms
详细设置参数	设置详细设置参数.			
外部开始信号 启用/禁用	0:禁用	0:禁用	0:禁用	0:禁用

图 4-18 轴定位参数设置

在轴 1“基本参数 1”的设置中，脉冲输出模式选择“1：PLUSE/SIGN”，即脉冲+方向的输出模式，其他参数按需设置，如图 4-19 所示。

项目	轴1	轴2	轴3	轴4
基本参数1	设置基本参数1.			
脉冲输出模式	1:PULSE/SIGN	0:不使用	0:不使用	0:不使用
输出软元件(PULSE/CW)	Y0			
输出软元件(SIGN/CCW)	Y4			
旋转方向设置	0:通过正转脉冲输出增加当前地址	0:通过正转脉冲输出增加当前地址	0:通过正转脉冲输出增加当前地址	0:通过正转脉冲输出增加当前地
单位设置	0:电机系统(pulse, pps)	0:电机系统(pulse, pps)	0:电机系统(pulse, pps)	0:电机系统(pulse, pps)
每转的脉冲数	2000 pulse	2000 pulse	2000 pulse	2000 pulse
每转的移动量	1000 pulse	1000 pulse	1000 pulse	1000 pulse
位置数据倍率	1:×1倍	1:×1倍	1:×1倍	1:×1倍
基本参数2	设置基本参数2.			
插补速度指定方法	0:合成速度	0:合成速度	0:合成速度	0:合成速度
最高速度	100000 pps	100000 pps	100000 pps	100000 pps
偏置速度	0 pps	0 pps	0 pps	0 pps
加速时间	100 ms	100 ms	100 ms	100 ms
减速时间	100 ms	100 ms	100 ms	100 ms

图 4-19 “基本参数 1”设置

在“原点回归参数”设置中，“原点回归”选择“启用”，“清除信号输出”选择“禁用”，“近点 DOG 信号”和“零点信号”选择原点开关接线的输入端，如图 4-20 所示。

原点回归参数	设置原点回归参数.			
原点回归 启用/禁用	1:启用	1:启用	1:启用	0:禁用
原点回归方向	0:负方向(地址减少方向)	0:负方向(地址减少方向)	0:负方向(地址减少方向)	0:负方向(地址减少方向)
原点地址	0 pulse	0 pulse	0 pulse	0 pulse
清除信号输出 启用/禁用	0:禁用	0:禁用	0:禁用	1:启用
清除信号输出 软元件号	Y0	Y0	Y0	Y0
原点回归停留时间	0 ms	0 ms	0 ms	0 ms
近点DOG信号 软元件号	X6	X11	X15	X0
近点DOG信号 逻辑	0:正逻辑	0:正逻辑	0:正逻辑	0:正逻辑
零点信号 软元件号	X6	X11	X15	X0
零点信号 逻辑	0:正逻辑	0:正逻辑	0:正逻辑	0:正逻辑
零点信号 原点回归零点信号数	1	1	1	1
零点信号 计数开始时间	0:近点DOG后端	0:近点DOG后端	0:近点DOG后端	0:近点DOG后端

图 4-20 “原点回归参数”设置

2. FX5系列PLC轴定位指令

（1）可变速度运行指令及编程实例　PLSV/DPLSV指令在定位中，用可变速脉冲输出指令执行可变速度运行。该指令在改变速度时，可以带加减速度动作。可变速度运行指令形式如图4-21所示，指令内容、范围和数据类型见表4-8。

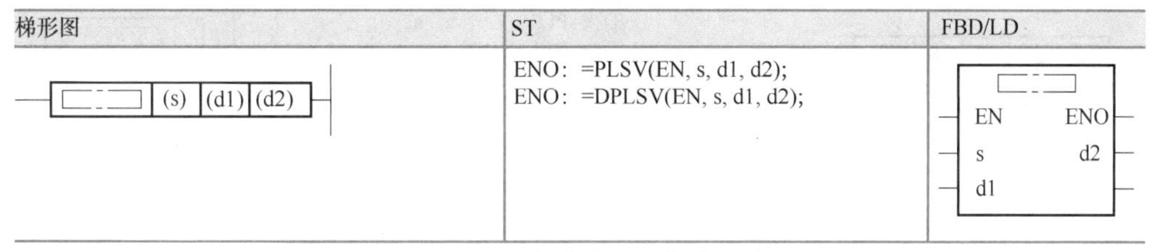

图4-21　可变速度运行指令形式

表4-8　可变速度运行指令内容、范围和数据类型

操作数	内容	范围	数据类型	数据类型（标签）
(s)	指令速度或存储了数据的字元件编号	-32768～+32767（用户单位）	带符号BIN16位	ANY16
(d1)	输出脉冲的轴编号	K1～12	无符号BIN16位	ANY_ELEMENTARY（WORD）
(d2)	指令执行结束、异常结束标志位的位软元件编号		位	ANY_BOOL

注：DPLSV指令为BIN32位数据类型。

程序实例如图4-22所示。

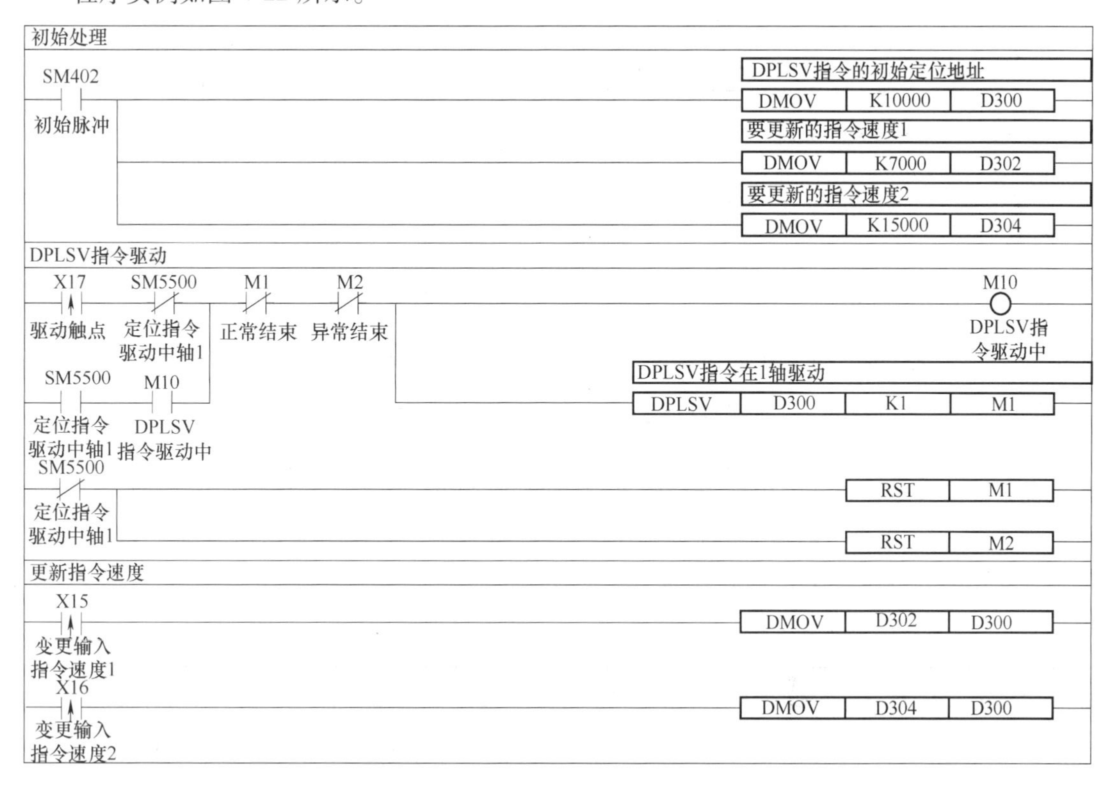

图4-22　可变速度运行指令程序实例

（2）脉冲输出指令及编程实例　PLSY/DPLSY 指令用于发生脉冲信号，仅发生正转脉冲，增加当前地址内容，不支持高速脉冲输入/输出模块。脉冲输出指令形式如图 4-23 所示，指令内容、范围和数据类型见表 4-9。

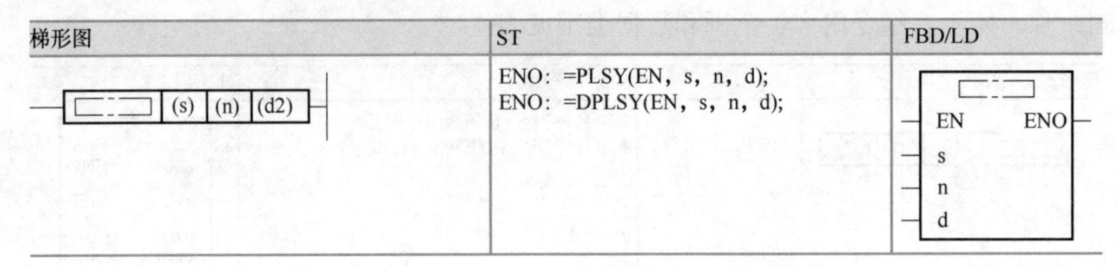

图 4-23　脉冲输出指令形式

表 4-9　脉冲输出指令内容、范围和数据类型

操作数	内容	范围	数据类型	数据类型（标签）
(s)	指令速度或存储了数据的字元件编号	0~65535（用户单位）	无符号 BIN16 位	ANY16
(n)	定位地址或存储了数据的字元件编号	0~65535（用户单位）	无符号 BIN16 位	ANY16
(d)	输出脉冲的轴编号	K1~K4	无符号 BIN16 位	ANY_ELEMENTARY（WORD）

注：DPLSY 指令为 BIN32 位数据类型。

程序实例如图 4-24 所示。

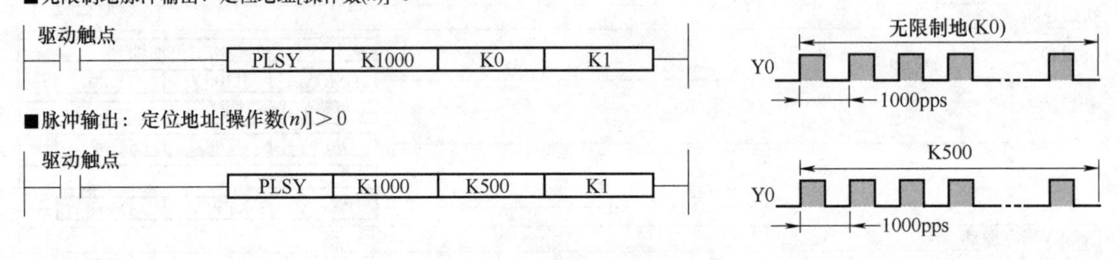

图 4-24　脉冲输出指令程序实例

（3）机械原点回归指令及编程实例　DSZR/DDSZR 机械原点指令，在产生正转脉冲或者反转脉冲后，可以增减当前地址的内容。

CPU 模块的电源置为 OFF 后，当前地址清零，因此上电后，应使机械位置和 CPU 模块的当前地址的位置相吻合。用使机械原点回归的 DSZR/DDSZR 指令进行原点回归，使机械位置和 CPU 模块中的当前地址相吻合。机械原点回归指令形式如图 4-25 所示，指令内容、范围和数据类型见表 4-10。

表 4-10　机械原点回归指令内容、范围和数据类型

操作数	内容	范围	数据类型	数据类型（标签）
(s1)	原点回归速度或存储了数据的字软件编号	1~65535（用户单位）	无符号 BIN16 位	ANY_ELEMENTARY（WORD）

（续）

操作数	内容	范围	数据类型	数据类型（标签）
(s2)	爬行速度或存储了数据的字软元件编号	1～65535（用户单位）	无符号BIN16位	ANY_ELEMENTARY（WORD）
(d1)	输出脉冲的轴编号	K1～K12	无符号BIN16位	ANY_ELEMENTARY（WORD）
(d2)	指令执行结束、异常结束标志位的位软元件编号		位	ANY_BOOL

注：DDSZR指令为BIN32位数据类型。

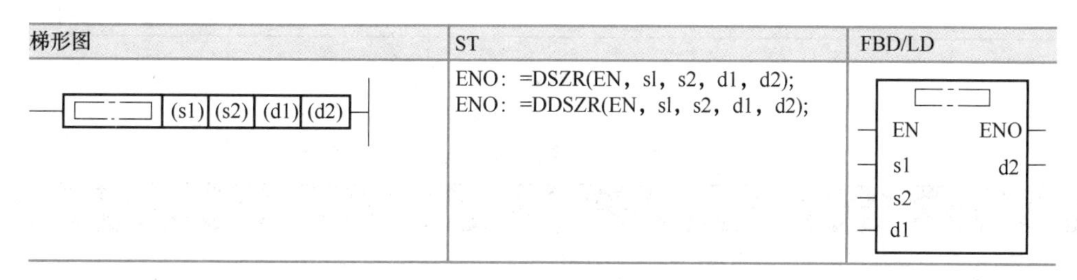

图4-25　机械原点回归指令形式

程序实例如图4-26所示。

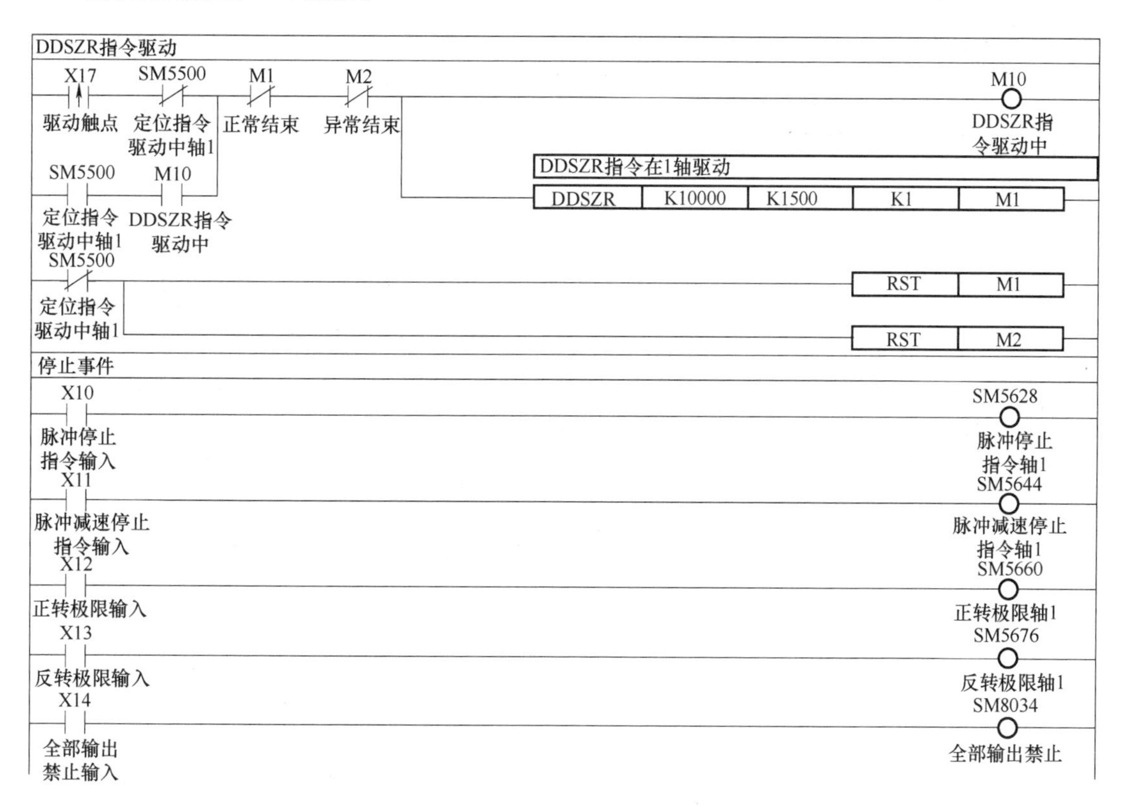

图4-26　机械原点回归指令程序实例

（4）相对定位指令及编程实例　DRVI/DDRVI指令通过增量方式（采用相对地址的位

置指定）指定速度定位，以当前停止的位置作为起点，指定移动方向和移动量（相对地址），执行定位动作。相对定位指令形式如图 4-27 所示，指令内容、范围和数据类型见表 4-11。

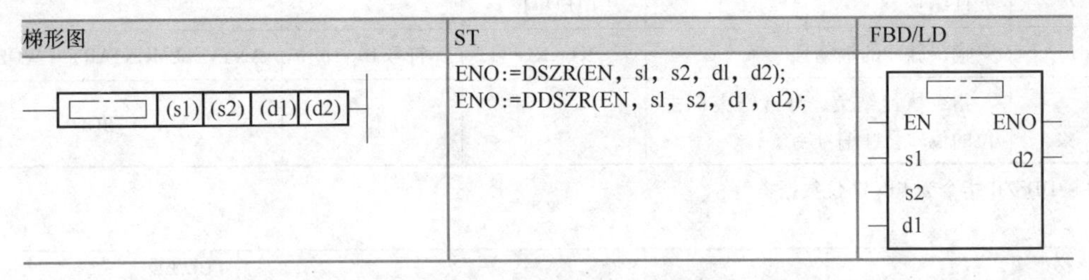

图 4-27　相对定位指令形式

表 4-11　相对定位指令内容、范围和数据类型

操作数	内容	范围	数据类型	数据类型（标签）
(s1)	定位地址或存储了数据的字软件编号	-32768～+32767（用户单位）	带符号 BIN16 位	ANY16
(s2)	指令速度或存储了数据的字软元件编号	1～65535（用户单位）	无符号 BIN16 位	ANY16
(d1)	输出脉冲的轴编号	K1～K12	无符号 BIN16 位	ANY_ELEMENTARY（WORD）
(d2)	指令执行结束、异常结束标志位的位软元件编号		位	ANY_BOOL

注：DDRVI 指令为 BIN32 位数据类型。

程序实例如图 4-28 所示。

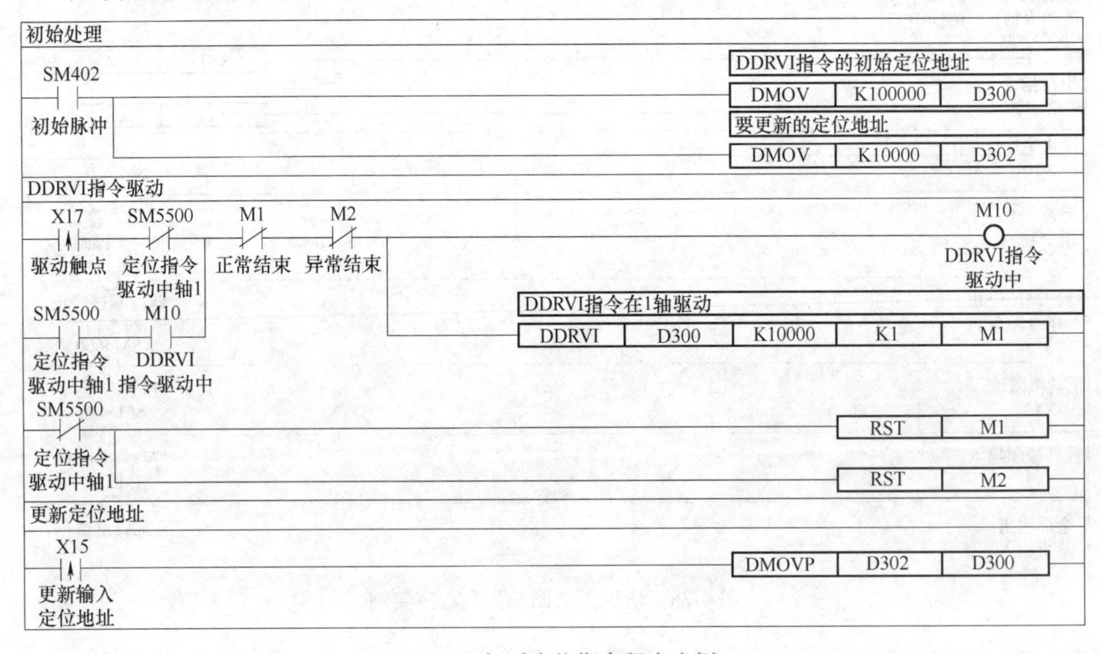

图 4-28　相对定位指令程序实例

（5）绝对定位指令及编程实例　DRVA/DDRVA指令通过增量方式（采用绝对地址的位置指定）指定速度定位，以原点为基准指定位置（绝对地址）执行定位动作。绝对定位指令形式如图4-29所示，指令内容、范围和数据类型见表4-12。

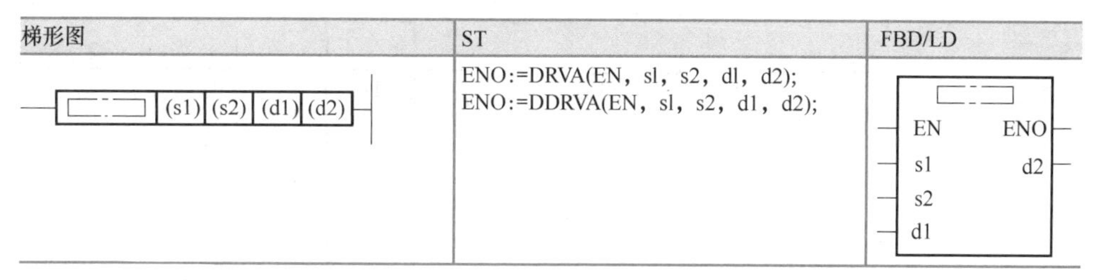

图4-29　绝对定位指令形式

表4-12　绝对定位指令内容、范围和数据类型

操作数	内容	范围	数据类型	数据类型（标签）
(s1)	定位地址或存储了数据的字软件编号	-32768～+32767（用户单位）	带符号BIN16位	ANY16
(s2)	指令速度或存储了数据的字软元件编号	1～65535（用户单位）	无符号BIN16位	ANY16
(d1)	输出脉冲的轴编号	K1～K12	无符号BIN16位	ANY_ELEMENTARY（WORD）
(d2)	指令执行结束、异常结束标志位的位软元件编号		位	ANY_BOOL

注：DDRVA指令为BIN32位数据类型。

程序实例如图4-30所示。

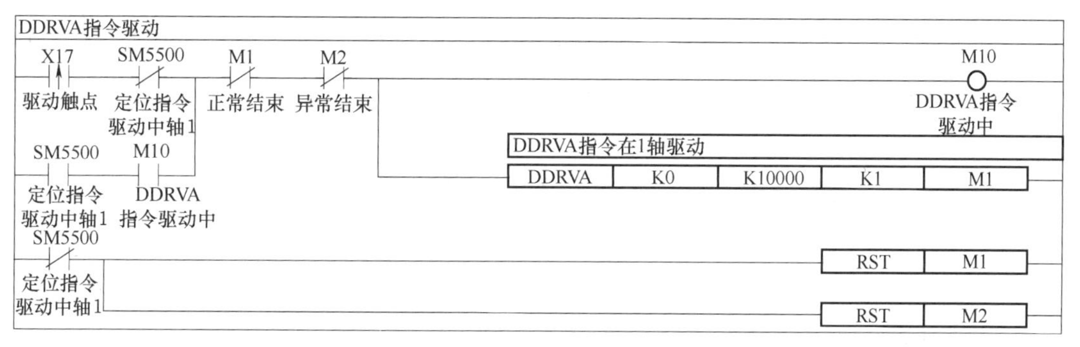

图4-30　绝对定位指令程序实例

三、案例讲解与演示

单轴实验平台由电气安装板及一个直线模组组成，模组以伺服电动机为传动装置，用PLC控制器来控制其运行。本实验完成单轴实验平台的接线、PLC程序编写、触摸屏界面设计以及模组三个点位的连续自动运行调试。

1. 单轴实验平台的接线

按图样完成电气安装板的接线及伺服电动机、驱动器的接线，并完成通电测试。

（1）单轴实验平台的主电路接线图　如图4-31所示。

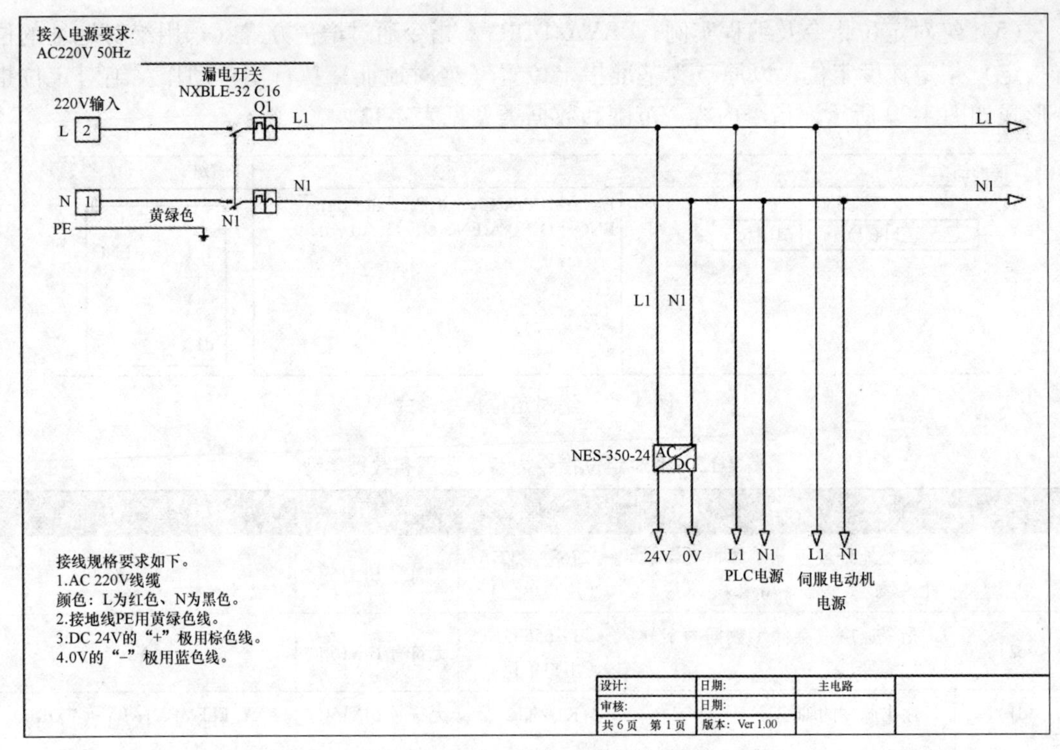

图 4-31　主电路接线图

（2）单轴实验平台的输入信号接线图　如图 4-32 所示。

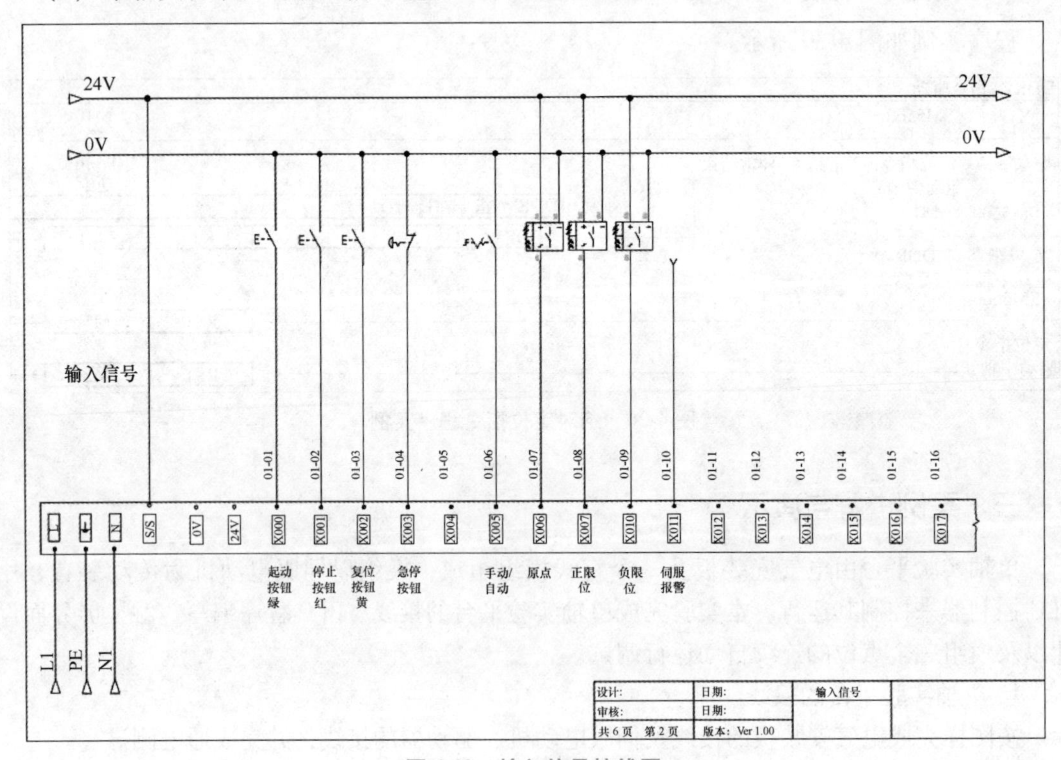

图 4-32　输入信号接线图

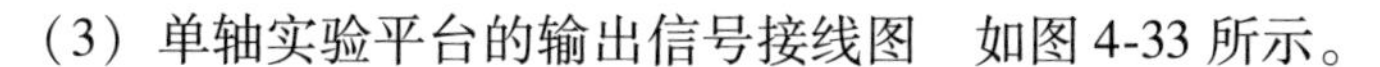

（3）单轴实验平台的输出信号接线图　如图 4-33 所示。

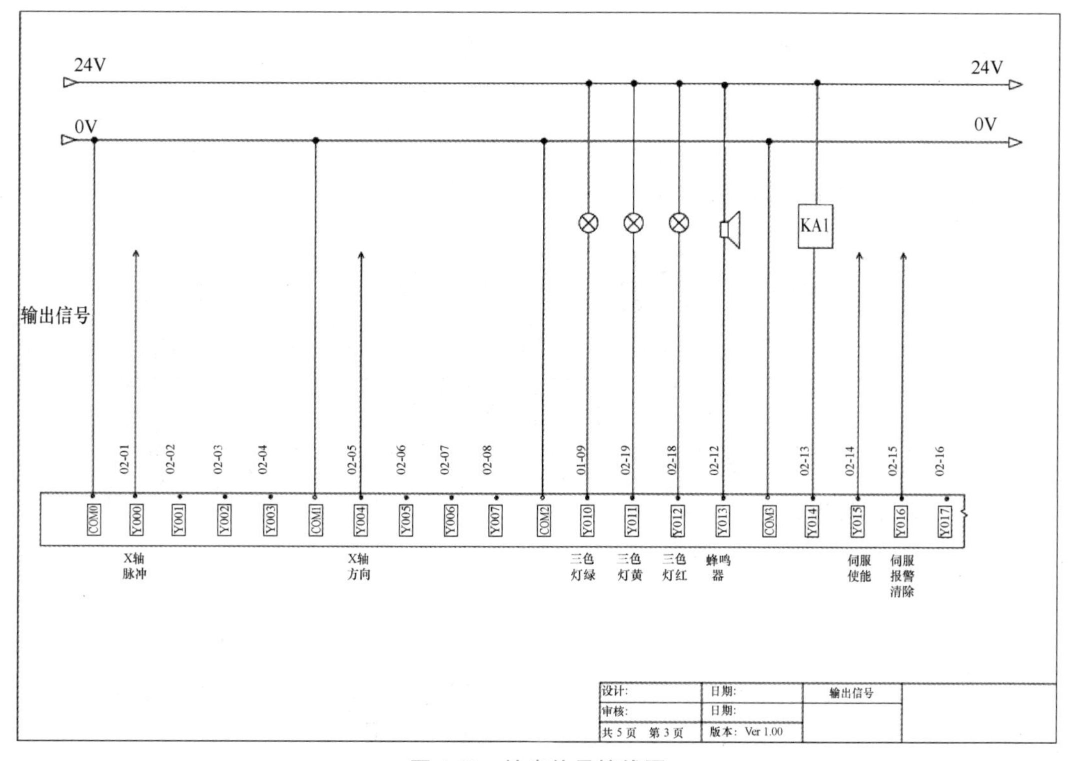

图 4-33　输出信号接线图

（4）单轴实验平台的伺服电动机接线图　如图 4-34 所示。

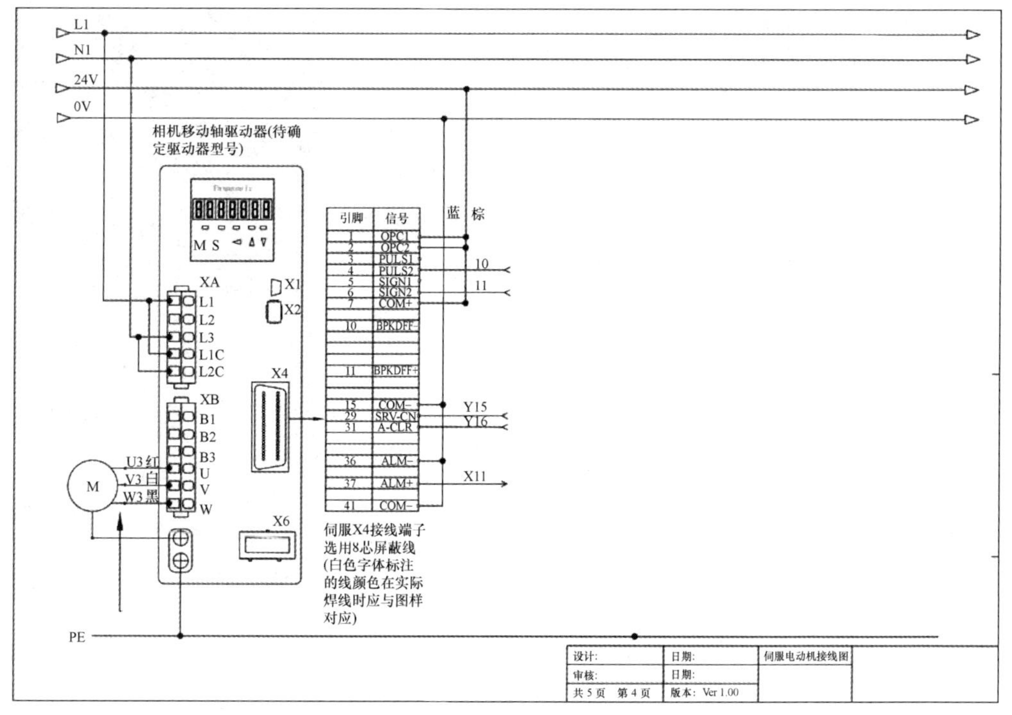

图 4-34　伺服电动机接线图

（5）单轴实验平台的端子接线图　如图 4-35 所示。

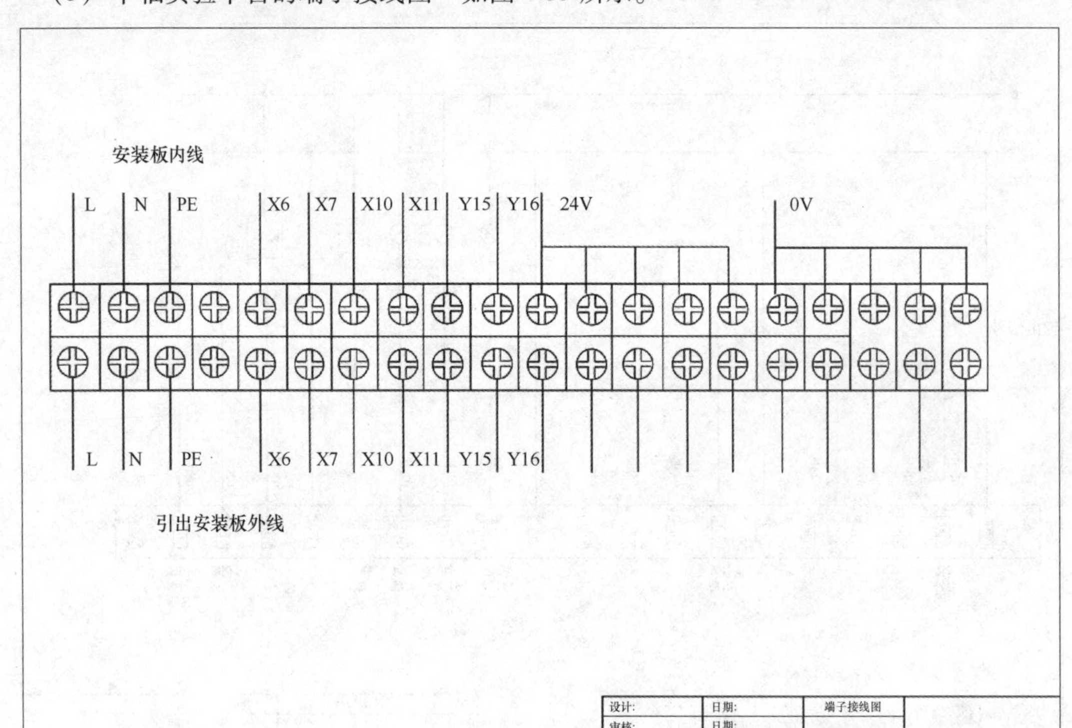

图 4-35　端子接线图

2. 单轴实验平台的程序编写

单轴实验平台的控制程序分为 X 轴程序、主程序、报警程序和自动运行程序 4 个部分，如图 4-36 所示，可以实现 X 轴模组点动、连续运动、回原点、定位、报警和自动运行等操作功能。

（1）X 轴程序　该程序，主要运用轴运动控制指令来控制伺服电动机。通过 X 轴正负极限传感器和急停按钮来确保在安全范围内运行和紧急状态下停止，程序如图 4-37 所示。其中“SM5660”和“SM5676”为控制内部定位轴 1 正反转极限位置的特殊继电器；“X7”和“X10”为模组上的两个传感器，接常闭触点，当模组感应片在正转传感器上方时，“X7”为 OFF，“SM5660”为 ON，当前轴运动指令会立即停止；“SM5628”为控制内部定位轴 1 脉冲停止的特殊继电器，当“SM5628”为 ON 时，立即停止发出脉冲，轴运动即停止。

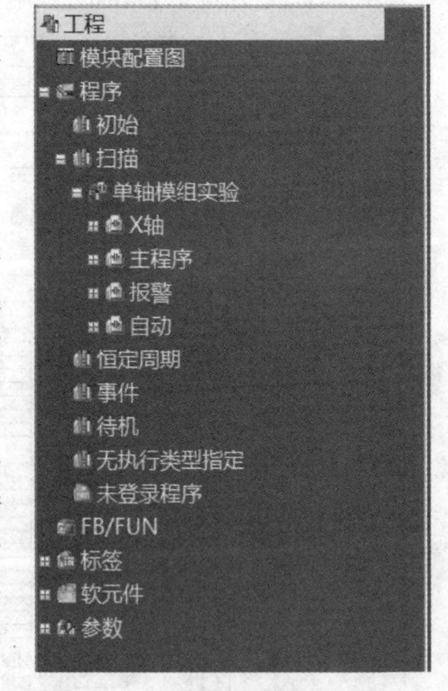

图 4-36　单轴模组实验子程序分类

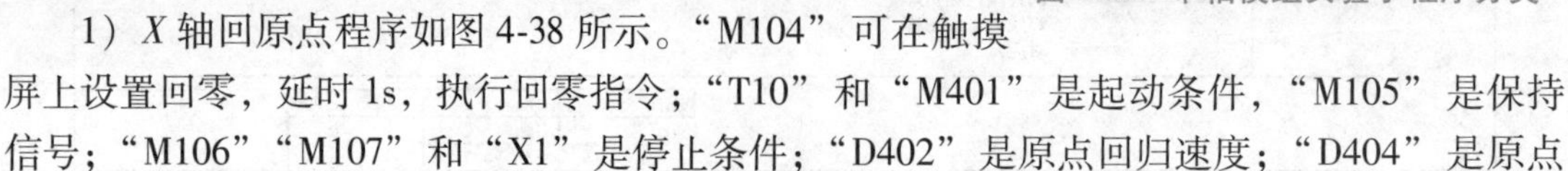
1）X 轴回原点程序如图 4-38 所示。“M104”可在触摸屏上设置回零，延时 1s，执行回零指令；“T10”和“M401”是起动条件，“M105”是保持信号；“M106”“M107”和“X1”是停止条件；“D402”是原点回归速度；“D404”是原点

回归爬行速度。当在触摸屏上按下“M104”回零按钮时，延时 1s，*X* 轴沿指令方向以原点回归速度回零。*X* 轴按指令搜索原点开关“X6”，当“X6”为 ON 时，*X* 轴以原点回归爬行速度执行回零，当“X6”为 OFF 时，轴运动停止，轴当前脉冲值清零，即为零点。当原点回归指令结束时，正常结束标志位“M106”为 ON，置位“M108”和“M400”，为回零完成状态。当“M105”保持信号 OFF 时，复位“M106”和“M107”。

图 4-37　*X* 轴运动、停止条件程序

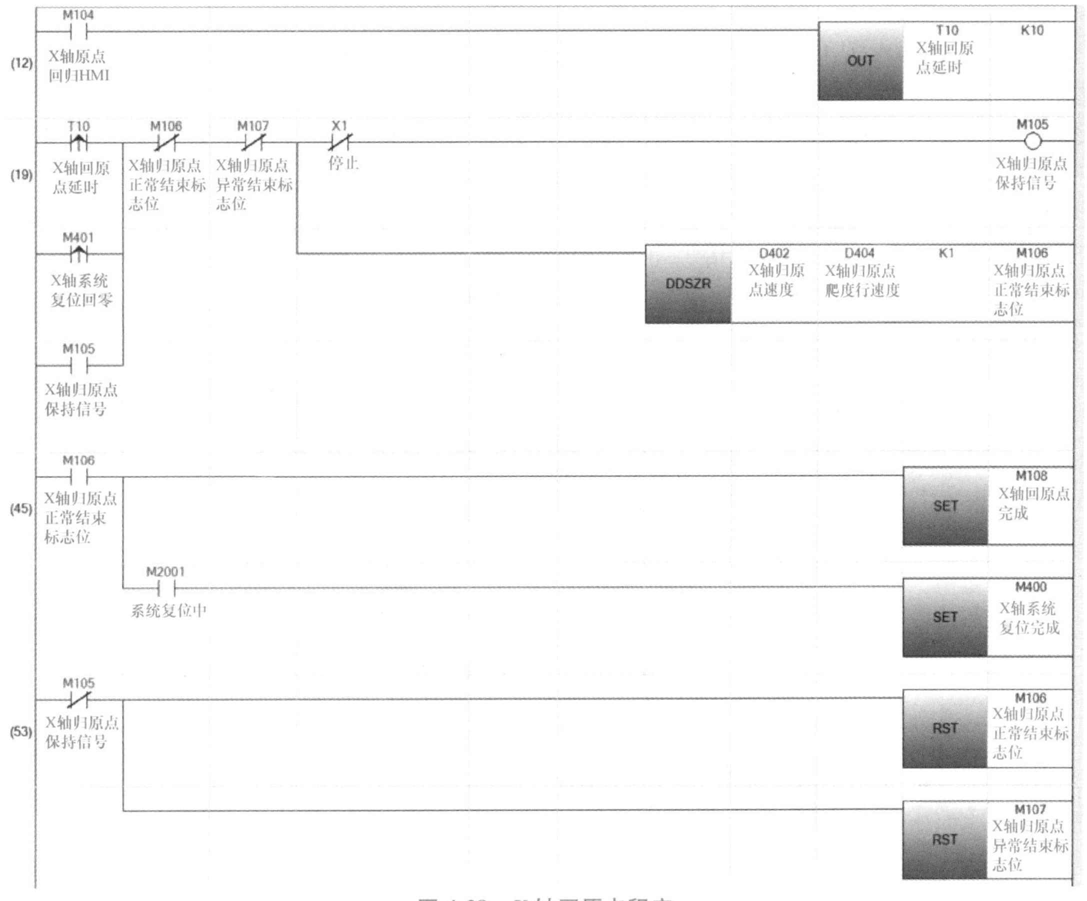

图 4-38　*X* 轴回原点程序

2）X 轴手动连续运动程序如图 4-39 所示。DSUB 为减法指令，“K0”为被减数常数“0”，“D408”数据寄存器为减数，可以在触摸屏上设置 X 轴手动正向速度，“D412”数据寄存器为差值，X 轴手动反向速度可通过计算得出。“M110”和“M101”分别为触摸屏上 X 轴正负方向移动的按钮，“M109”为触摸屏上点动和连续的切换按钮，DPLSV 为 32 位可变速度运行指令，根据速度的正负执行正反方向运动。

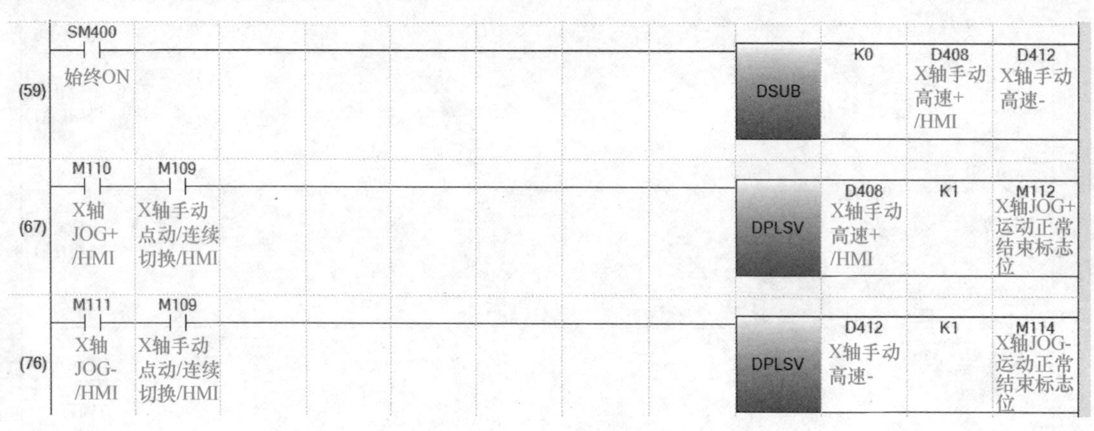

图 4-39 X 轴手动连续运动程序

3）X 轴点动运动程序如图 4-40 所示。点动运行是执行相对位移指令，“D420”为点动距离参数，“D406”为点动速度参数，“M110”和“M111”与连续运动的执行按钮是同一组按钮，执行正反点动运动。“M109”为 OFF 时选择 X 轴点动运行，DDRVI 为 32 位相对位移指令，根据位置参数的正负执行正反方向运动。

4）X 轴绝对定位运动程序如图 4-41 所示。执行 DDRVA32 位绝对定位指令，参考原点进行点位运动。“D424”“D426”和“D428”为触摸屏上设置位置的 3 个参数，“M120”“M121”和“M122”为触摸屏上设置位置的 3 个执行按钮，“M800”“M801”和“M802”

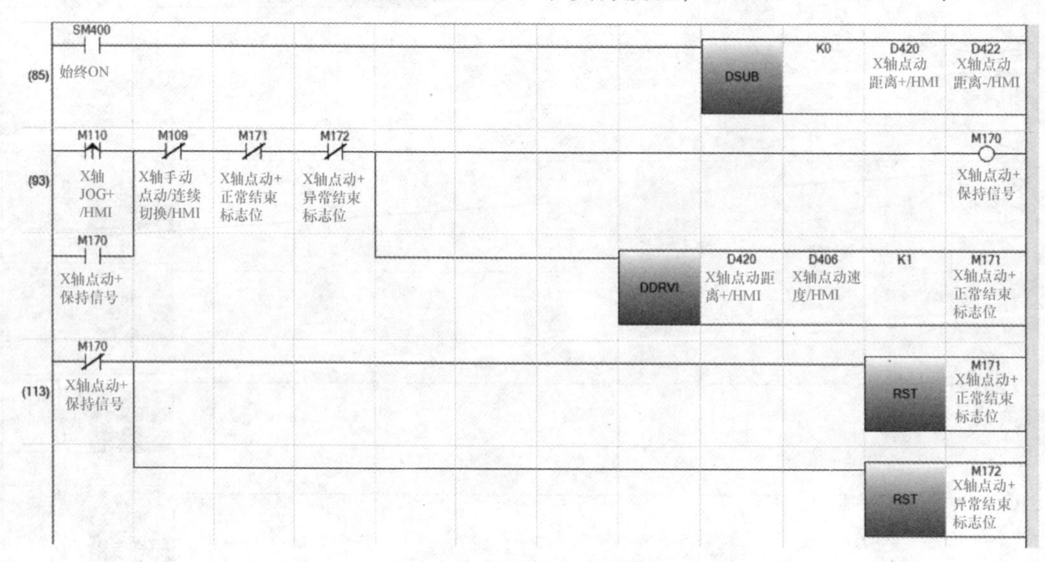

图 4-40 X 轴点动运动程序

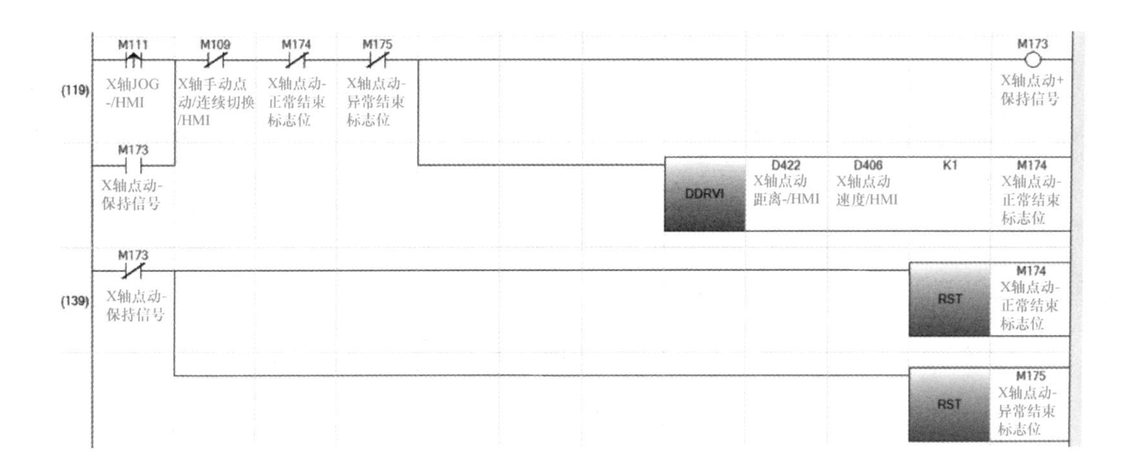

图 4-40　*X* 轴点动运动程序（续）

为执行自动运行时的位置触点。用DMOVP 32 位传送指令，将要移动的位置参数传送给“D430”。当判断“D430”位置参数与移动位置相等时，置位“M119”执行绝对定位指令，绝对定位之前“M108”一定要置为 ON，为回原点完成的状态。当绝对定位指令到达指定位置时，“M129”正常结束标志位为 ON，置位“M118”为绝对定位完成状态，复位“M119”完成移动定位过程。

（2）主程序　主程序分为系统复位程序、系统自动程序、系统急停程序、声光控制程序和设备状态程序。

1）系统复位程序如图 4-42 所示，主要完成一键整机复位的过程。按下黄色按钮“X2”，延时 3s，保持系统复位中“M2001”为 ON 的状态，“X2”的上升沿触点执行 ZRST 指令，批量复位“M901”到“M904”中所有的中间继电器。在系统复位中置位“M401”执行 *X* 轴回原点指令，当回零完成时“M400”为 ON，输出线圈“M2002”系统复位为完成状态时，再复位“M400”和“M401”，完成系统复位过程。

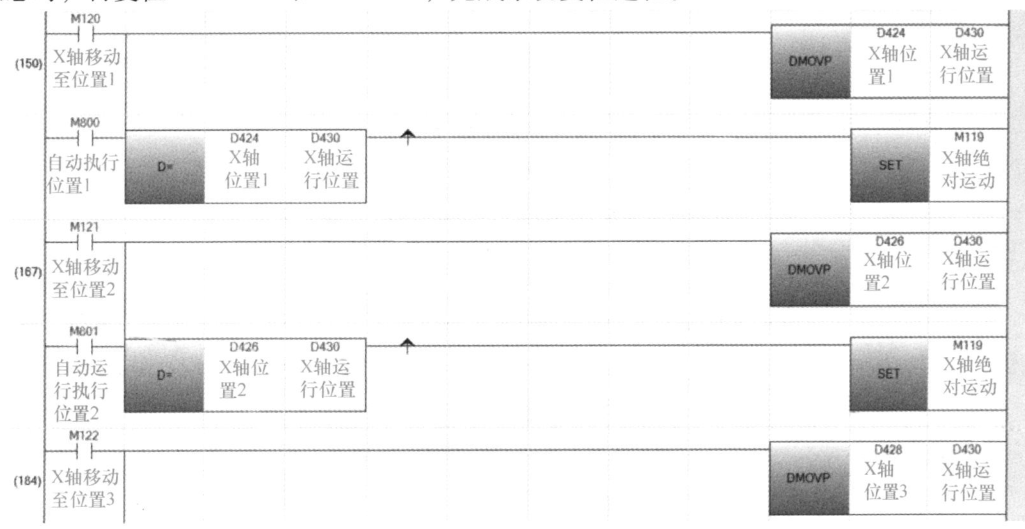

图 4-41　*X* 轴绝对定位运动程序

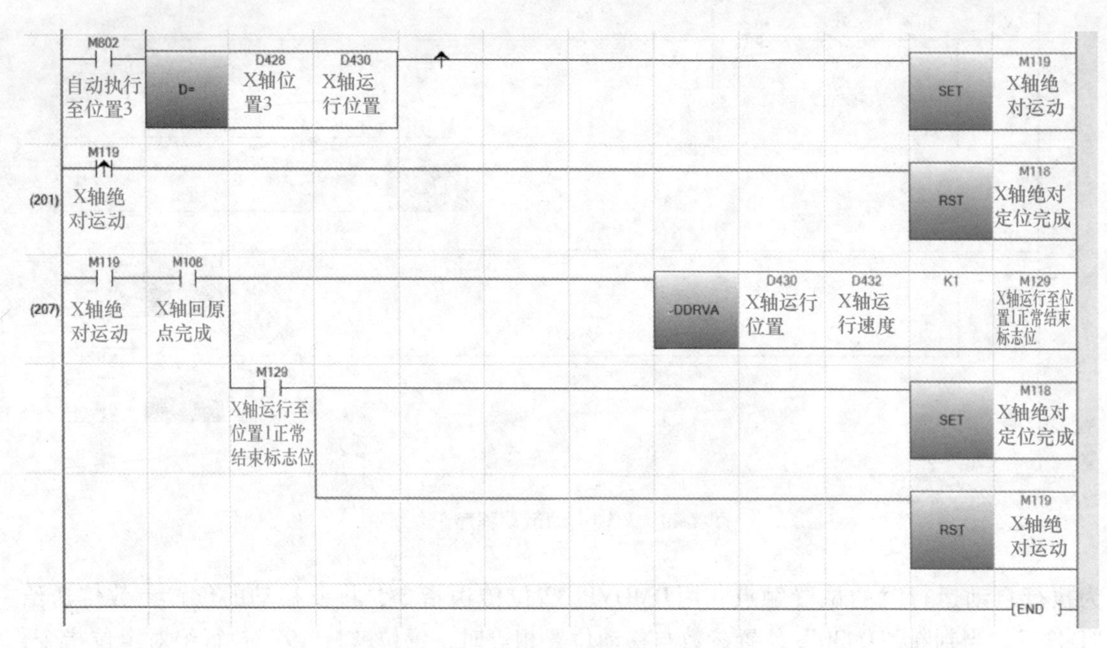

图4-41 *X* 轴绝对定位运动程序（续）

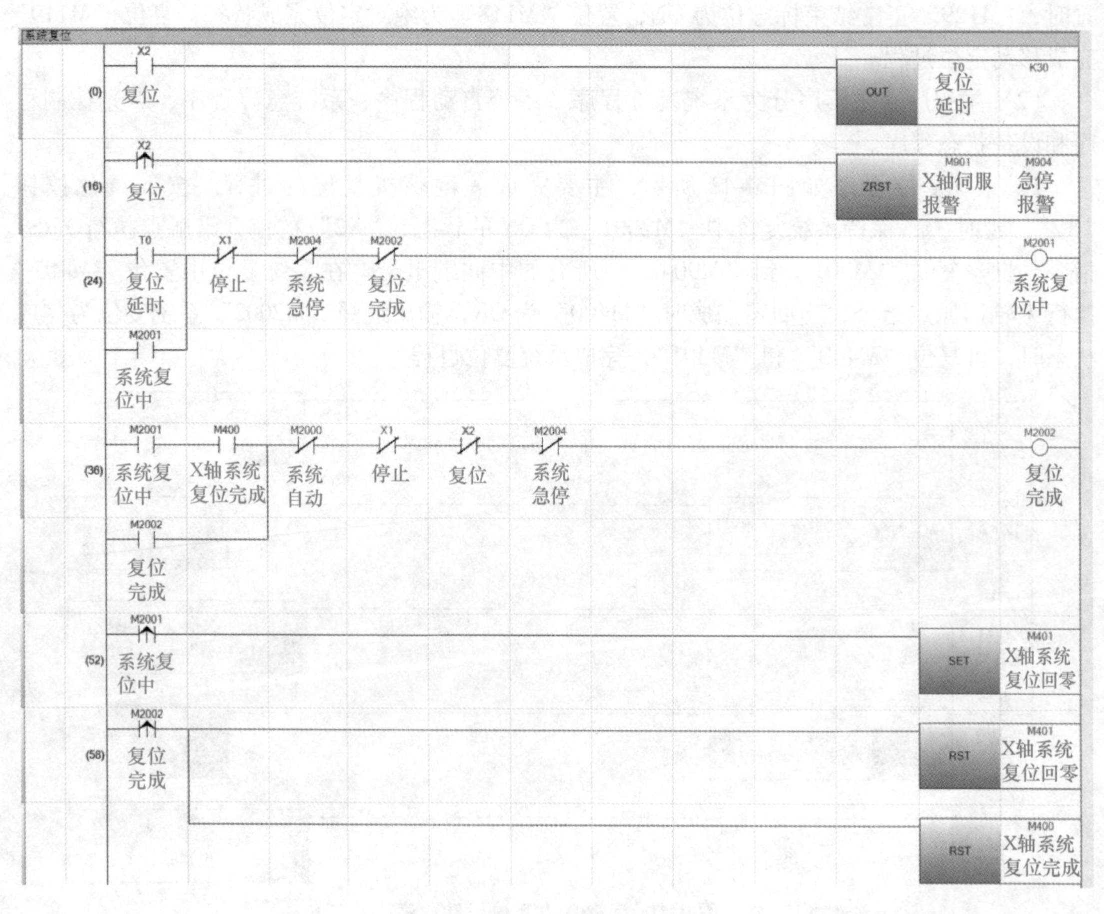

图 4-42 系统复位程序

2）系统自动程序如图4-43所示，主要完成设备自动运行起动。当复位完成状态“M2002”为ON时，将“X5”旋钮开关转到ON，切换为自动状态，按下“X0”绿色起动按钮，输出“M2000”为ON并保持状态自锁。当发生报警时，按下“X1”红色按钮时或“X5”旋钮开关转到OFF时，系统暂停“M2003”为ON，设备为暂停状态，当“X5”旋钮开关再次转到ON时，按下“X0”绿色起动按钮设备输出“M999”为ON，断开了“M2003”系统暂停信号，设备继续运行。

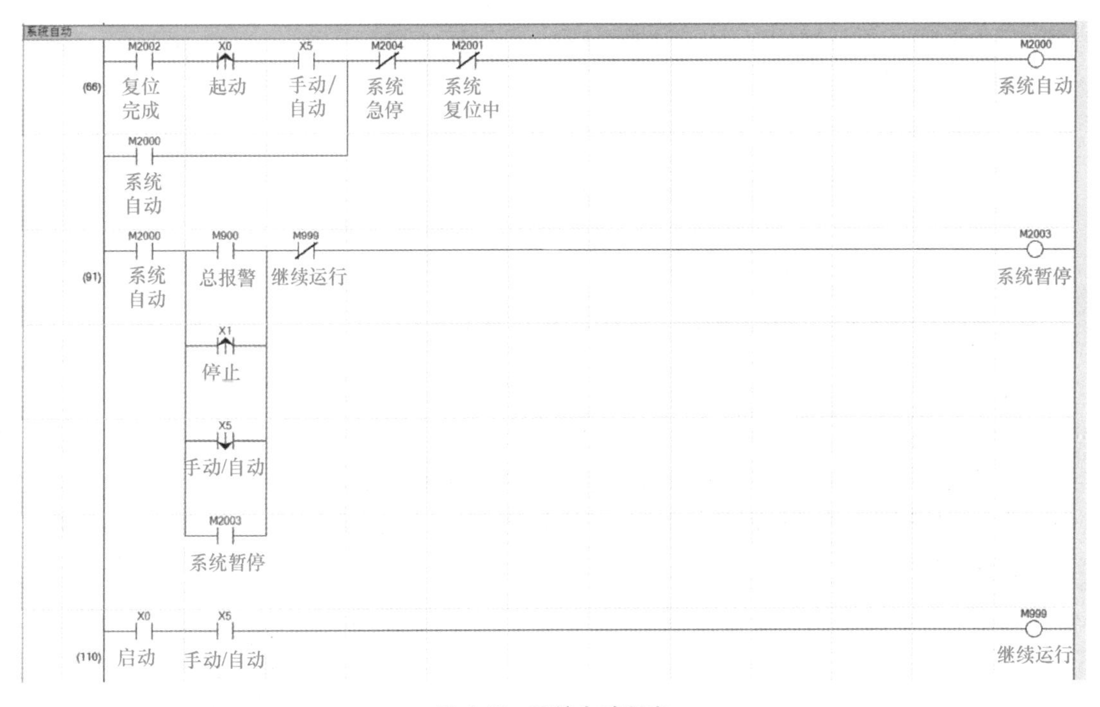

图4-43　系统自动程序

3）系统急停程序如图4-44所示，主要是输出系统急停的状态。将系统自动运行的步骤“D800”里的值清零，将所用到的中间继电器复位，ZRST批量复位“M100”到“M899”中间所有的中间继电器。

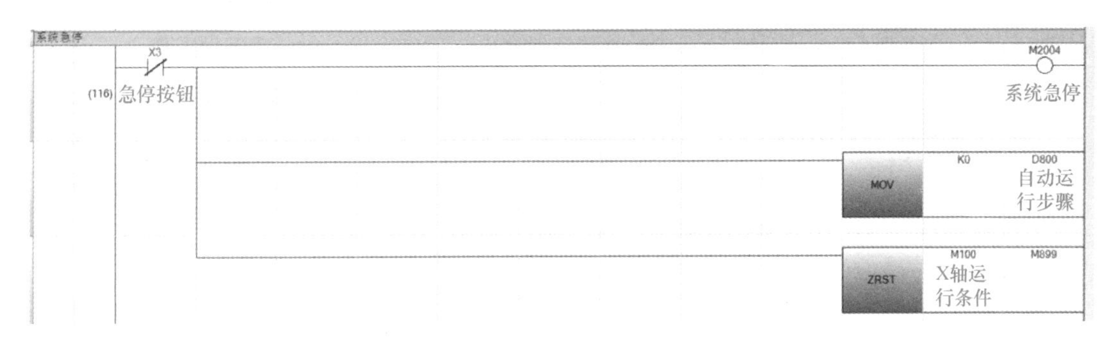

图4-44　系统急停程序

4）声光控制程序如图4-45所示，主要是实现三色灯的控制，在项目二中已有介绍，不同的状态下呈现出不同颜色的闪亮方式。

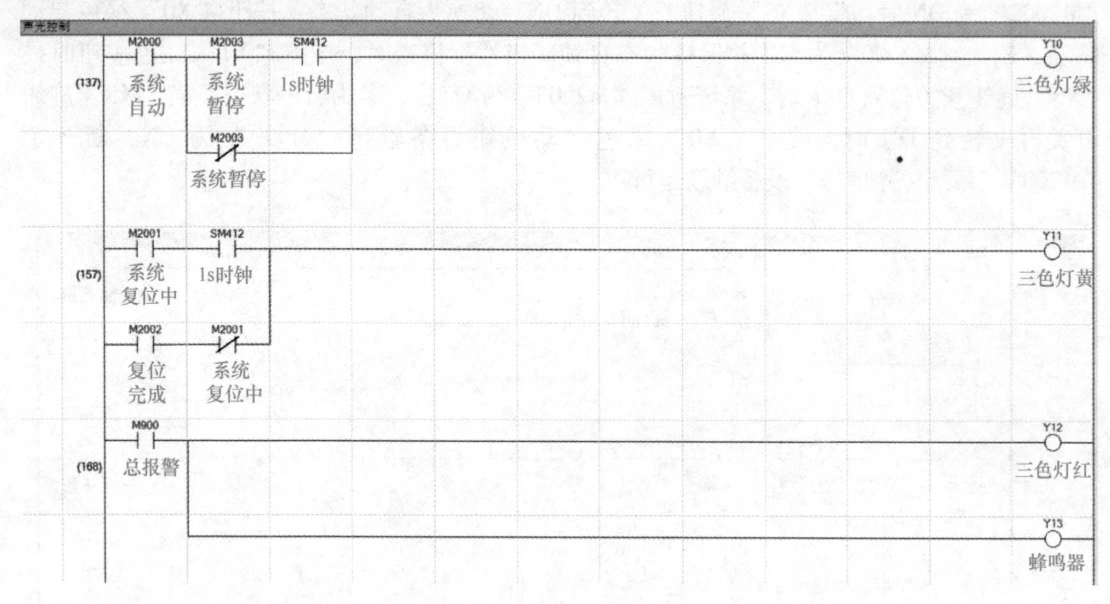

图 4-45　声光控制程序

5）设备状态程序如图 4-46 所示，主要是在不同的状态条件下将不同的值传送到“D900”数据寄存器中，从而用触摸屏的多状态指示灯控件显示不同的设备状态，在项目二的案例中已有所介绍。

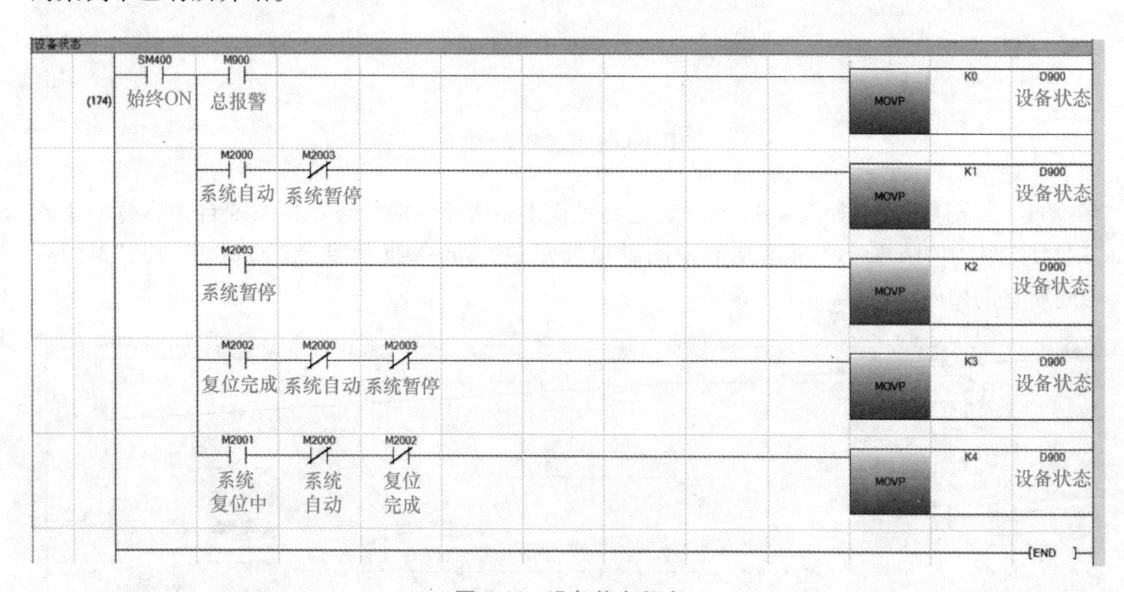

图 4-46　设备状态程序

（3）报警程序　报警程序如图 4-47 所示，主要是将不同的报警条件输出给不同的中间继电器。“X11”为伺服驱动器中报警信号接入的 I/O 信号，当伺服驱动器有异常报警时，“X11”为 ON，“M901”为 ON。“K2M901”是由“M901”到“M908”8 位中间继电器组成的数，其中任意一个中间继电器 M 值为 ON 时，其组合成的数都>0；“D>”为比较指令，满足“K2M901”>“0”时，输出“M900”总报警信号。

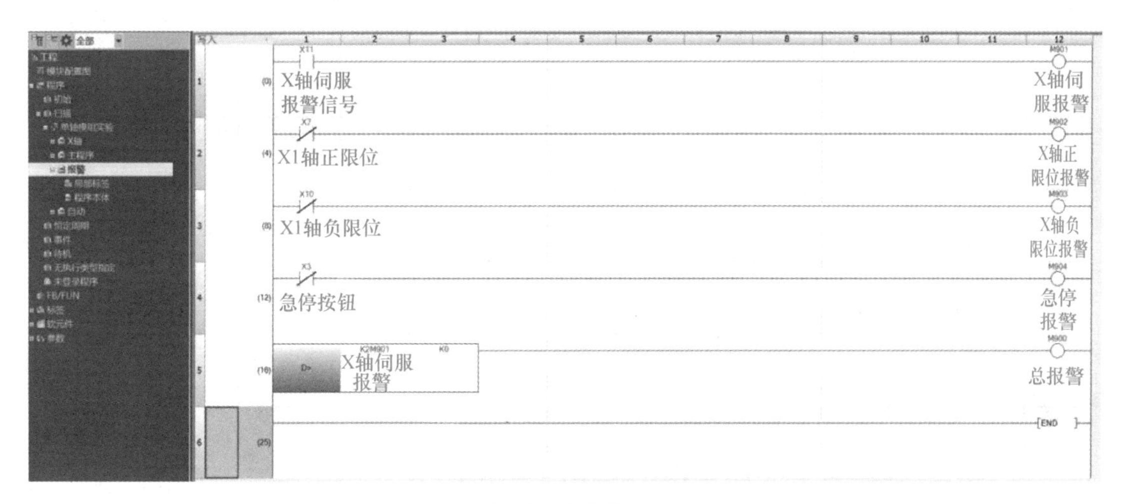

图 4-47　报警程序

（4）自动运行程序　自动运行程序如图 4-48 所示，主要完成 *X* 轴三个位置的自动运行。“M2000”为 ON 且“D800”寄存器自动运行步骤为“0”时，将“1”传送给“D800”，程序左侧就显示自动运行的步骤，便于调试过程中及时找到在哪一步骤出现了问题。当“D800”等于“1”时，输出“M800”执行位置 1 自动运行；当绝对定位指令完成时，“M118”绝对定位完成状态为 ON，延时 0.1s 跳转到第二步，复位“M118”绝对定位完成状态，以此类推执行不同的三个位置定位。在程序最后将“D800”赋值为“0”，完成循环执行。当“M2003”系统暂停为 ON 时，停在当前步骤，处理问题后按下“X0”绿色按钮继续执行自动程序。

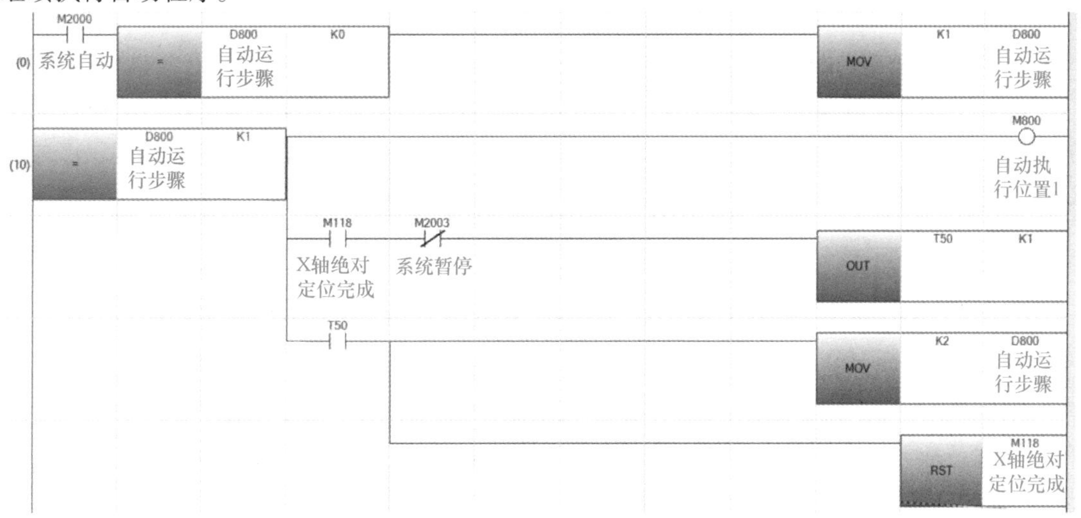

a) 自动运行程序步骤1

图 4-48　自动运行程序

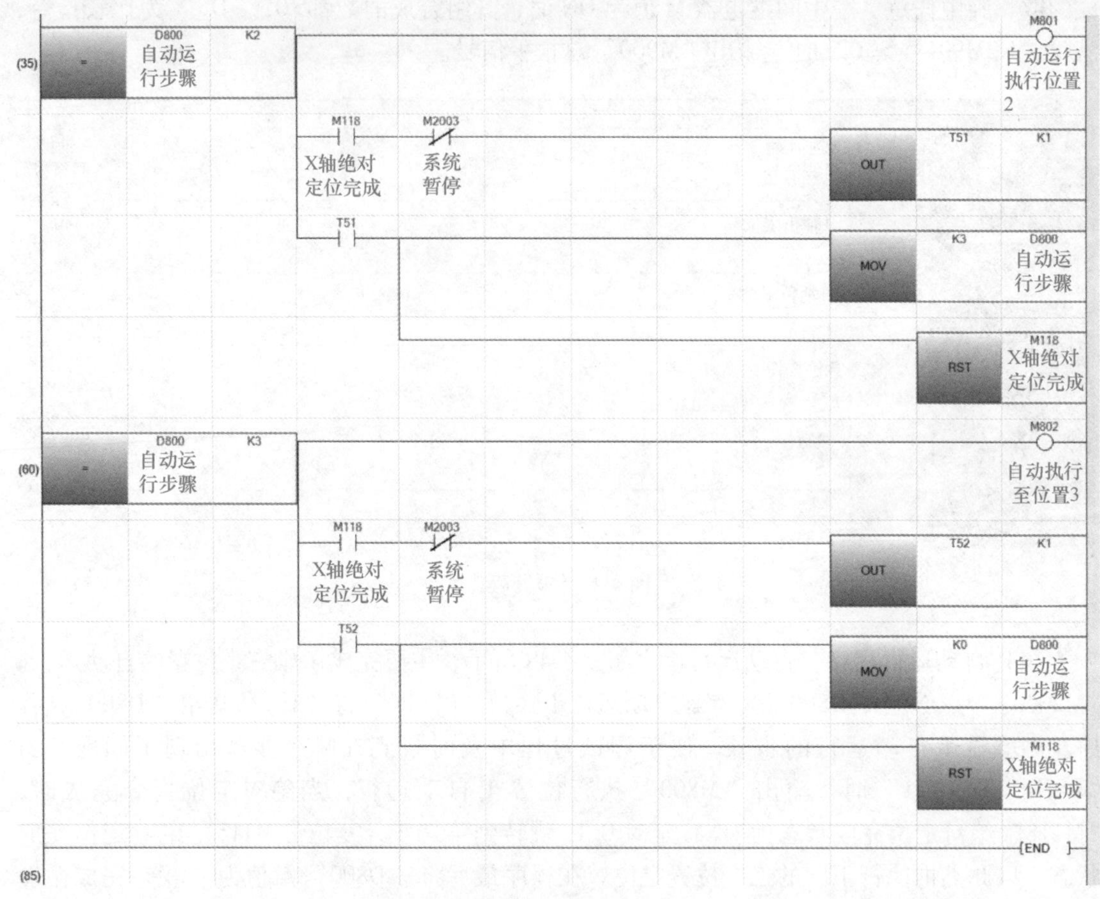

b) 自动运行程序步骤2、3

图 4-48　自动运行程序（续）

3. 单轴实验平台触摸屏的设计

单轴实验平台触摸屏主要设计两个调试界面，即 X 轴点位设置和速度参数。有这两个界面就可以设置 X 轴各运动控制指令的速度和位置参数，进行完成单轴自动运行程序的调试。点位设置界面如图 4-49 所示，速度参数设置界面如图 4-50 所示。

四、实战训练

训练 1：按照单轴实验平台的案例讲解完成接线并进行通电测试。

训练 2：按照单轴实验平台的案例讲解完成程序编写及触摸屏界面设计。

训练 3：按照单轴实验平台的案例讲解将程序下载到 PLC 控制器和触摸屏中，完成手动参数设置、系统复位及点位设置，最终完成单轴模组三个点位的自动往复运动。

五、思考题与习题

思考：对于多个伺服电动机，如何控制其运动？

习题：添加 X 轴的 10 个位置参数设置，完成 10 个位置的连续运动程序调试。

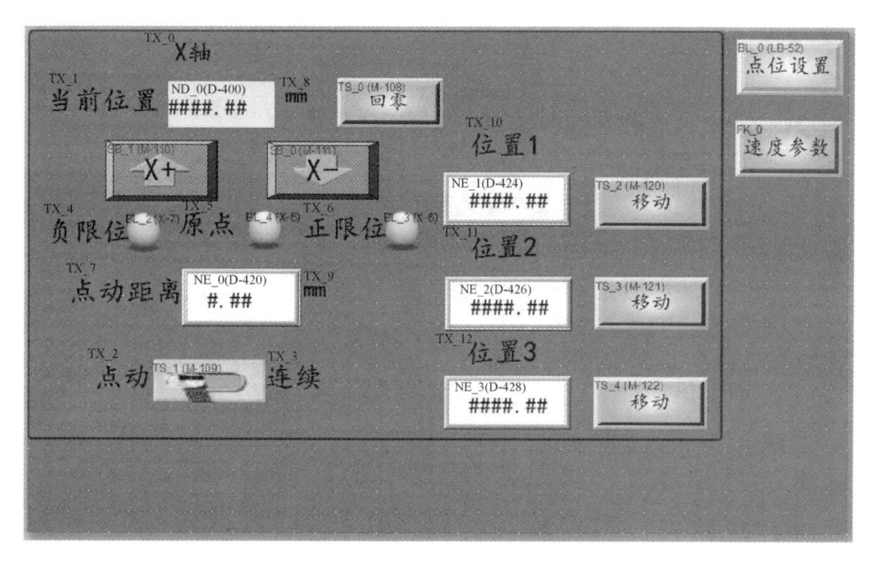

图 4-49　点位设置界面

单位:mm/s	X轴		
回零运行速度	###.##		
回零爬行速度	###.##		
手动连续速度	###.##		
手动点动速度	###.##		
自动运行速度	###.##		

点位设置

速度参数

图 4-50　速度参数设置界面

六、分组讨论和评价

分组讨论：5~6 人一组，探讨实战训练 1、2 和 3 的最佳解决方案，每组提供训练 1、2 和 3 的成果讲解；班级评出最佳方案和讲解（考核参考）。

评价（自评和互评）：根据任务要求进行自评和互评。

05

项目五

>>>>> PLC应用综合实训案例

单元1 PLC 控制三轴搬运平台实战

一、任务概要

任务目标：进一步熟悉 PLC 知识的应用和实践方法，掌握多元执行机构 PLC 协调控制的技能，实现步进电动机驱动三轴搬运平台电气线路的接线、调试和货块搬运预定运行路径的编程设计。

任务要求：熟悉三轴搬运平台执行元件和控制器件的性能，根据预定工作要求实现电气线路的接线和通电调试，正确编写运行控制程序，实现 PLC 控制三轴搬运平台的预定工作路径。

条件配置：GX Works3 软件，Windows 7 以上系统计算机，三轴搬运实训平台，PLC 控制模块组件。

任务书：

任务名称	PLC 控制三轴搬运平台的接线调试和货块搬运预定路径的编程设计
任务要求	按照图样要求完成三轴搬运平台 PLC 控制系统的接线并调试合格；按预定货块搬运路径实现 10 个货块自动搬运的程序设计
任务设定	1. 按搬运平台三轴协调运动要求检验给定接线图 2. 按给定接线图接线，检查线路，并进行通电测试 3. 按预定货块运动要求编写 PLC 程序 4. 按搬运平台三轴协调运动要求设计触摸屏的控制界面 5. 完成自动运行调试，实现搬运平台按预定货块运动路径进行搬运，检验合格
预期成果	学生能够按照图样要求独立完成三轴搬运平台 PLC 控制系统的接线并调试合格，在规定时间内按预定货块搬运要求实现 10 个货块自动搬运的程序设计，经实际操作运行，检验合格

二、案例讲解与演示

1. 三轴搬运实训平台介绍

三轴搬运实训平台主要是由 X、Y 和 Z 三个模组组成的。在 *Z* 轴上带有电磁铁，三个模组由三个步进电动机来驱动，控制器选用三菱 FX5U-32MT/ES PLC 控制器，触摸屏选用威纶通 MT8071iE 型号，如图 5-1 所示。三轴搬运平台是所有设备开发的一个基础平台，本书针对三轴搬运平台的实训过程进行介绍。

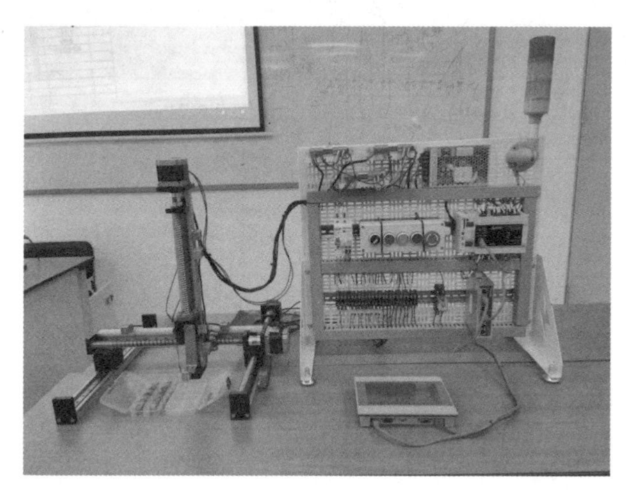

图 5-1　三轴搬运实训平台

三轴搬运实训平台可以实现将盒子中的 10 个铁块全部自动搬运到空盒子中，搬运物料如图 5-2 所示，两个盒子平行放置，X 轴设置 4 个点位，Y 轴设置 5 个点位。

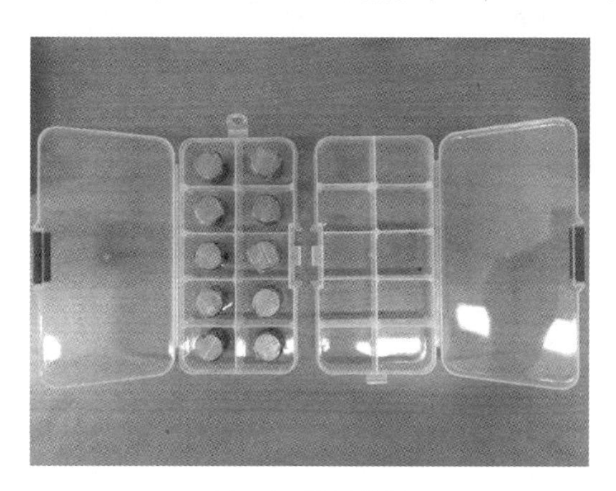

图 5-2　搬运物料

三轴搬运实训平台的 I/O 表见表 5-1。

表 5-1　三轴搬运实训平台的 I/O 表

FX5U-32MT-3S（IN：16　OUT：16）							
No.	输入	名称	备注	No.	输出	名称	备注
1	X0	起动按钮		1	Y0	X 轴脉冲	
2	X1	停止按钮		2	Y1	Y 轴脉冲	
3	X2	复位按钮		3	Y2	Z 轴脉冲	
4	X3	急停按钮		4	Y3		
5	X4			5	Y4	X 轴方向	
6	X5	手动/自动		6	Y5	Y 轴方向	

（续）

FX5U-32MT-3S（IN：16 OUT：16）							
No.	输入	名称	备注	No.	输出	名称	备注
7	X6	X 轴原点		7	Y6	Z 轴方向	
8	X7	X 轴正限位		8	Y7		
9	X10	X 轴负限位		9	Y10	三色灯绿	
10	X11			10	Y11	三色灯黄	
11	X12	Y 轴原点		11	Y12	三色灯红	
12	X13	Y 轴正限位		12	Y13	蜂鸣器	
13	X14	Y 轴负限位		13	Y14	电磁铁继电器	
14	X15	Z 轴原点		14	Y15		
15	X16	Z 轴正限位		15	Y16		
16	X17	Z 轴负限位		16	Y17		

2. 三轴搬运实训平台的接线

按图样完成控制安装板的接线、PLC 控制器的接线及步进电动机的接线，并完成通电测试。

1）三轴搬运实训平台的主电路接线图如图 5-3 所示。

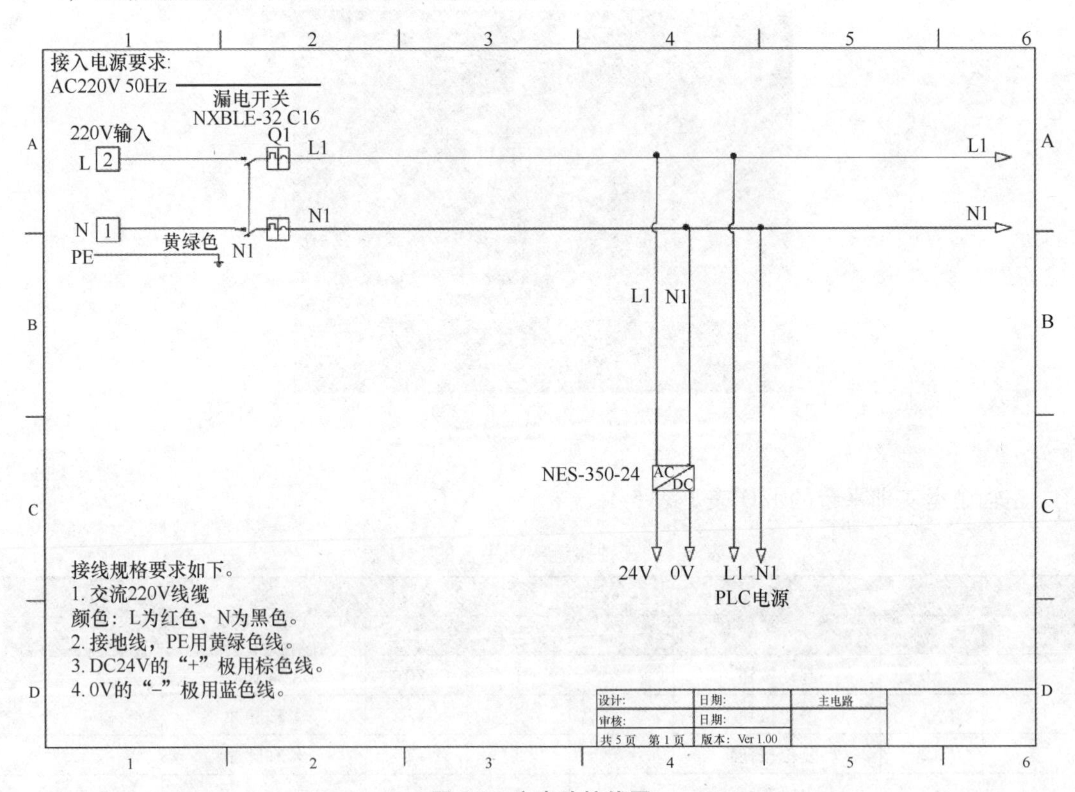

图 5-3　主电路接线图

2）三轴搬运实训平台的输入信号接线图如图 5-4 所示。

3）三轴搬运实训平台的输出信号接线图如图 5-5 所示。

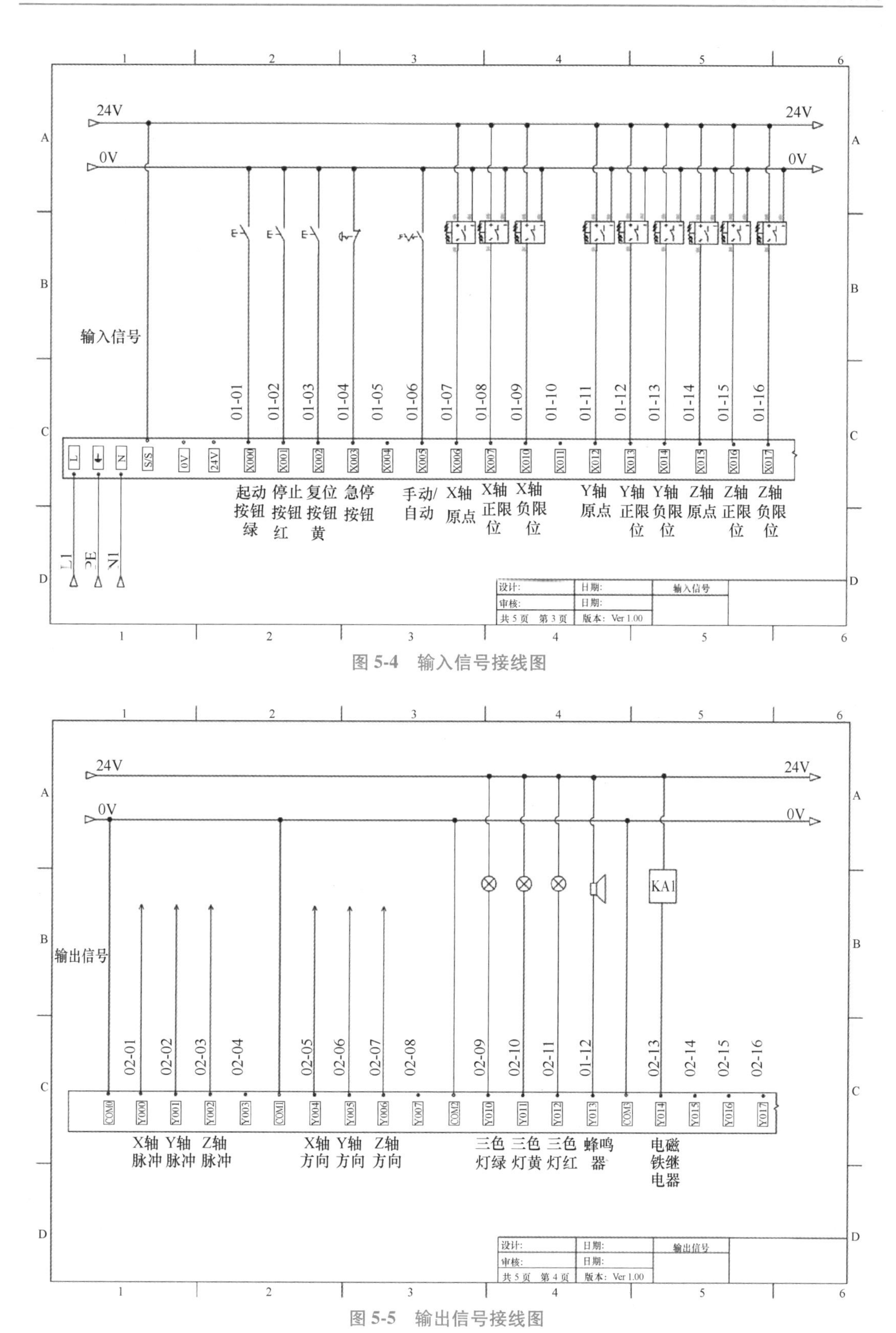

图 5-4　输入信号接线图

图 5-5　输出信号接线图

4）三轴搬运实训平台的步进电动机接线图如图 5-6 所示。

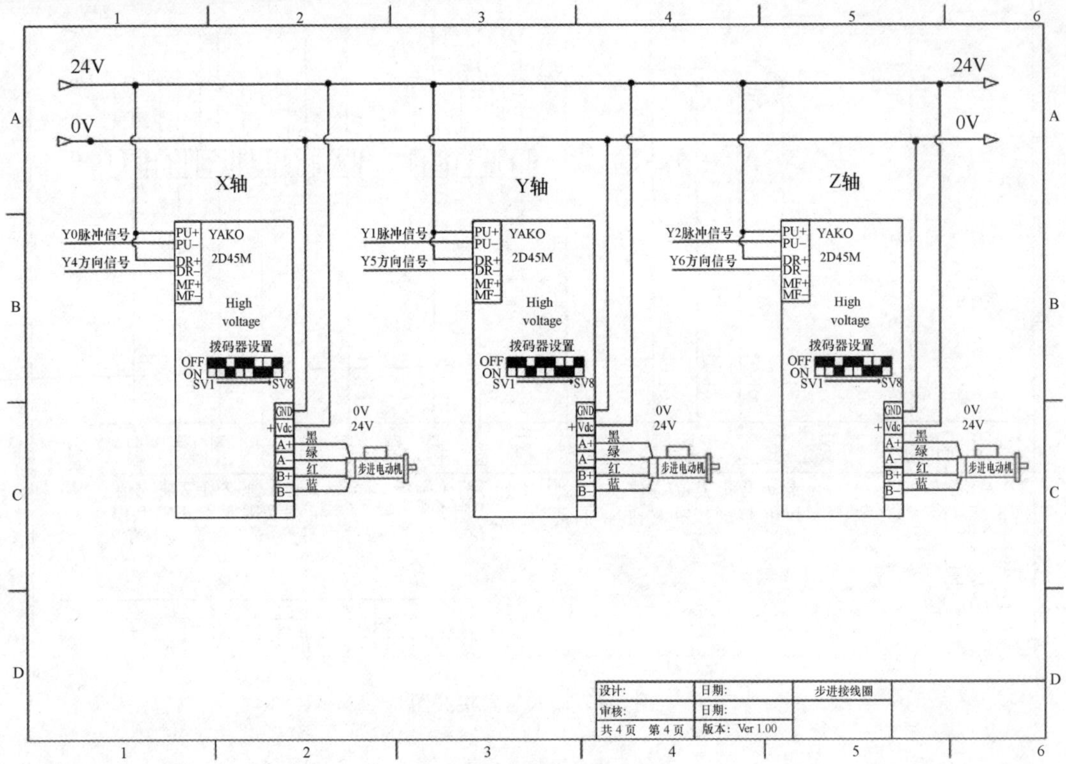

图 5-6　步进电动机接线图

5）三轴搬运实训平台的端子接线图如图 5-7 所示。

3. 三轴搬运实训平台的程序编写

三轴搬运实训平台的控制程序分为 *X* 轴、*Y* 轴、*Z* 轴、主程序、报警和自动六个部分，如图 5-8 所示。可以实现 *X* 轴模组、*Y* 轴模组和 *Z* 轴模组的操作控制和参数设置，实现三轴联动自动搬运。

在“导航”栏双击“参数”→双击 FX5UCPU→双击“模块参数”→双击“高速 I/O”，如图 5-9 所示。单击“输出功能”→“定位”→双击“详细设置”。基本参数设置：轴 1、轴 2 和轴 3 的“脉冲输出模式”选择“1：PULSE/SIGN”，其他按图 5-10 所示设置；在“原点回归参数”中选择“启用”，其他参数按照图 5-11 所示设置；“近 DOG 点信号”和“零点信号”选择 I/O 接线相应轴的原点信号。

（1）*X* 轴程序　与单轴实验平台的 *X* 轴相似，区别是需要设置 4 个位置参数，如图 5-12 所示，自动运行执行时中间继电器 M 地址不同。

（2）*Y* 轴程序　按照 *X* 轴的模板去编写，但地址不同。用到的中间继电器在“M200”~“M299”之间，用到的数据寄存器在“D500”~“D599”之间，需要设置 5 个位置参数，自动运行执行时中间继电器 M 地址不同。

1）Y 轴运动停止条件程序如图 5-13 所示。

2）*Y* 轴原点回归程序如图 5-14 所示。

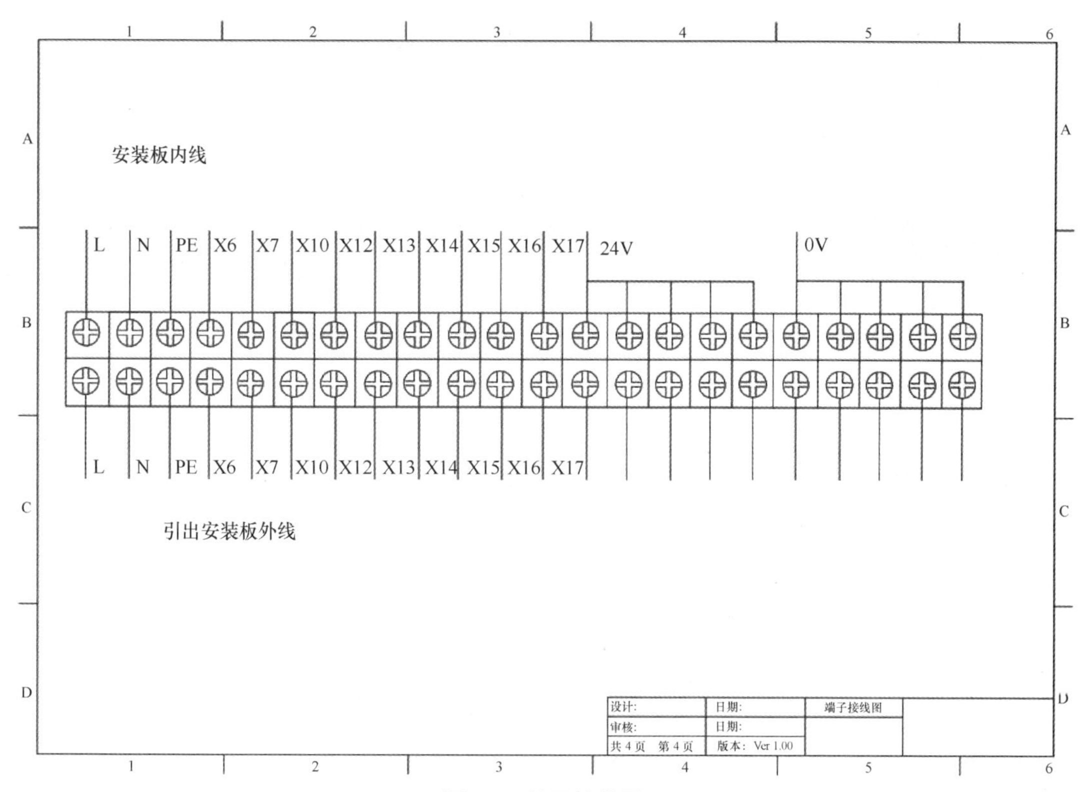

图 5-7　端子接线图

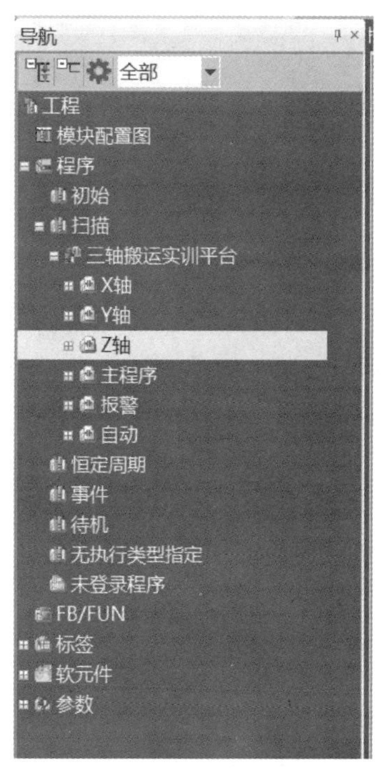

图 5-8　三轴搬运实训平台子程序分类

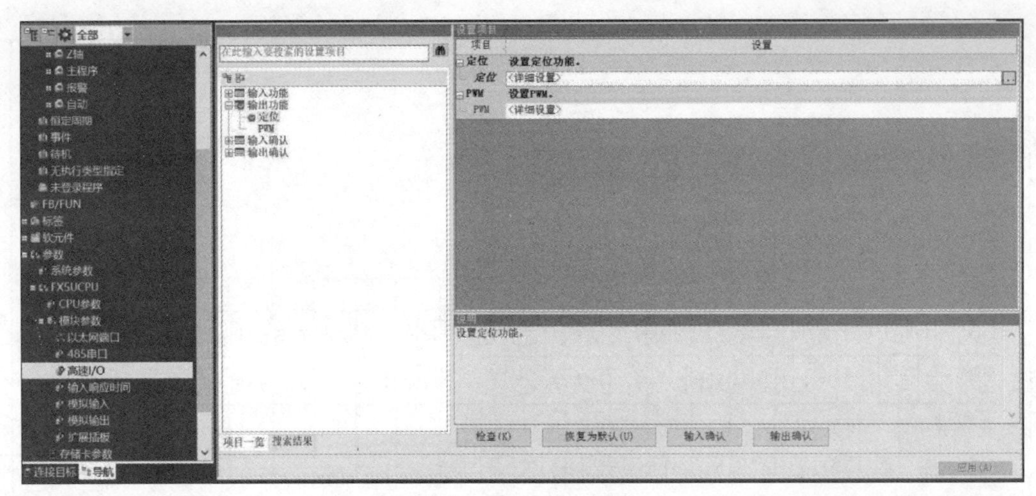

图 5-9　高速 I/O 设置

项目	轴1	轴2	轴3	轴4
基本参数1	设置基本参数1。			
脉冲输出模式	1:PULSE/SIGN	1:PULSE/SIGN	1:PULSE/SIGN	0:不使用
输出软元件(PULSE/CW)	Y0	Y1	Y2	
输出软元件(SIGN/CCW)	Y4	Y5	Y6	
旋转方向设置	0:通过正转脉冲输出增加当前地址	0:通过正转脉冲输出增加当前地址	0:通过正转脉冲输出增加当前地址	0:通过正转脉冲输出增加当前地
单位设置	0:电机系统(pulse, pps)	0:电机系统(pulse, pps)	0:电机系统(pulse, pps)	0:电机系统(pulse, pps)
每转的脉冲数	2000 pulse	2000 pulse	2000 pulse	2000 pulse
每转的移动量	1000 pulse	1000 pulse	1000 pulse	1000 pulse
位置数据倍率	1:×1倍	1:×1倍	1:×1倍	1:×1倍
基本参数2	设置基本参数2。			
插补速度指定方法	0:合成速度	0:合成速度	0:合成速度	0:合成速度
最高速度	100000 pps	100000 pps	100000 pps	100000 pps
偏置速度	0 pps	0 pps	0 pps	0 pps
加速时间	100 ms	100 ms	100 ms	100 ms
减速时间	100 ms	100 ms	100 ms	100 ms
详细设置参数	设置详细设置参数。			
外部开始信号 启用/禁用	0:禁用	0:禁用	0:禁用	0:禁用

说明

设置零点信号的对象软元件。

图 5-10　基本参数设置

项目	轴1	轴2	轴3	轴4
中断输入信号1 软元件号	X0	X0	X0	X0
中断输入信号1 逻辑	0:正逻辑	0:正逻辑	0:正逻辑	0:正逻辑
中断输入信号2 逻辑	0:正逻辑	0:正逻辑	0:正逻辑	0:正逻辑
原点回归参数	设置原点回归参数。			
原点回归 启用/禁用	1:启用	1:启用	1:启用	0:禁用
原点回归方向	0:负方向(地址减少方向)	0:负方向(地址减少方向)	0:负方向(地址减少方向)	0:负方向(地址减少方向)
原点地址	0 pulse	0 pulse	0 pulse	0 pulse
清除信号输出 启用/禁用	0:禁用	0:禁用	0:禁用	1:启用
清除信号输出 软元件号	Y0	Y0	Y0	Y0
原点回归停留时间	0 ms	0 ms	0 ms	0 ms
近点DOG信号 软元件号	X6	X12	X15	X0
近点DOG信号 逻辑	0:正逻辑	0:正逻辑	0:正逻辑	0:正逻辑
零点信号 软元件号	X6	X12	X15	X0
零点信号 逻辑	0:正逻辑	0:正逻辑	0:正逻辑	0:正逻辑
零点信号 原点回归零点信号数	1	1	1	1
零点信号 计数开始时间	0:近点DOG后端	0:近点DOG后端	0:近点DOG后端	0:近点DOG后端

说明

设置零点信号的对象软元件。

图 5-11　原点回归参数设置

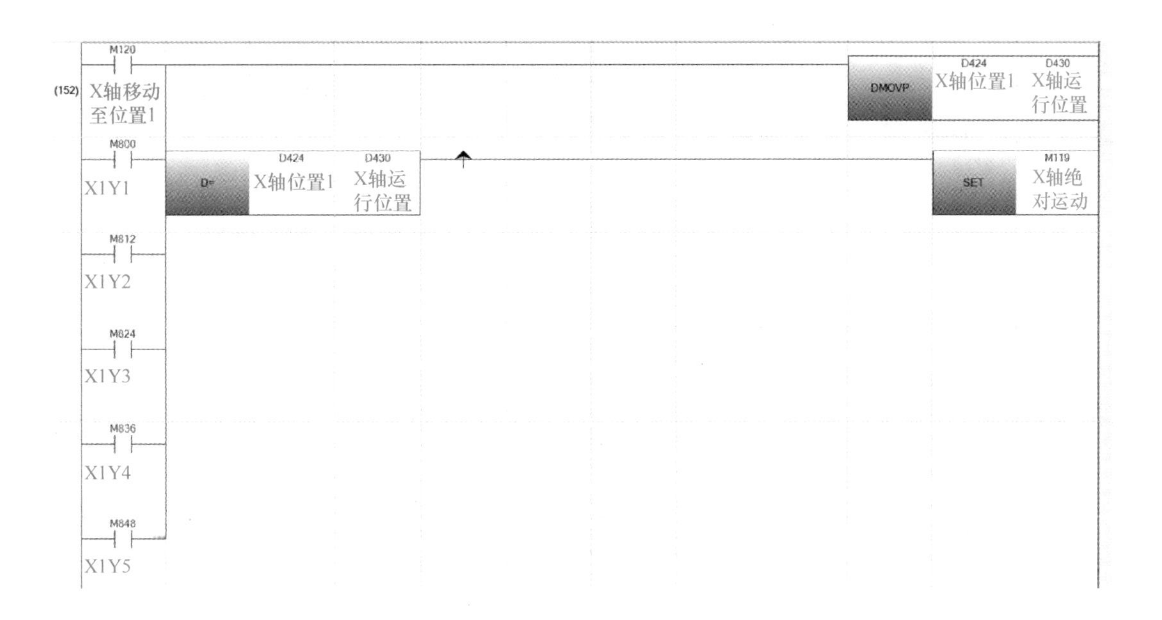

a) *X*轴位置1程序

b) *X*轴位置2程序

图 5-12　*X* 轴位置设置程序

(202)
M122 X轴移动至位置3
DMOVP D428 X轴位置3 D430 X轴运行位置
M803 X3
D= D428 X轴位置3 D430 X轴运行位置
SET M119 X轴绝对运动
M815 X3
M827 X3
M839 X3
M851 X3

c) *X*轴位置3程序

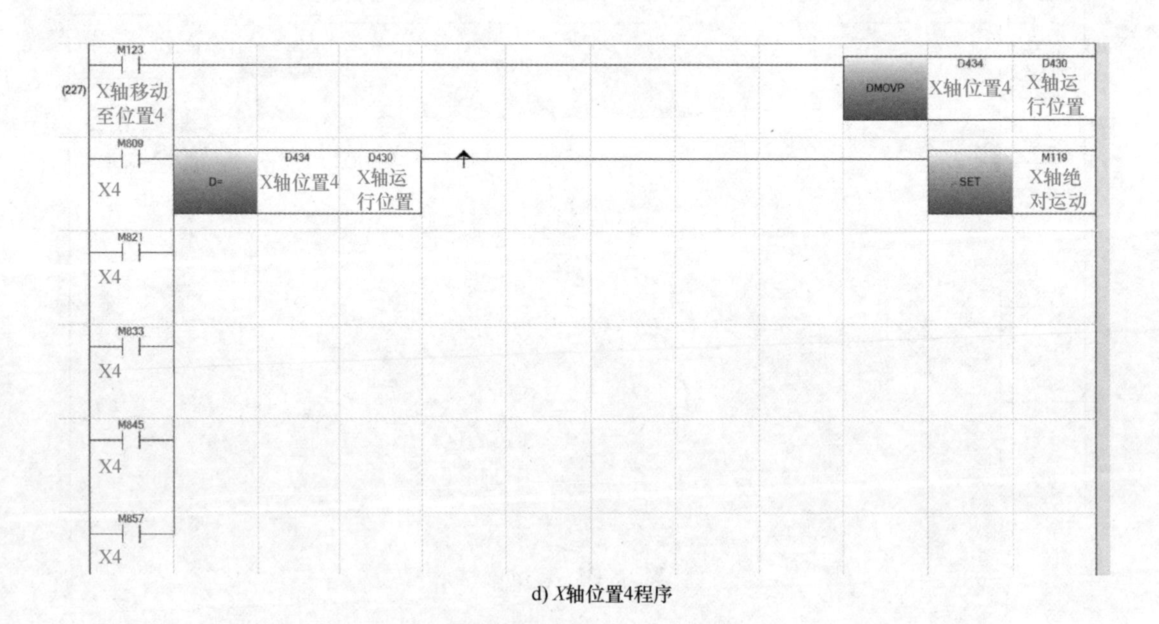

d) *X*轴位置4程序

图 5-12　*X* 轴位置设置程序（续）

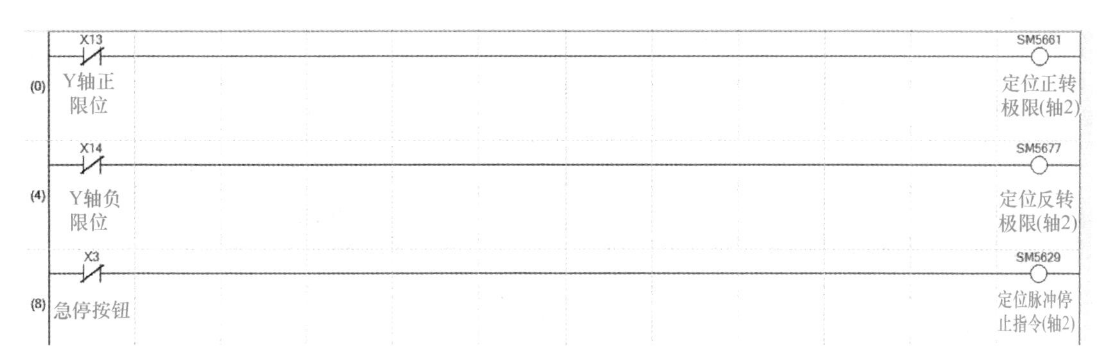

图 5-13　*Y* 轴运动停止条件程序

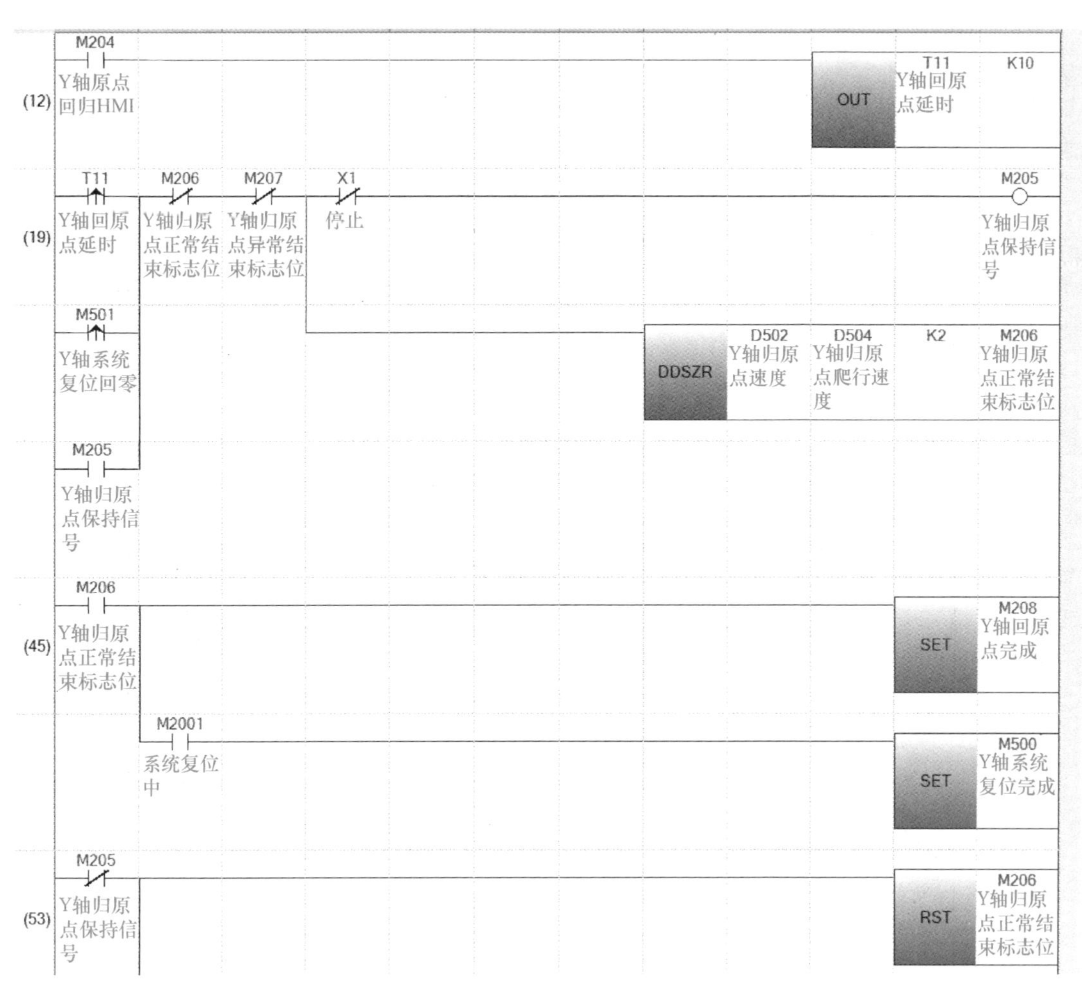

图 5-14　*Y* 轴原点回归程序

3）*Y* 轴连续运动程序如图 5-15 所示。

4）*Y* 轴点动运动程序如图 5-16 所示。

5）*Y* 轴绝对定位程序（一）如图 5-17 所示。

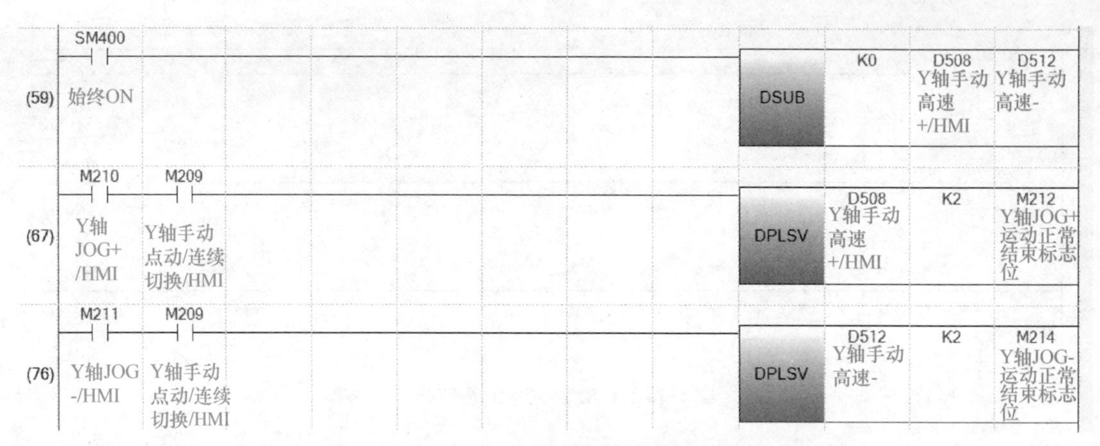

图 5-15　*Y* 轴连续运动程序

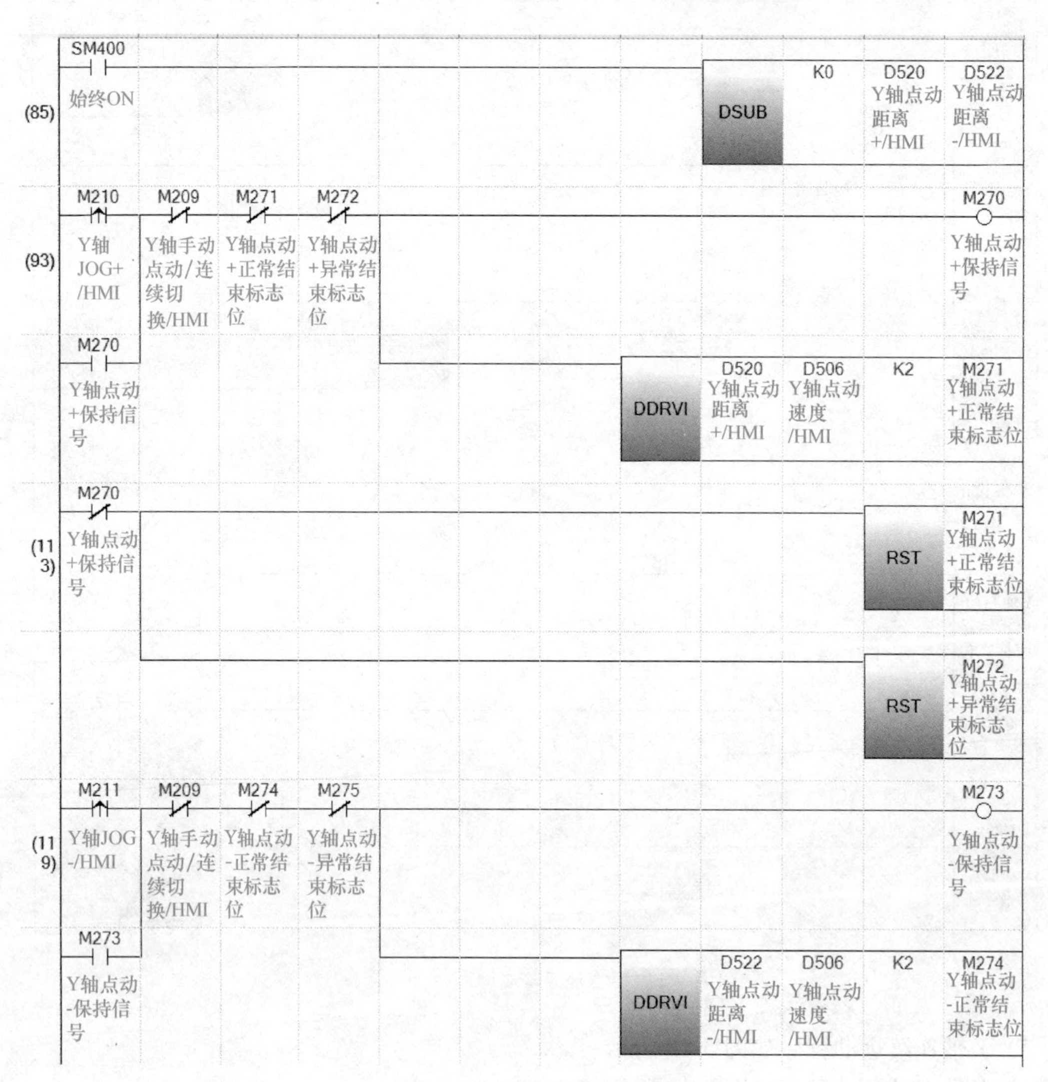

图 5-16　*Y* 轴点动运动程序

图 5-17　*Y* 轴绝对定位程序（一）

6）*Y* 轴绝对定位程序（二）如图 5-18 所示。

（3）*Z* 轴程序　也是按照 *X* 轴的模板去编写，但地址不同。用到的中间继电器在“M300”~“M399”之间，用到的数据寄存器在“D600”~“D699”之间，需设置 2 个位置参数，自动运行执行时中间继电器 M 地址不同。

1）*Z* 轴运动停止条件程序如图 5-19 所示。

2）*Z* 轴原点回归程序如图 5-20 所示。

3）*Z* 轴连续运动程序如图 5-21 所示。

4）*Z* 轴点动运动程序如图 5-22 所示。

5）*Z* 轴位置 1 设置程序如图 5-23 所示。

6）*Z* 轴位置 2 设置程序如图 5-24 所示。

7）*Z* 轴绝对定位指令程序如图 5-25 所示。

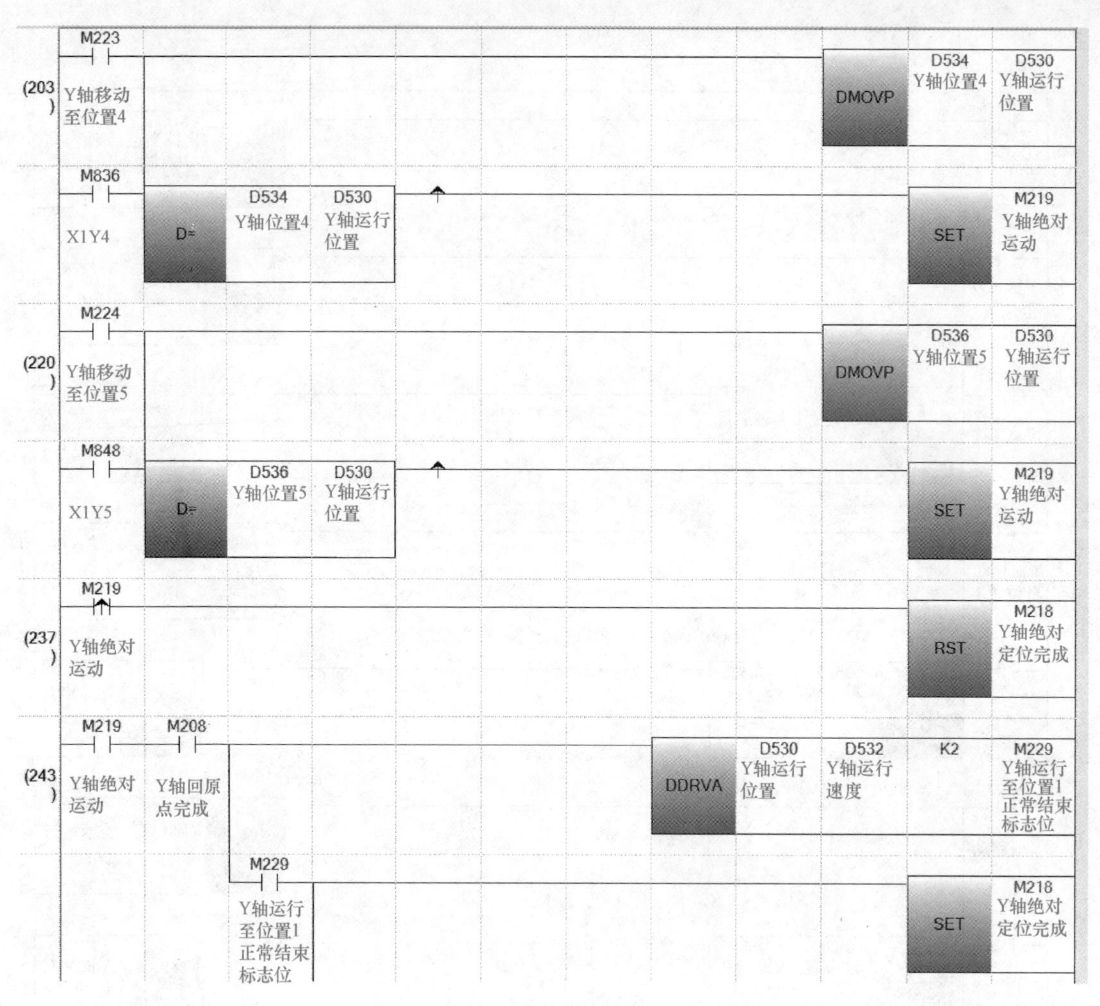

图 5-18 *Y* 轴绝对定位程序（二）

图 5-19 *Z* 轴运动停止条件程序

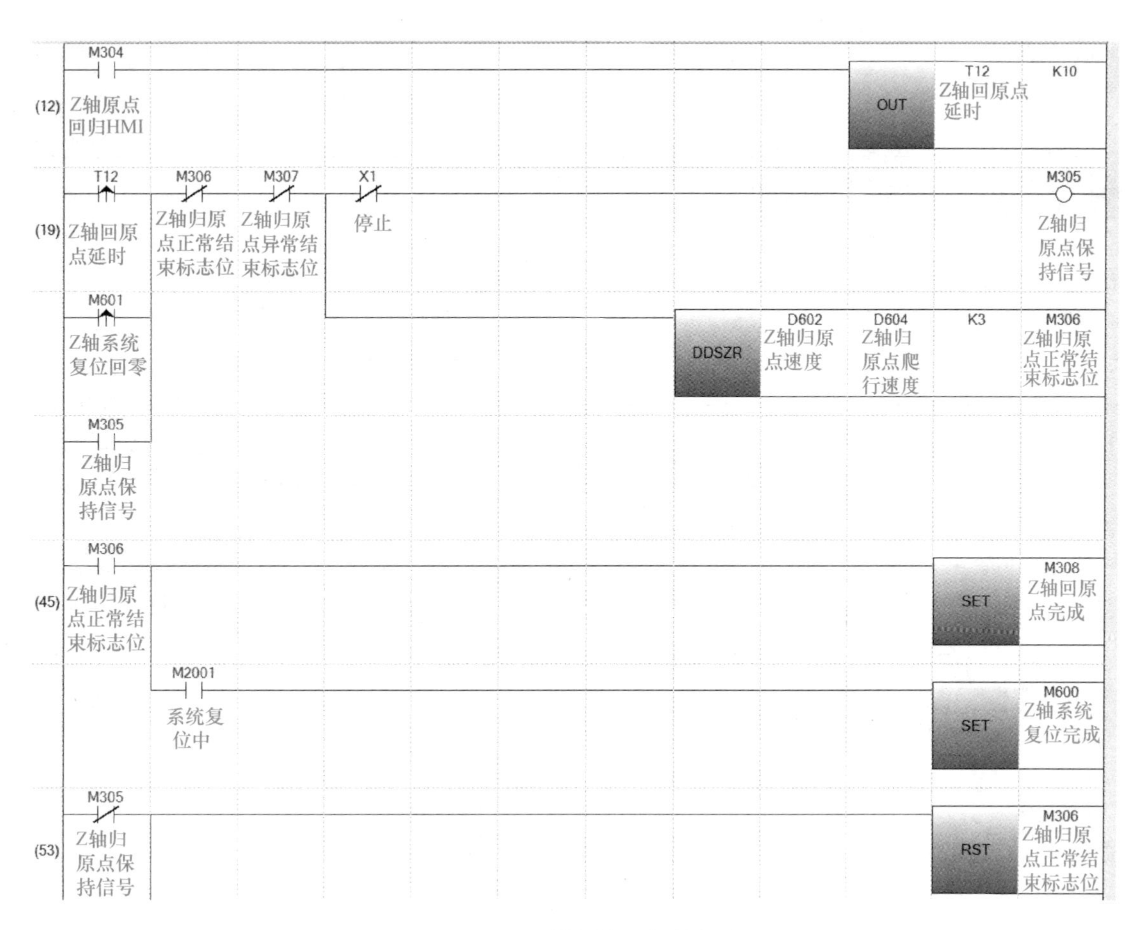

图 5-20　Z 轴原点回归程序

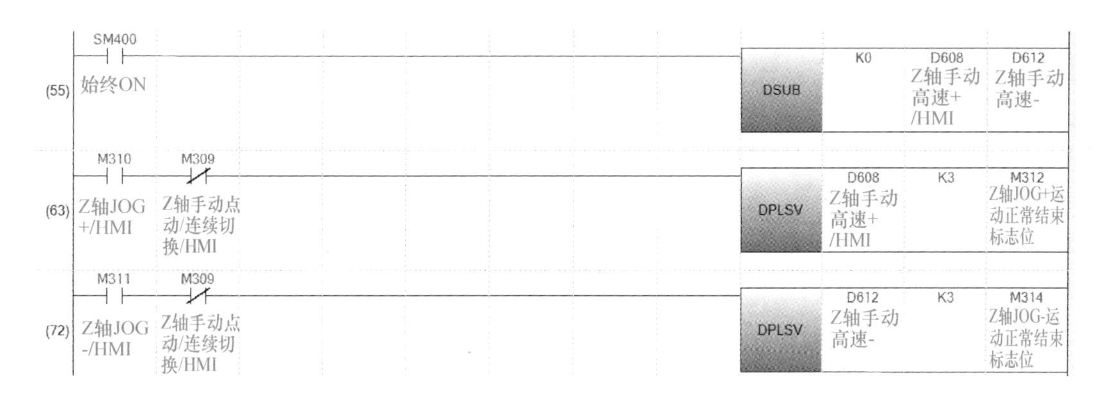

图 5-21　Z 轴连续运动程序

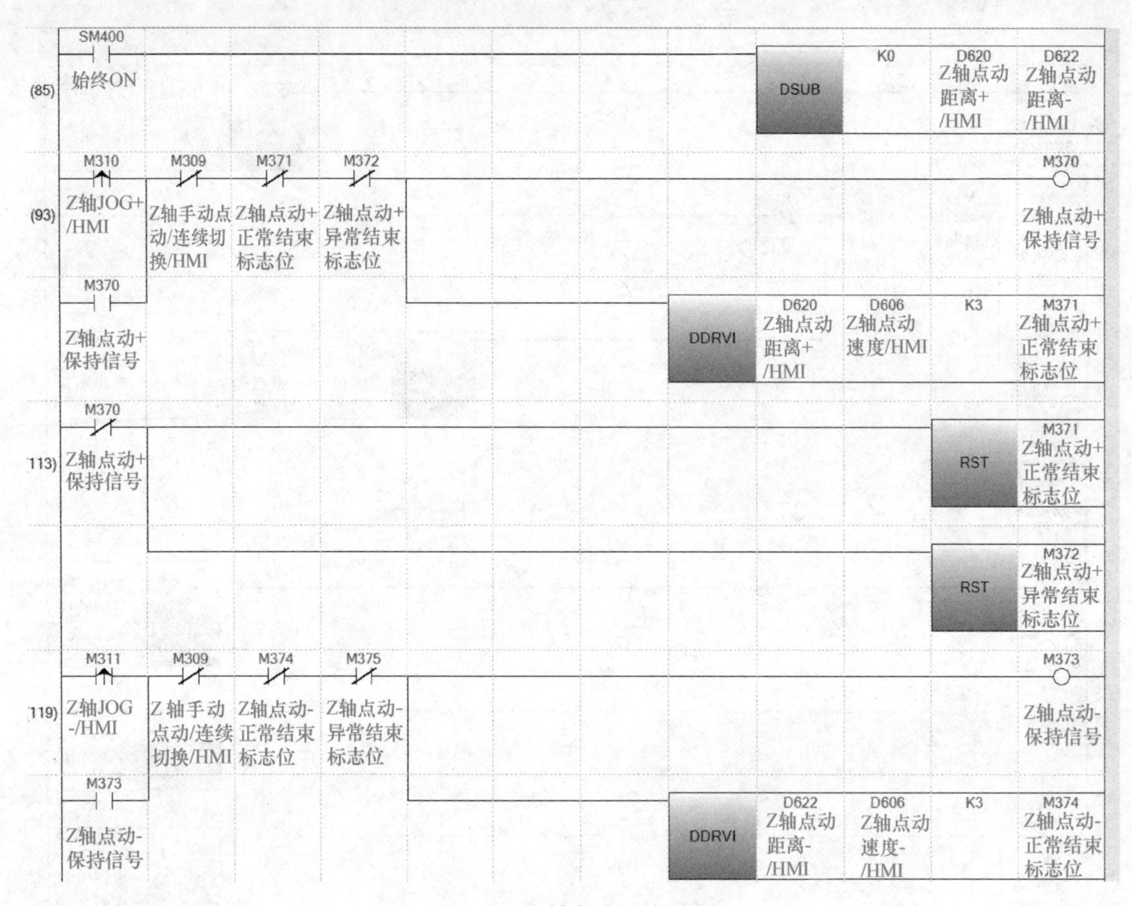

图 5-22　Z 轴点动运动程序

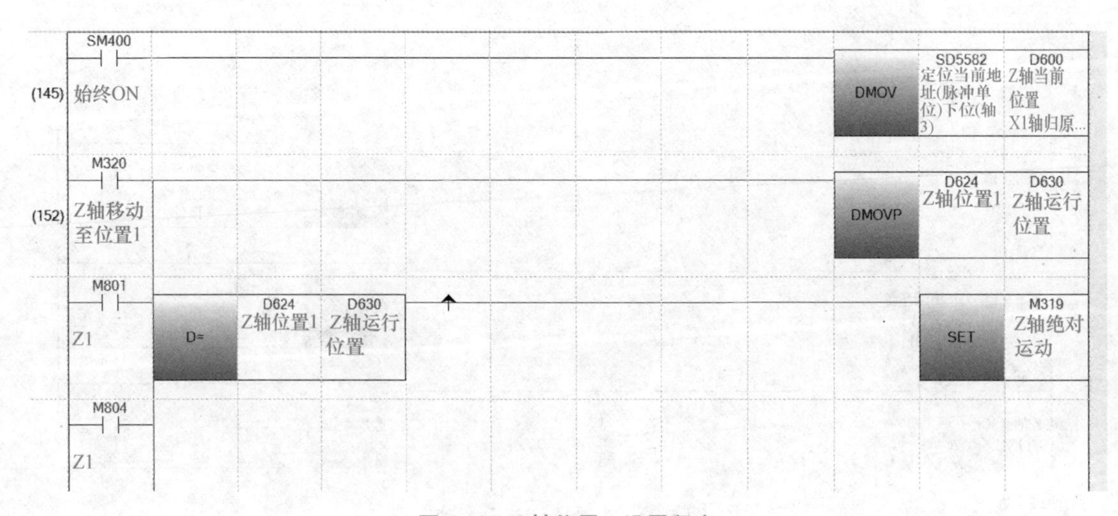

图 5-23　Z 轴位置 1 设置程序

图 5-23　Z 轴位置 1 设置程序（续）

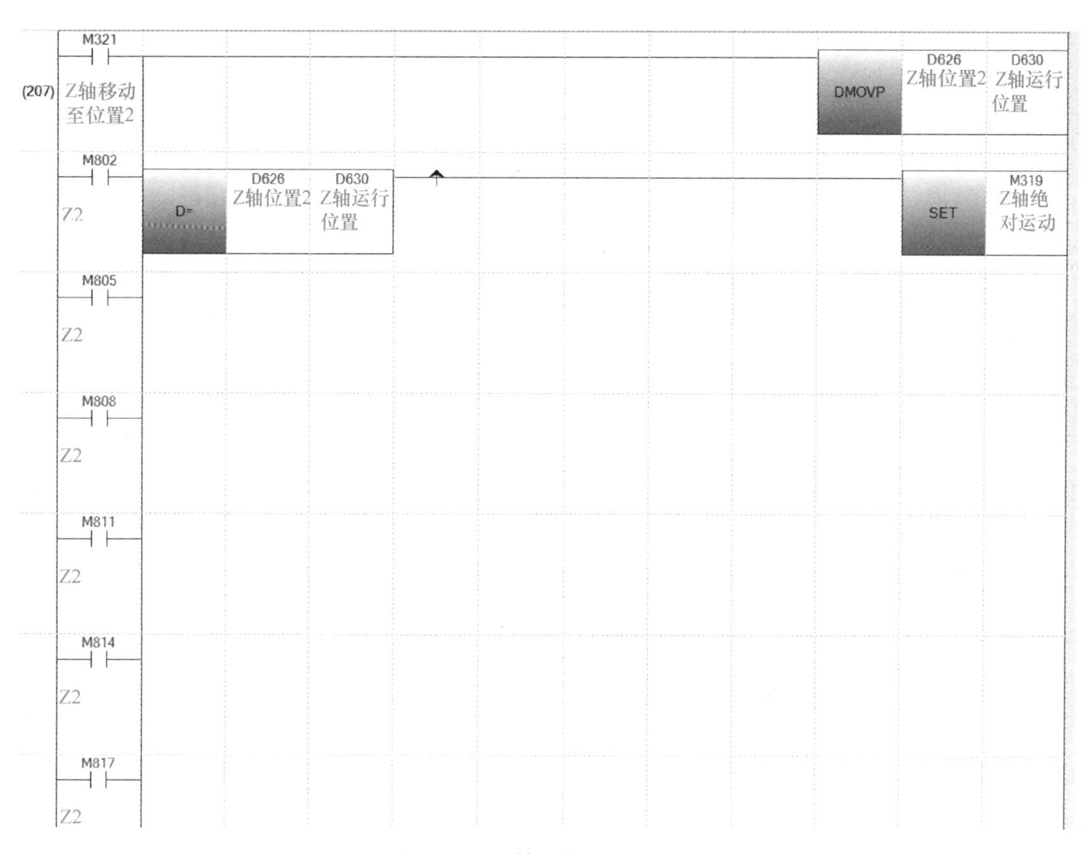

图 5-24　Z 轴位置 2 设置程序

（4）主程序　主程序分为系统复位程序、系统自动程序、系统急停程序、声光控制程序和设备状态程序。

系统复位开始程序如图 5-26 所示，与单轴实验平台一样可以完成整机复位。三轴搬运实训平台整机复位的流程：先 *Z* 轴回零，避免同时回零出现干涉撞机现象，所以先置位“M601”执行 *Z* 轴回零，系统复位顺序执行程序如图 5-27 所示。当回零完成信号“M600”为 ON 时，置位“M401”和“M501”执行 *X* 轴和 *Y* 轴回零，当回零完成信号“M400”和“M500”为 ON 时，系统复位完成。

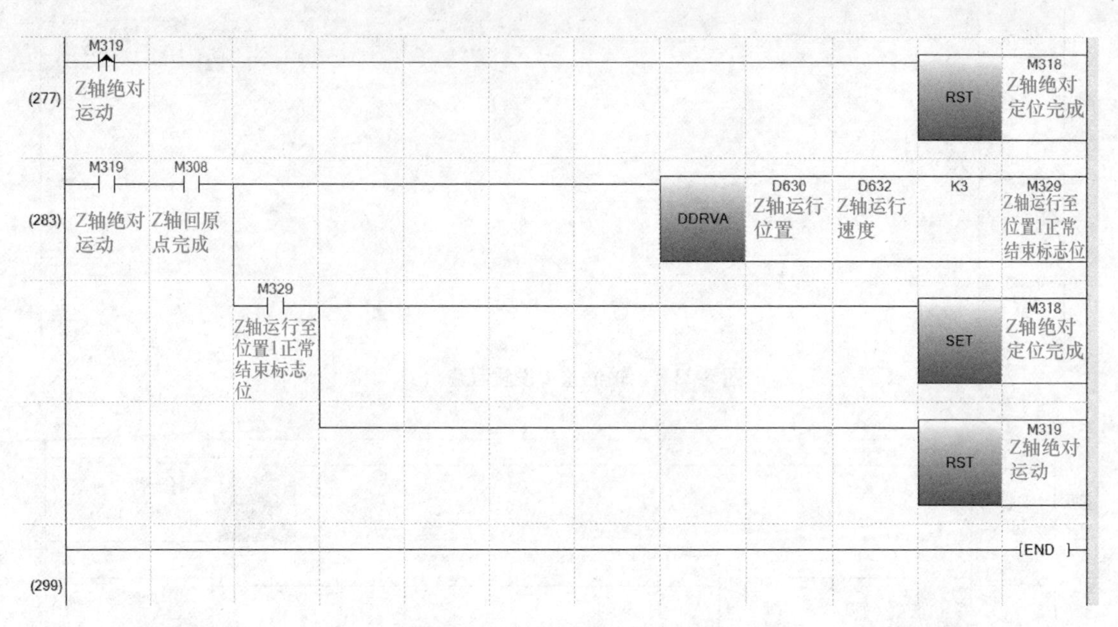

图 5-25 Z 轴绝对定位指令程序

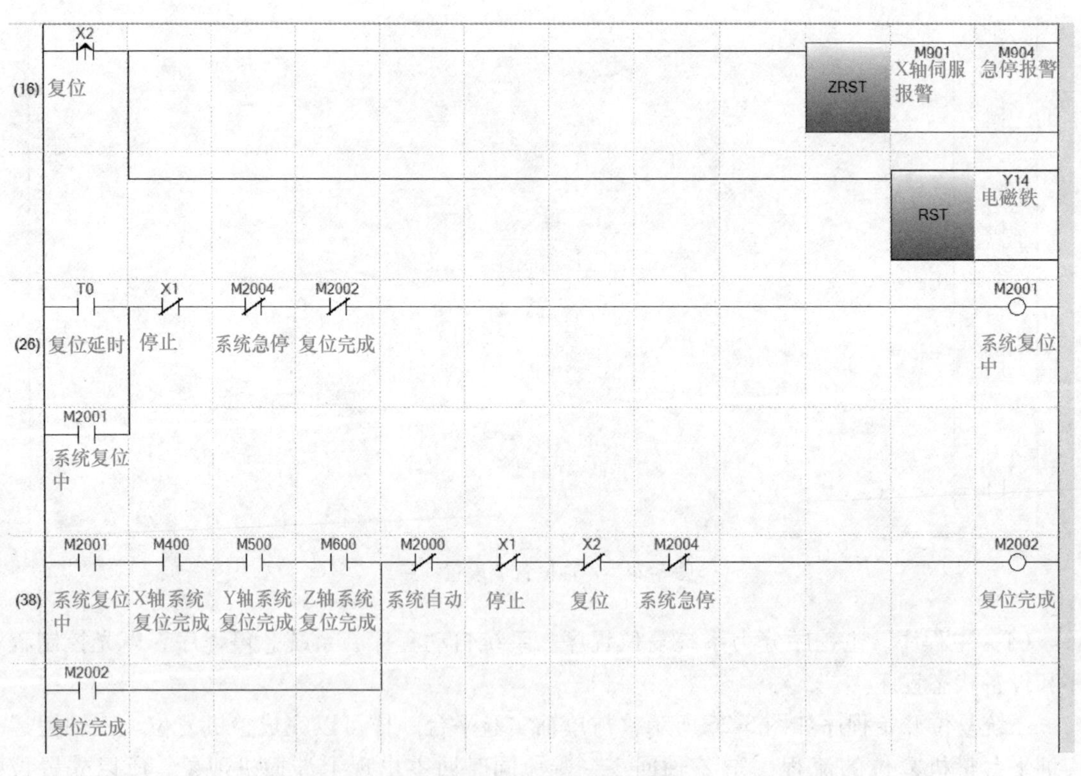

图 5-26 系统复位开始程序

主程序中的其他子程序与单轴实验平台的一致，可参考项目四单元 2 案例。

图 5-27　系统复位顺序执行程序

（5）报警程序　如图 5-28 所示。报警程序相对于单轴实验平台增加了 *Y* 轴和 *Z* 轴极限位的报警。

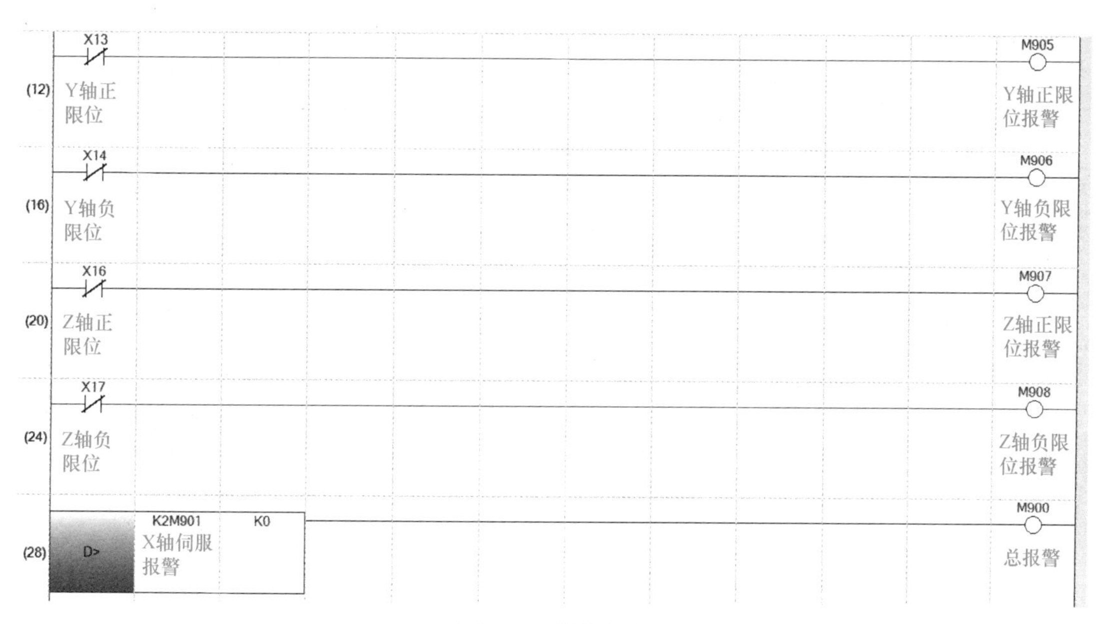

图 5-28　报警程序

（6）自动程序　自动运行流程图如图 5-29 所示，此流程图为第一行搬运的顺序流程图，其他行按此流程进行搬运。

1）自动运行步骤 1 程序如图 5-30 所示。“D800”数据寄存器的值作为自动运行步骤，“M800”中间继电器作为执行动作线圈，当各轴执行动作完成时，延时 0. 1s，赋值跳转到第 2 步。步骤 1 执行第一个位置，*X* 轴和 *Y* 轴同时执行到相应的位置 1。

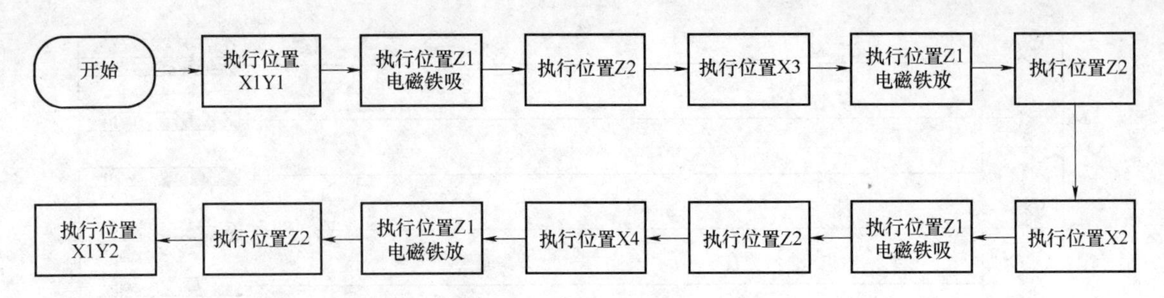

图 5-29　自动运行流程图

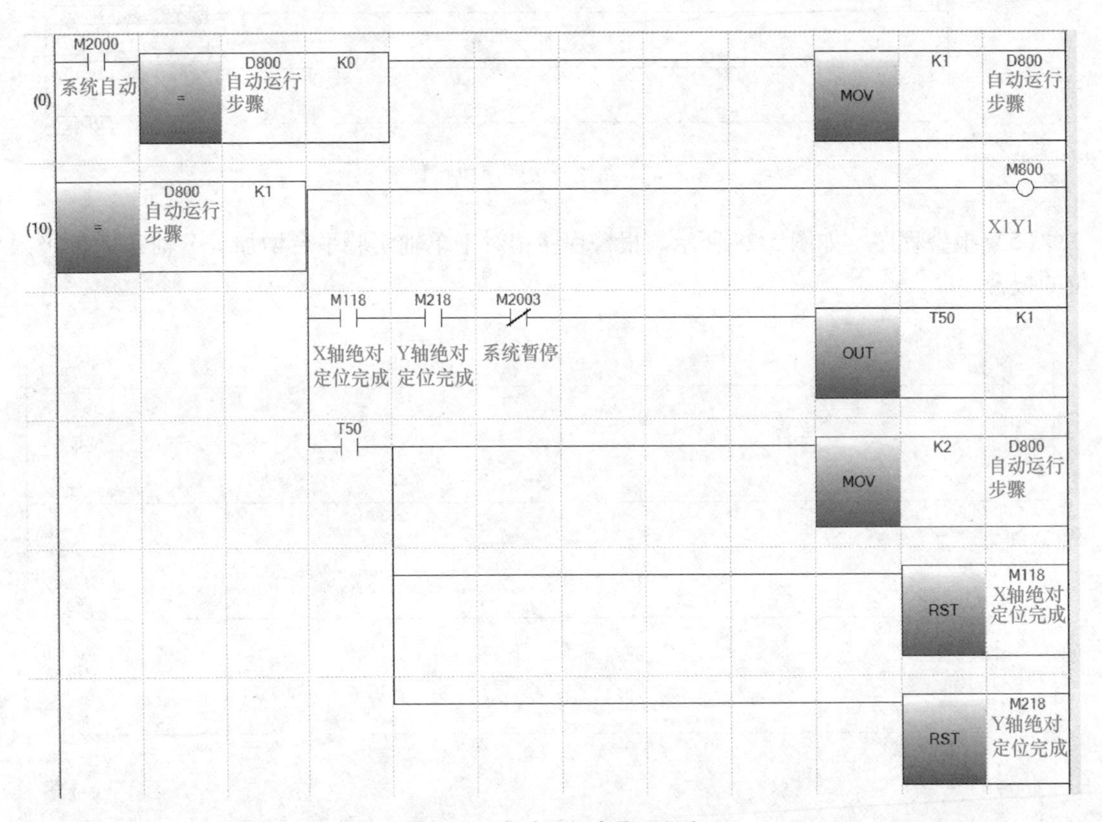

图 5-30　自动运行步骤 1 程序

2）自动运行步骤 2 程序如图 5-31 所示。*Z* 轴执行位置 1，即取料位，当 *Z* 轴位置到达时，置位“Y14”电磁铁通电吸附。

3）自动运行步骤 3 程序如图 5-32 所示。*Z* 轴执行位置 2，即安全位，当 *Z* 轴位置到达时，执行下一步。

4）自动运行步骤 4 程序如图 5-33 所示。*X* 轴执行位置 3，空盒的第一个放料位置，当 *X* 轴位置到达时，执行下一步。

5）自动运行步骤 5 程序如图 5-34 所示。*Z* 轴执行位置 1，当 *Z* 轴位置到达时，复位“Y14”电磁铁断电放料。

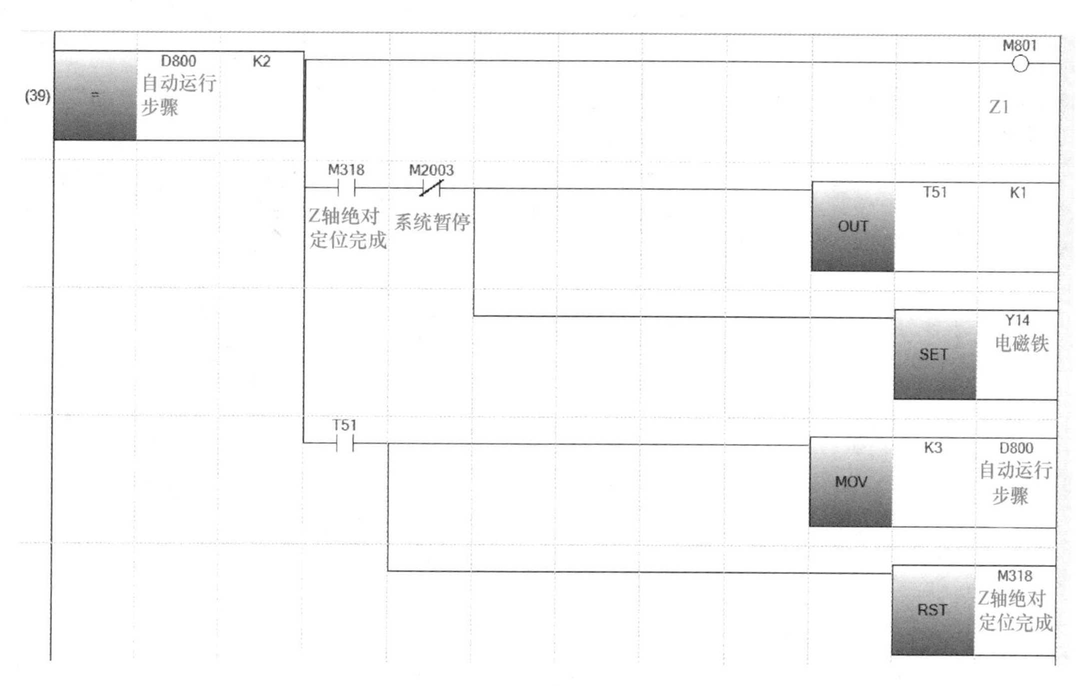

图 5-31　自动运行步骤 2 程序

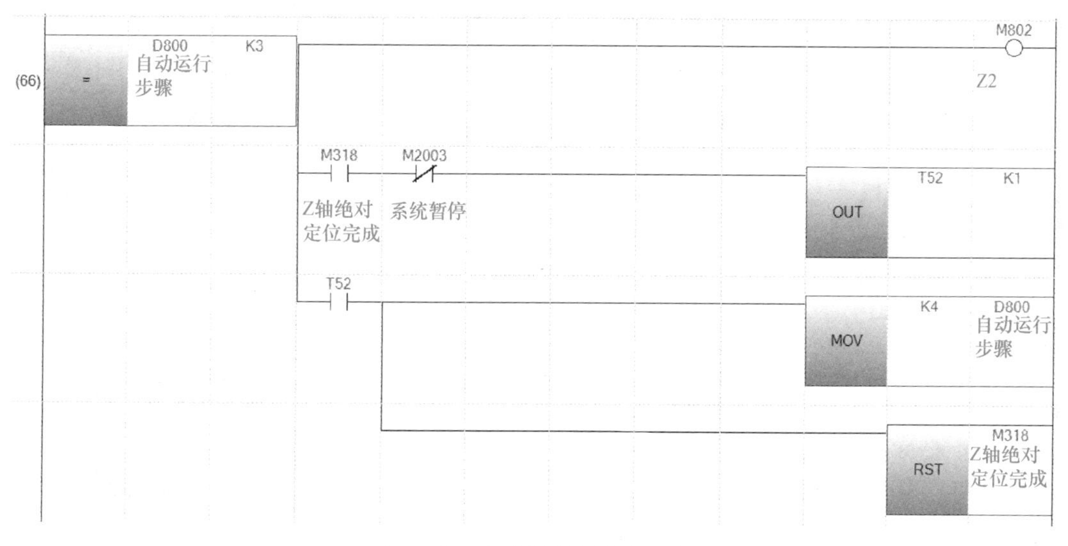

图 5-32　自动运行步骤 3 程序

6）自动运行步骤 6 程序如图 5-35 所示。*Z* 轴执行位置 2（安全位），当 *Z* 轴位置到达时，执行下一步。

7）自动运行步骤 7 程序如图 5-36 所示。*X* 轴执行位置 2，去取第二个铁块，当 *X* 轴位置到达时，执行下一步。

8）自动运行步骤 8 程序如图 5-37 所示。*Z* 轴执行位置 1（取料位），当 *Z* 轴位置到达时，置位“Y14”电磁铁通电吸附。

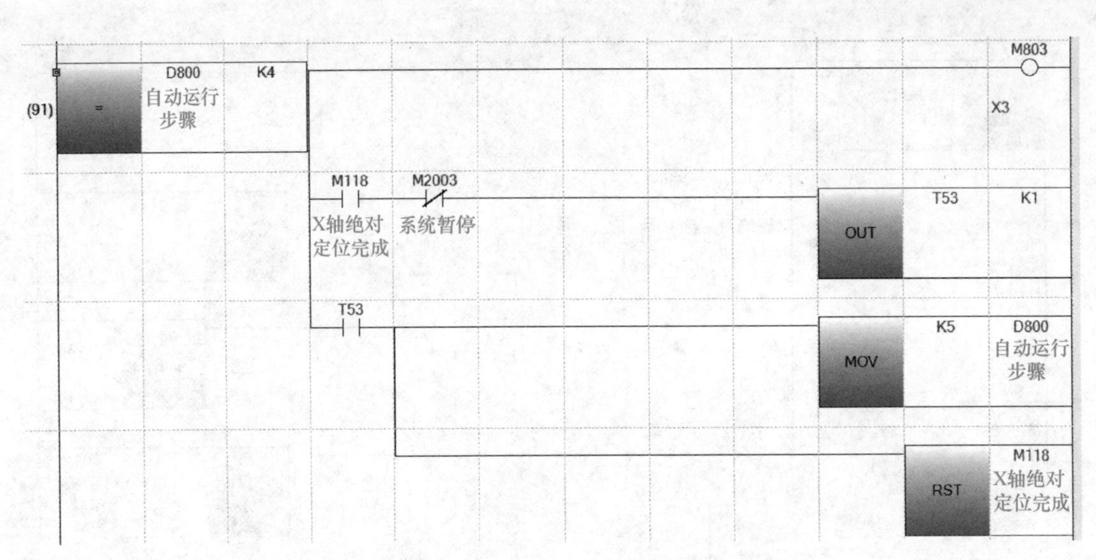

图 5-33　自动运行步骤 4 程序

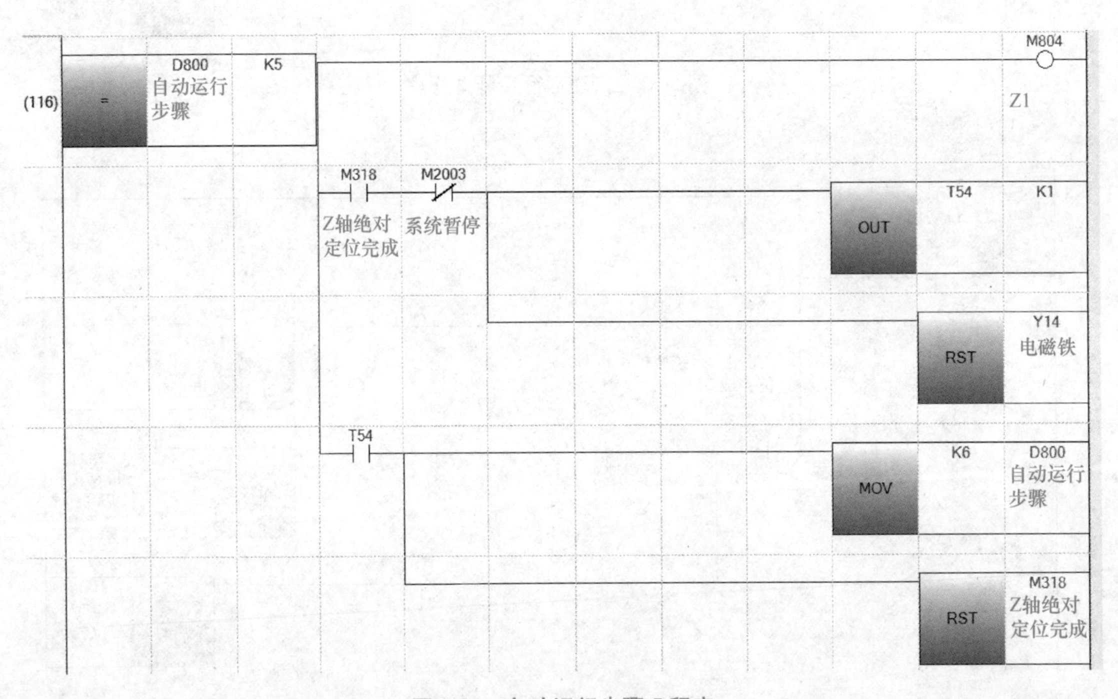

图 5-34　自动运行步骤 5 程序

9）自动运行步骤 9 程序如图 5-38 所示。*Z* 轴执行位置 2（安全位），当 *Z* 轴位置到达时，执行下一步。

10）自动运行步骤 10 程序如图 5-39 所示。*X* 轴执行位置 4，空盒的第二个放料位置，当 *X* 轴位置到达时，执行下一步。

11）自动运行步骤 11 程序如图 5-40 所示。*Z* 轴执行位置 1，当 *Z* 轴位置到达时，复位“Y14”电磁铁断电放料。

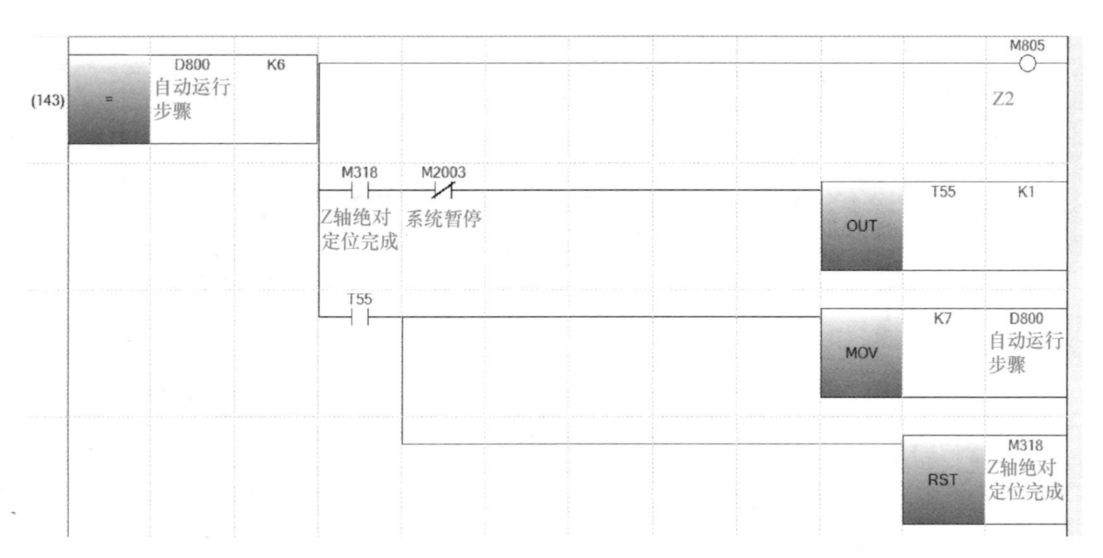

图 5-35　自动运行步骤 6 程序

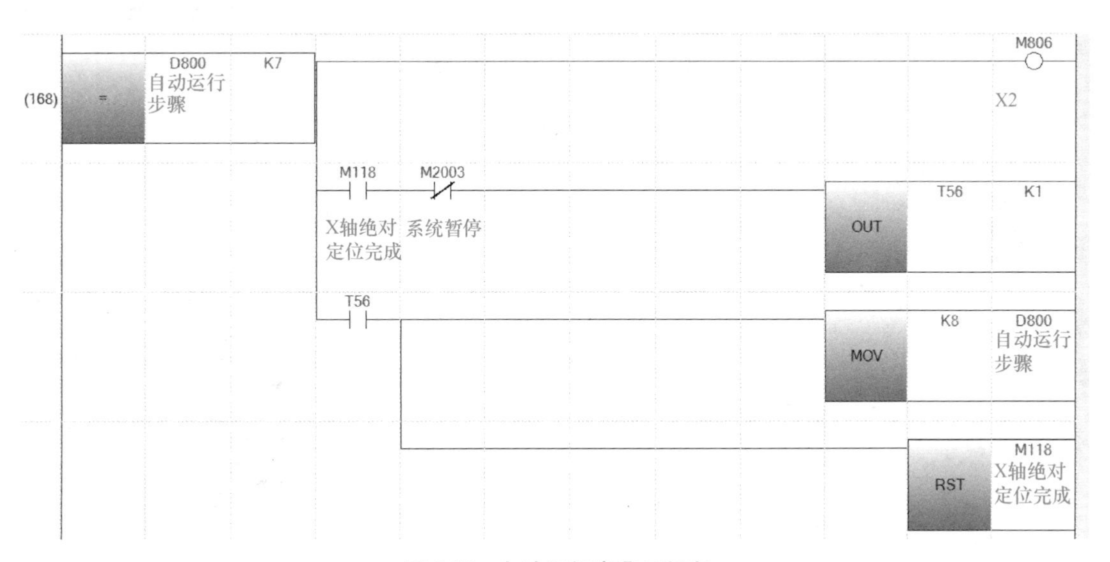

图 5-36　自动运行步骤 7 程序

12）自动运行步骤 12 程序如图 5-41 所示。*Z* 轴执行位置 2（安全位），当 *Z* 轴位置到达时，执行下一步。第一行的两个铁块就搬运完了，进入到下一行的搬运。

13）自动运行步骤 13 程序如图 5-42 所示。*X* 轴执行位置 1，*Y* 轴执行位置 2，进入到下一行的搬运，之后的自动程序以此类推，流程也是一样的，直至最后一个铁块搬运完成。

4. 三轴搬运实训平台触摸屏的界面设计

三轴搬运实训平台触摸屏的主要设计内容有初始界面、自动监控界面、操作员手动调试界面、权限登录界面、各轴参数调试界面、报警查询界面及 I/O 监控界面。

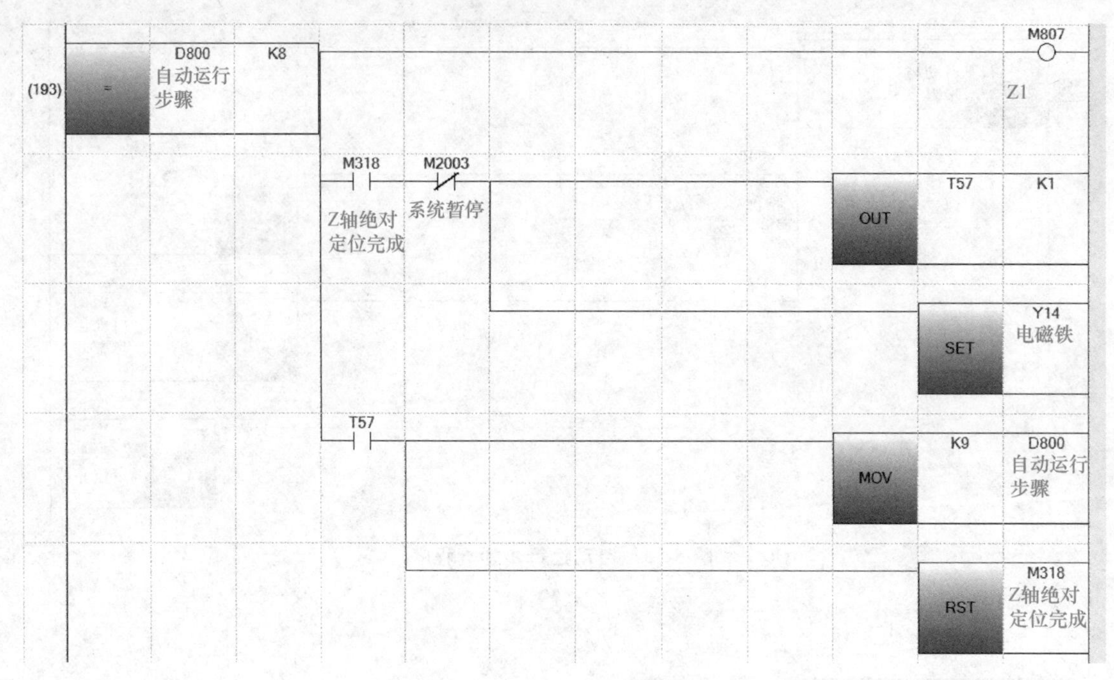

图 5-37　自动运行步骤 8 程序

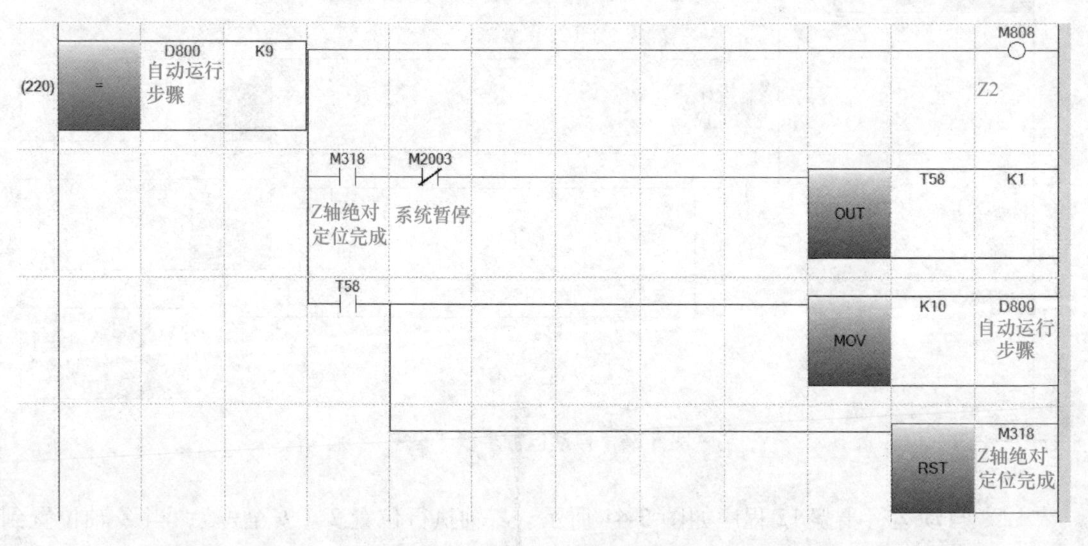

图 5-38　自动运行步骤 9 程序

1）初始界面如图 5-43 所示，主要是开机界面，可以放置企业 LOGO 或者其他图片，主要是需要一个功能键控件，从而进行界面切换。

2）自动监控界面如图 5-44 所示，其主要功能是设备状态的监控、产量的监控、报警条的监控等，有其他生产需求的也可以放置到此界面，最下面一行为各个界面切换的功能键控件，灰色控件代表当前显示界面。

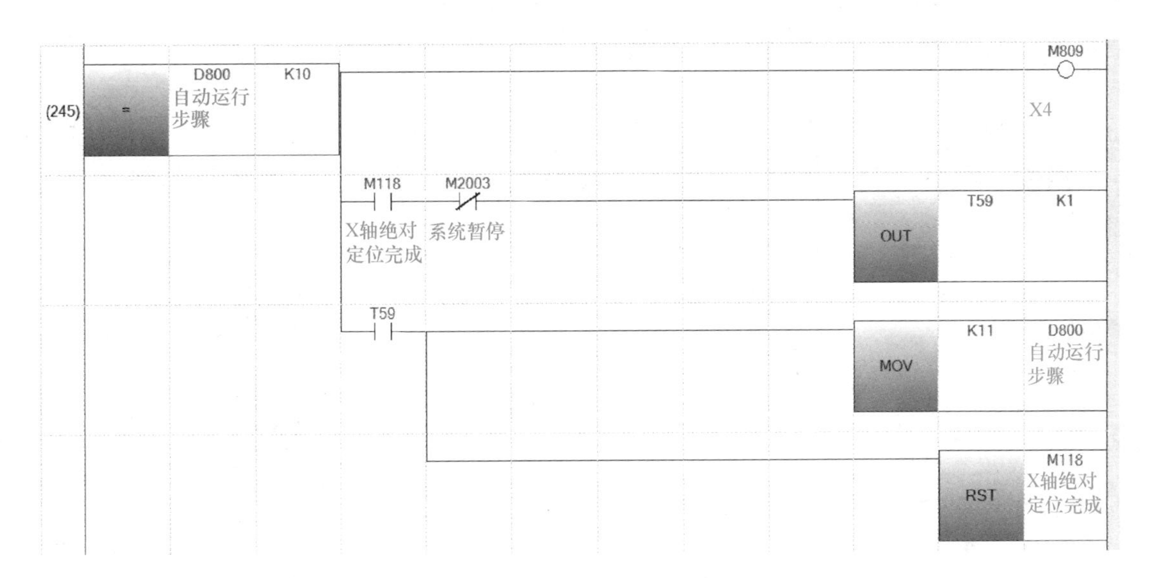

图 5-39　自动运行步骤 10 程序

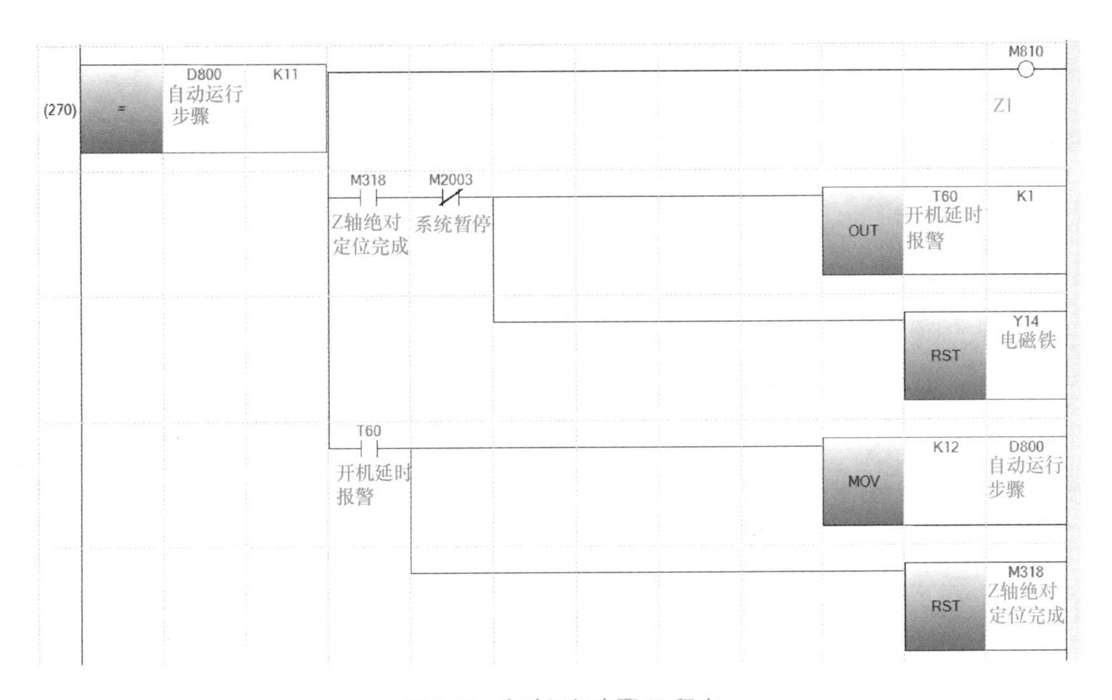

图 5-40　自动运行步骤 11 程序

3）操作员手动调试界面如图 5-45 所示，其主要功能是满足现场开机人员的简单操作，无须权限登录。*Y* 轴和 *Z* 轴与此界面的设置相同，但地址参数不同。

4）权限登录界面如图 5-46 所示，其主要功能是根据用户的级别不同，输入相应的密码可以弹出相应的切换窗口按钮。

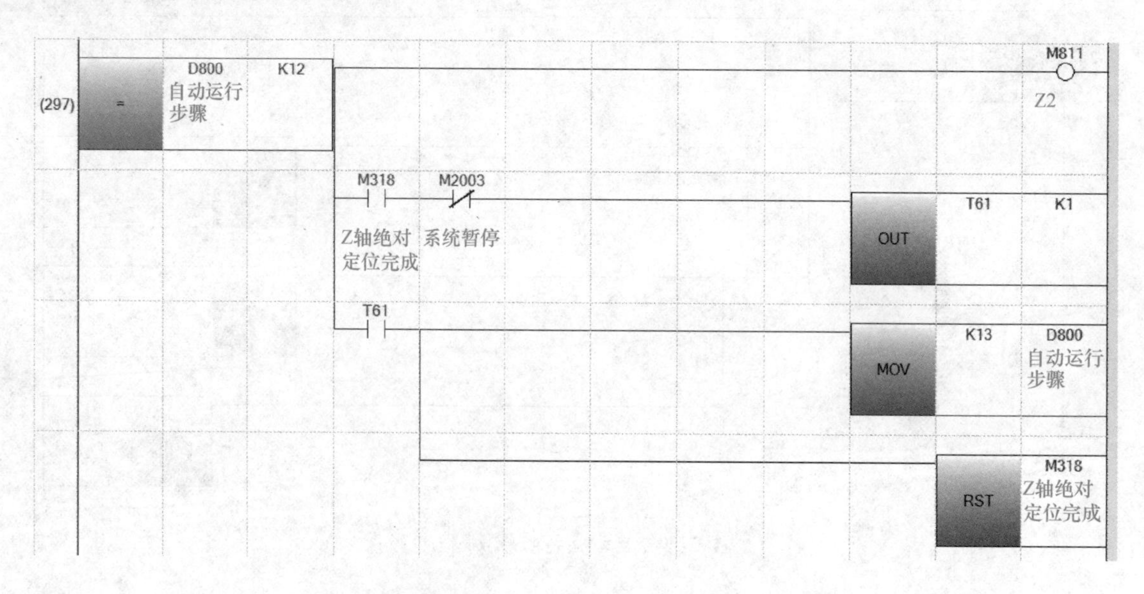

图 5-41　自动运行步骤 12 程序

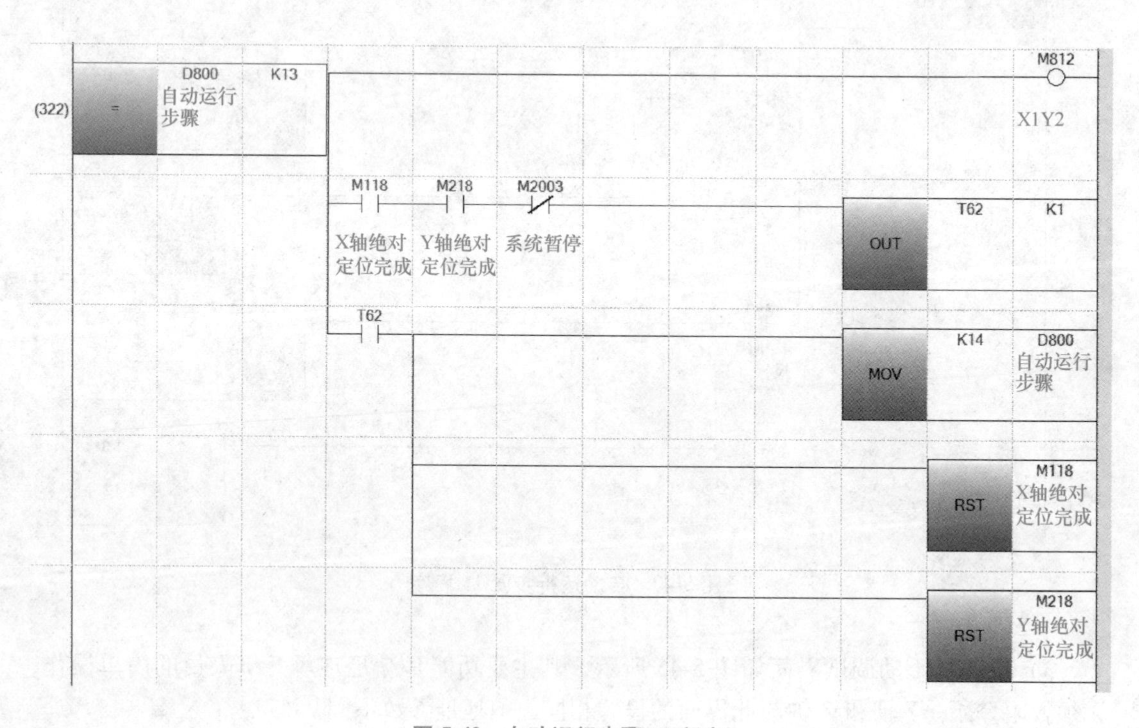

图 5-42　自动运行步骤 13 程序

图 5-43　初始界面

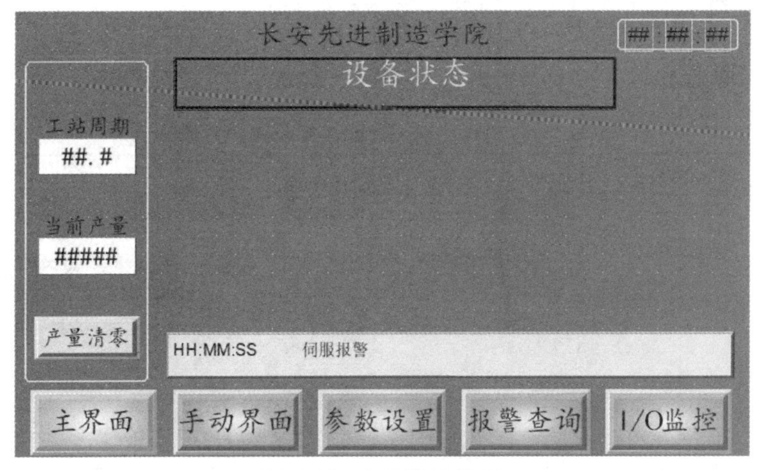

图 5-44　自动监控界面

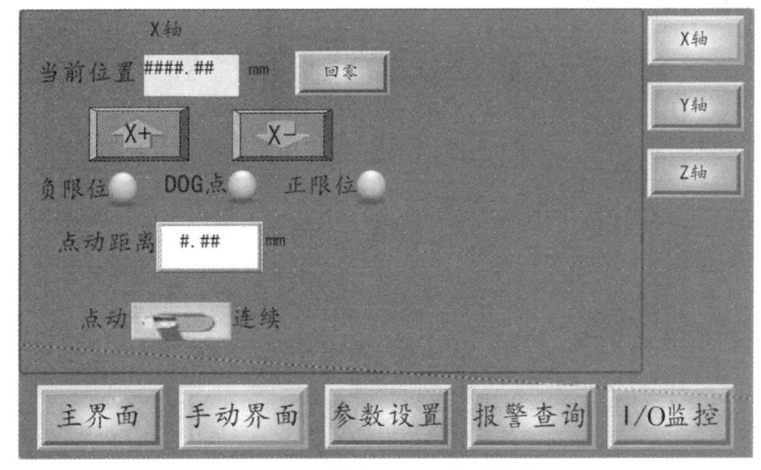

图 5-45　操作员手动调试界面

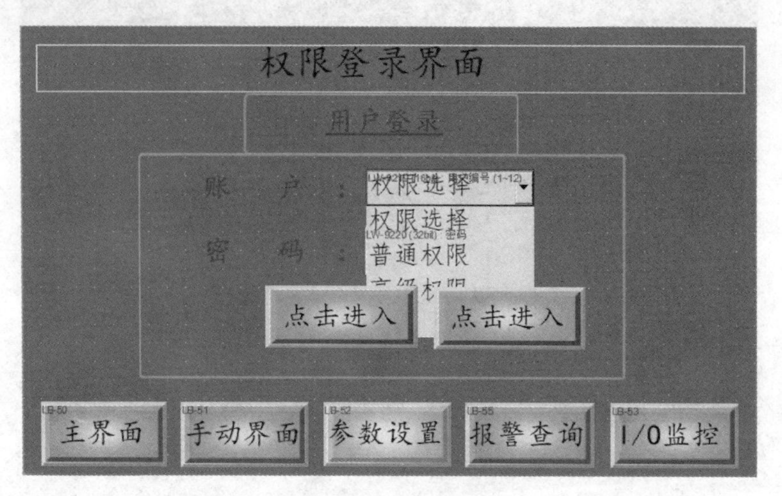

图 5-46　权限登录界面

权限登录界面的过程设置说明表见表 5-2。

表 5-2　权限登录界面的过程设置说明表

<table>
<tr>
<td>【用户密码设置】
在菜单栏“常用”面板中单击“系统参数”按钮。选择“用户密码”→“一般模式”，在用户编号 1 和 2 选择“启用”，输入密码，用户 1 选择“类别 A”，用户 2 选择“类别 B”</td>
<td>

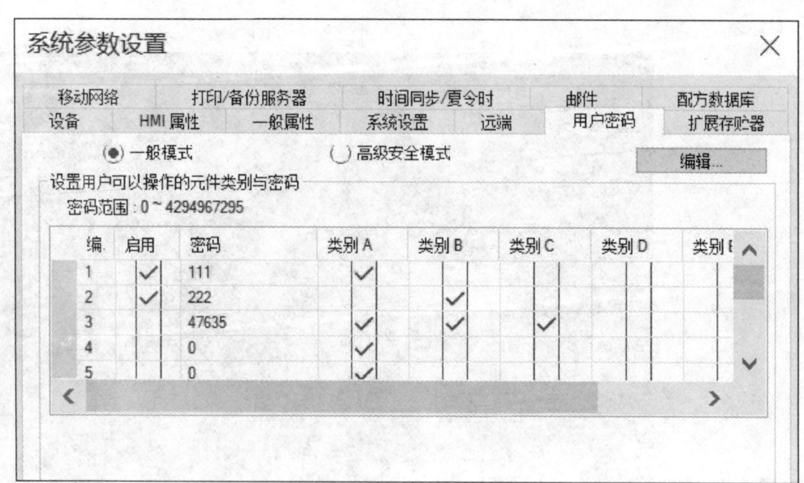
</td>
</tr>
</table>

（续）

【项目选单】

在菜单栏选择“元件”→“项目选单”。在“项目选单”的“监看地址”选择 Local HMI，单击“设置”按钮，弹出地址窗口，选中“系统寄存器”复选项。

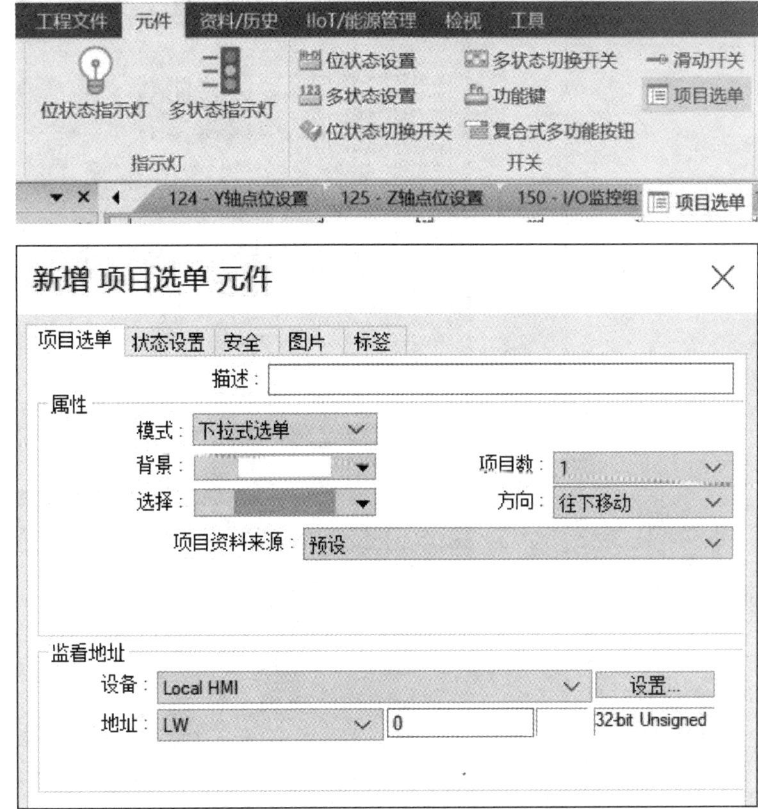

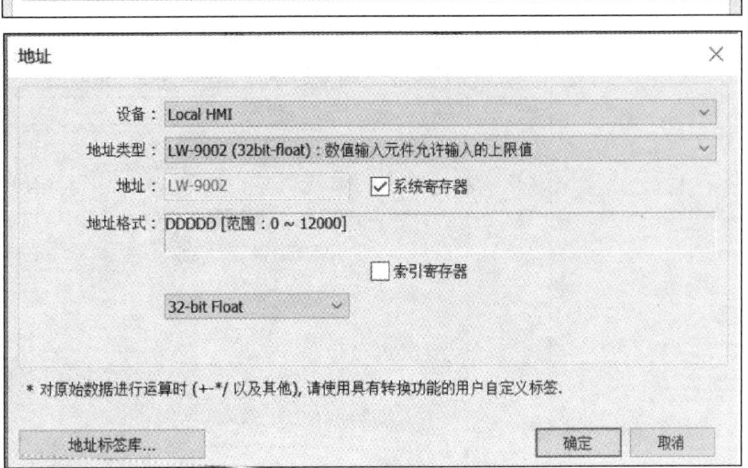

（续）

在“地址类型”下拉列表中选择“LW-9219（16bit）：用户编号（1~12）”，单击“确定”按钮，“地址”文本框中出现选中的“LW-9219”地址

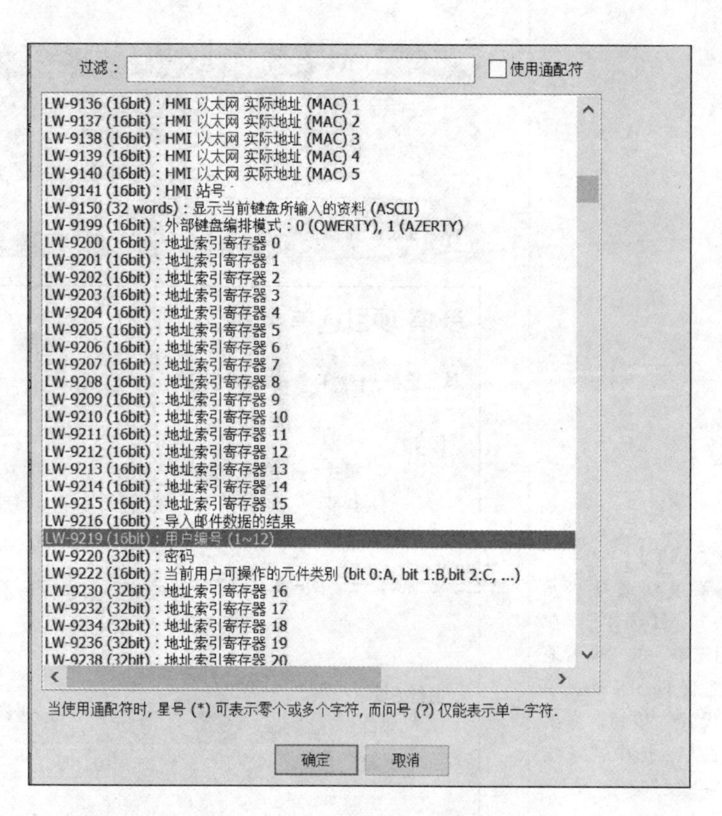

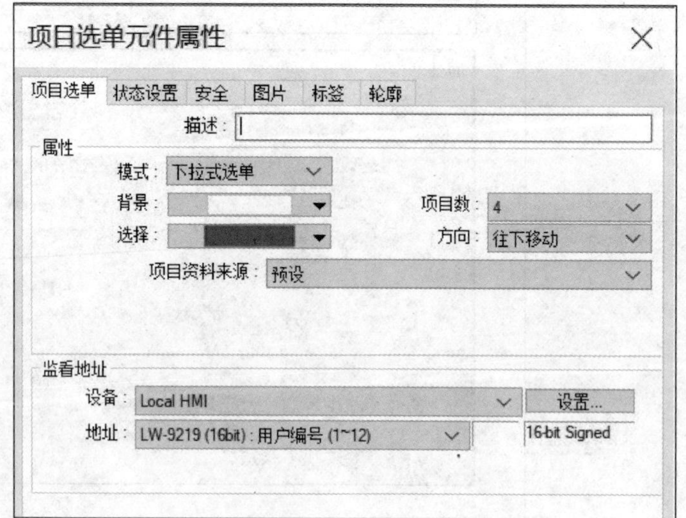

（续）

【项目选单-状态设置】在“项目选单元件属性”对话框中选择“状态设置”。在项目 0，输入数据“0”，“项目资料”输入“权限选择”，此项目不在用户编号内，为项目名称。在项目 1，输入数据“1”，“项目资料”输入“普通权限”，对应用户编号 1；项目 2 同理输入，为用户编号 2。设置完单击“确定”按钮即可	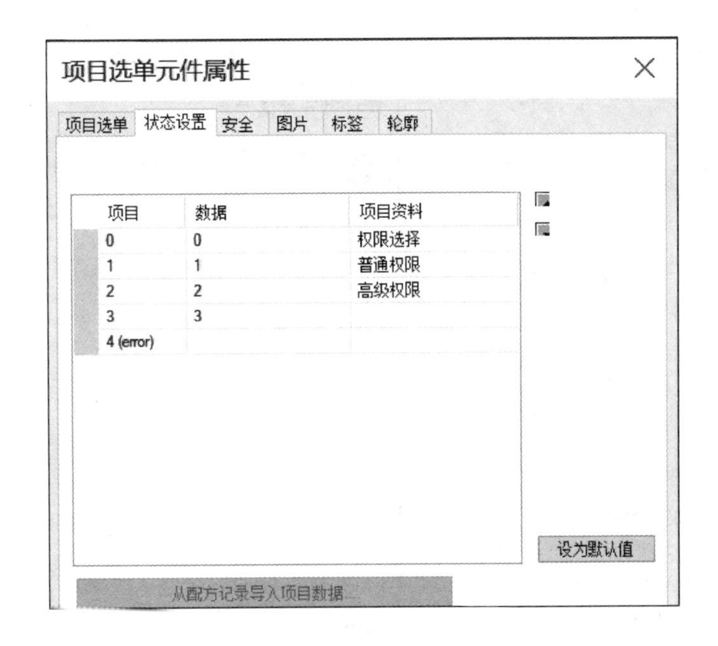
【密码输入设置】在触摸屏权限登录界面，添加一个数值元件，“设备”选择 Local HMI，单击“设置”按钮，弹出“地址”对话框，选中“系统寄存器”复选项，“地址类型”选择“LW-9220（32bit）：密码”	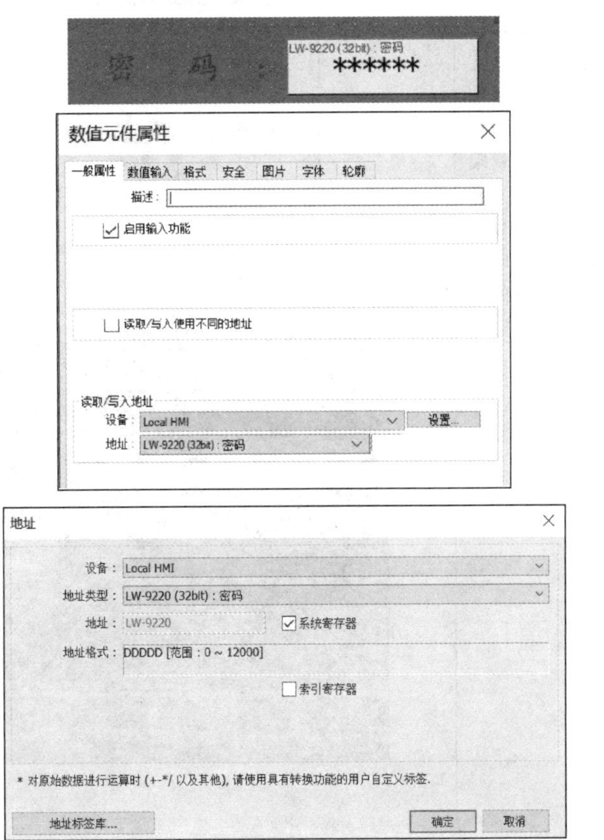

（续）

【功能键安全属性】 设置两个功能键，一个切换到 X 轴手动操作界面，元件安全属性“用户限制”的“操作类别”选择“类别 A”；一个切换到 X 轴点位设置界面，元件安全属性“用户限制”的“操作类别”选择“类别 B”，都选中“当用户无权限操作此类别时隐藏该元件”复选项。当选择用户并输入该用户密码时弹出相应切换窗口的功能键	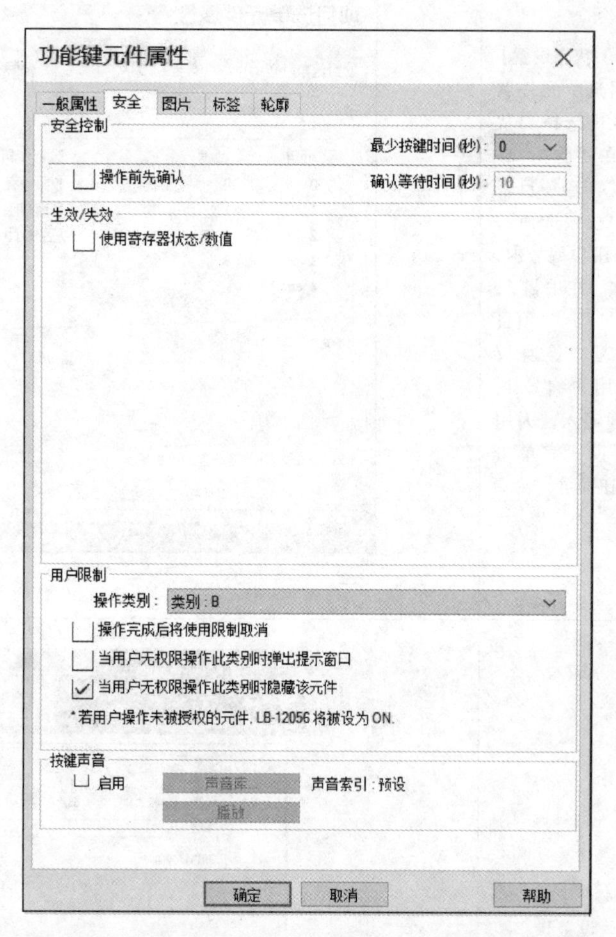 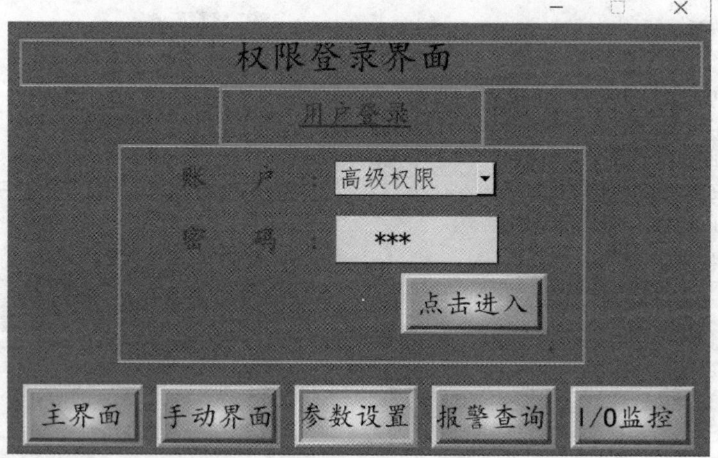

5）*X* 轴点位设置界面如图 5-47 所示，其主要功能是操作 *X* 轴移动、回零和点位设置等，也可切换其他轴的设置界面。

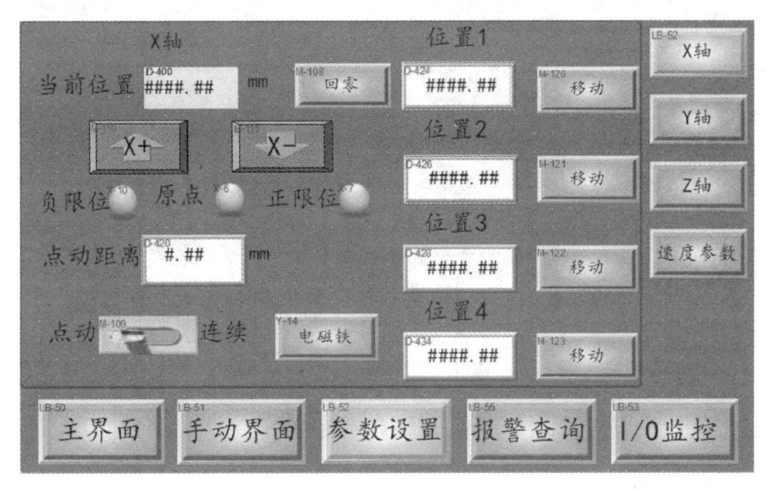

图 5-47　*X* 轴点位设置界面

6）*Y* 轴点位设置界面如图 5-48 所示，其主要功能是操作 *Y* 轴移动、回零和点位设置等，也可切换其他轴的设置界面。

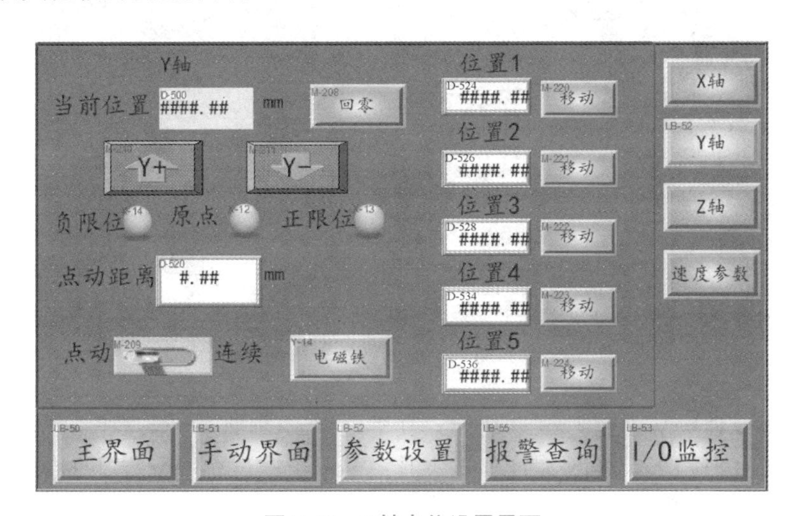

图 5-48　*Y* 轴点位设置界面

7）*Z* 轴点位设置界面如图 5-49 所示，其主要功能是操作 *Z* 轴移动、回零和点位设置等，也可切换其他轴设置界面。

8）速度参数设置界面如图 5-50 所示，其主要功能是设置各轴的各运动控制指令的速度参数。

9）报警查询界面如图 5-51 所示，其主要功能是查看设备报警信息。

报警事件登录：在菜单栏选择“资料/历史”，单击“事件登录”按钮，如图 5-52 所示，单击“新增”按钮，选择发生事件读取的地址，输入事件信息内容，单击“确定”按钮，完成报警事件新增。

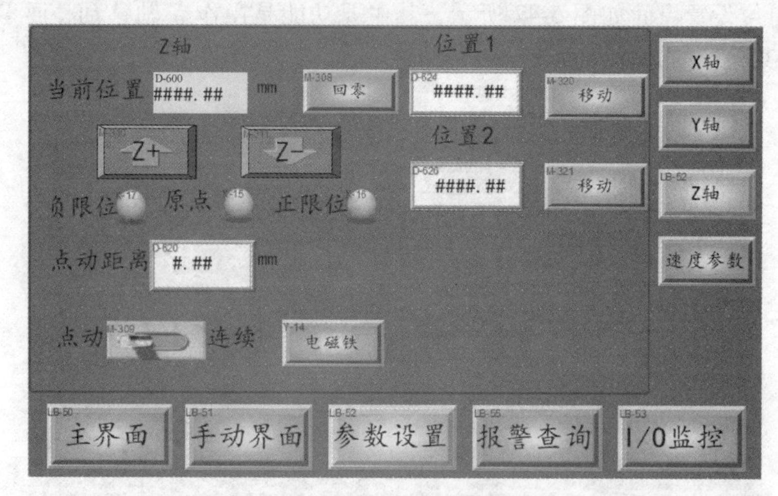

图 5-49　Z 轴点位设置界面

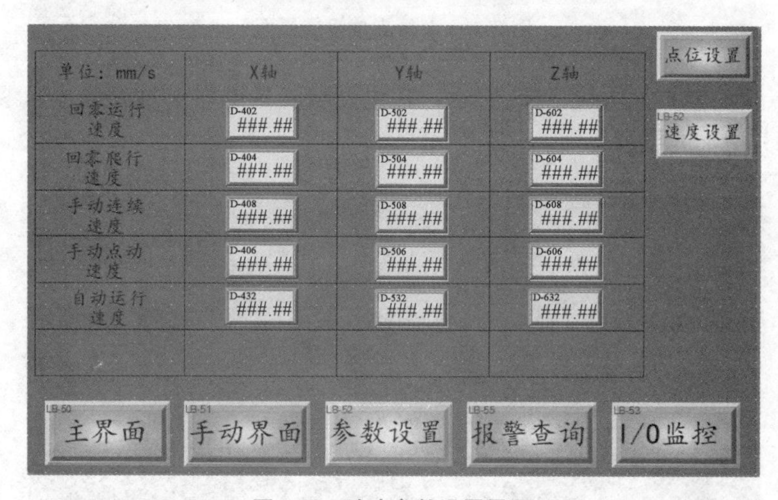

图 5-50　速度参数设置界面

10）输入 I/O 监控界面如图 5-53 所示，其主要用于调试时进行监控查看。

11）输出 I/O 监控界面如图 5-54 所示，其主要用于调试时进行监控查看。

三、实战训练

训练 1：按照三轴搬运实训平台的案例讲解完成接线并进行通电测试。

训练 2：按照三轴搬运实训平台的案例讲解完成程序编写及触摸屏界面设计。

训练 3：按照流程图完成自动运行程序的编写，将剩余自动程序内容编写出来并完成调试。

四、思考题与习题

思考：三轴搬运实训平台的自动搬运程序还可以用哪种方式来编写，使程序更简洁、效率更高？

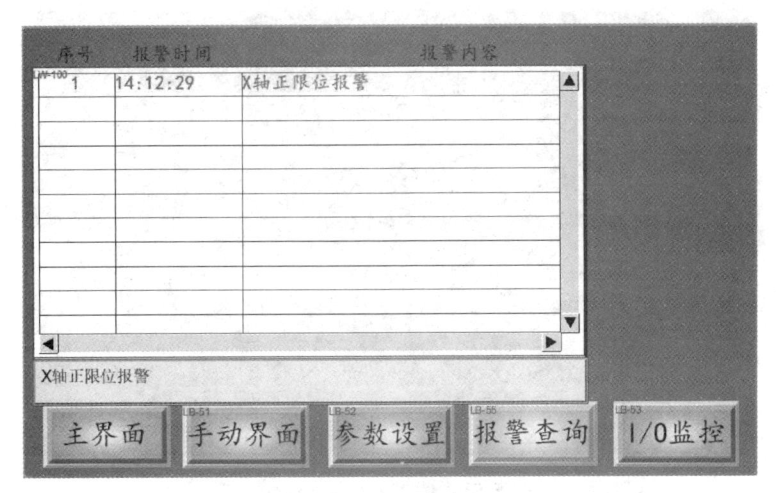

图 5-51　报警查询界面

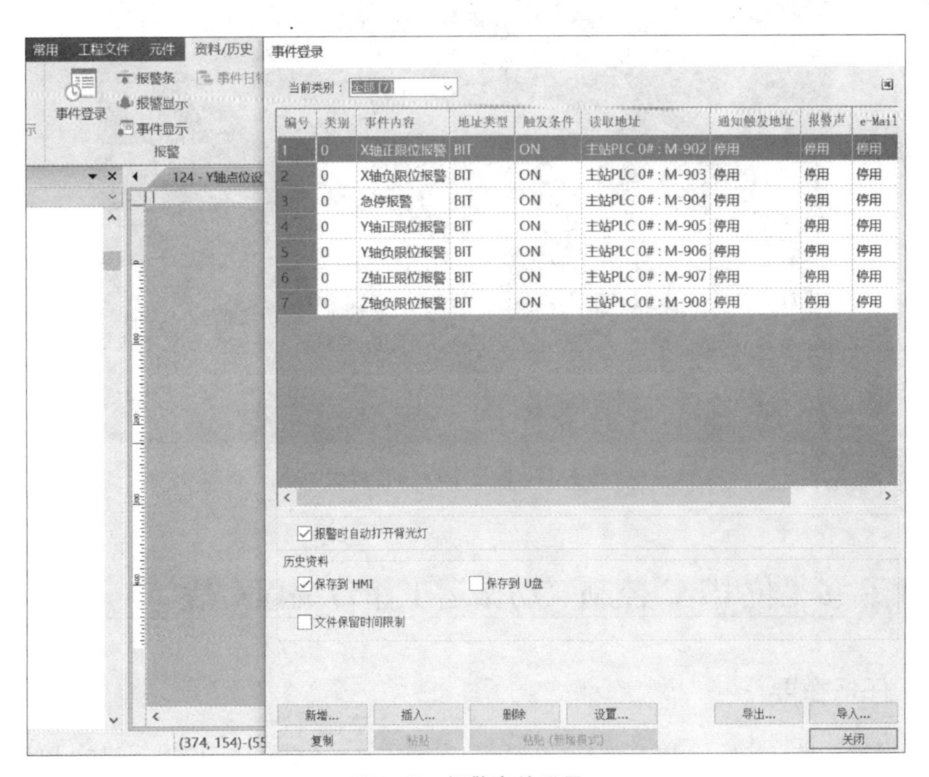

图 5-52　报警事件登录

五、分组讨论和评价

分组讨论：5~6 人一组，参与实战训练 1、2 和 3 的项目任务，每组按要求分工完成；班级评出搬运过程完整且用时较短的优秀小组。

评价（自评和互评）：根据任务要求进行自评和互评。

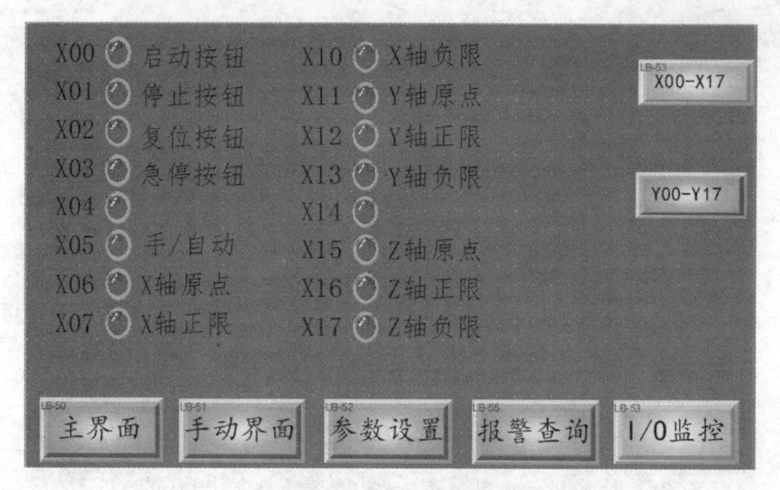

图 5-53 输入 I/O 监控界面

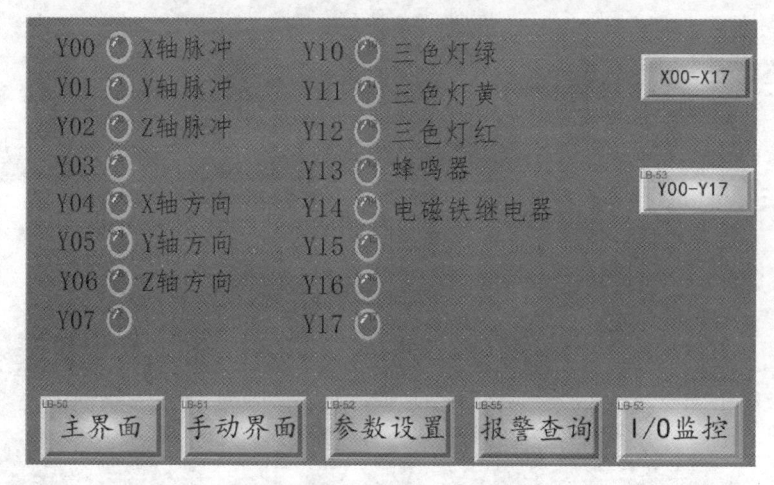

图 5-54 输出 I/O 监控界面

单元 2 多工位 PLC 控制气动搬运工作台编程实战

一、任务概要

任务目标：进一步熟悉 PLC 的知识应用和实践方法，掌握多工位执行机构 PLC 协调控制技能，编写控制程序，实现工作台气动抓取机构按预定路径搬运和装配要求的工作。

任务要求：本工作台具有实际自动化生产线的性质，设定任务与实际工程生产过程一致。因此，本项目案例教学和实践训练要求学生结合生产实际，掌握 PLC 控制气缸和伺服电动机的技能，培养综合逻辑控制编程的能力，能够准确无误地完成预定任务编程和运行调试，并检查合格。

条件配置：GX Works3 软件，Windows 7 以上系统计算机，多工位 PLC 控制气动搬运工作台。

任务书：

任务名称	结合生产要求，为多工位 PLC 控制气动搬运工作台进行编程与调试
任务要求	根据生产产品的组装与拆分要求，实现多工位 PLC 控制气动搬运工作台的程序设计，并调试运行合格
任务设定	1. 根据生产产品的组装与拆分要求，熟悉工作台的 I/O 表 2. 根据生产产品的组装与拆分要求和 I/O 表，编写 PLC 控制程序 3. 根据生产产品的组装与拆分要求设计触摸屏控制界面 4. 完成自动运行调试，工作台运行能够准确实现生产产品的组装与拆分，检验合格
预期成果	通过本项目的训练，拓展 PLC 的编程方式，提高工程逻辑思维能力，编程过程要考虑整体设备干涉的问题及先后动作顺序，加强工程逻辑思维的训练

二、案例讲解与演示

1. 多工位 PLC 控制气动搬运工作台介绍

多工位 PLC 控制气动搬运工作台是结合生产实际开发设计的新型多功能 PLC 控制气动技术实验实训装置，可实现气压传动技术、生产工艺技术、非标自动化生产设备和 PLC 控制与编程技术等课程的相关实验实训。该工作台主要由机架、伺服移动单元、气动夹取单元、气动升降移动旋转单元、PLC 控制单元及 HMI 人机界面操作单元组成，如图 5-55 所示。

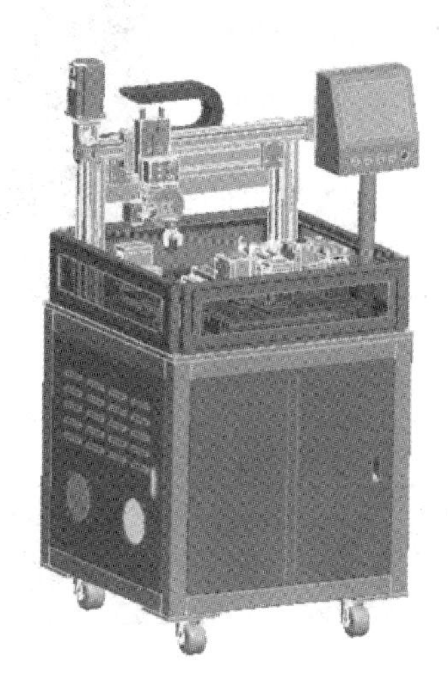

图 5-55　多工位 PLC 控制气动搬运工作台

多工位 PLC 控制气动搬运工作台的工作机构可实现 A 件分料搬运，B 件分料搬运，AB 件装配组合与拆分，A、B 件分别放置到料盒里等操作，这些操作经 PLC 编程控制，可循环运行。A、B 件产品图如图 5-56 所示。

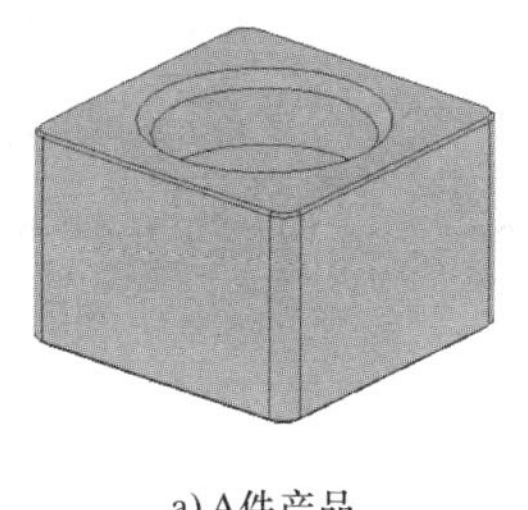

a) A件产品

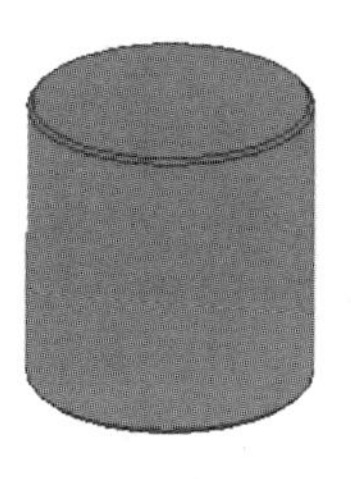

b) B件产品

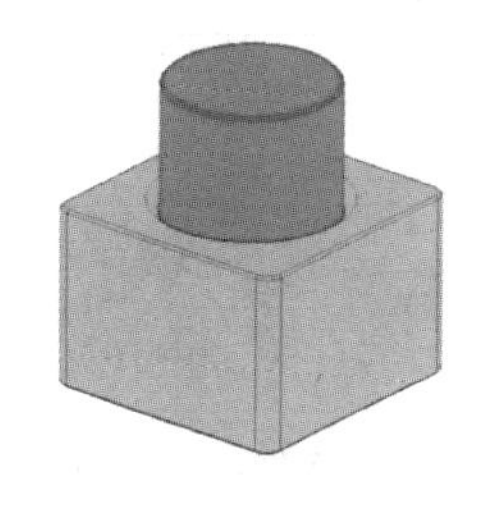

c) AB件产品组合

图 5-56　A、B 件产品图

多工位 PLC 控制气动搬运工作台的各执行机构如图 5-57 所示。

多工位 PLC 控制气动搬运工作台案例实训 I/O 表见表 5-3。

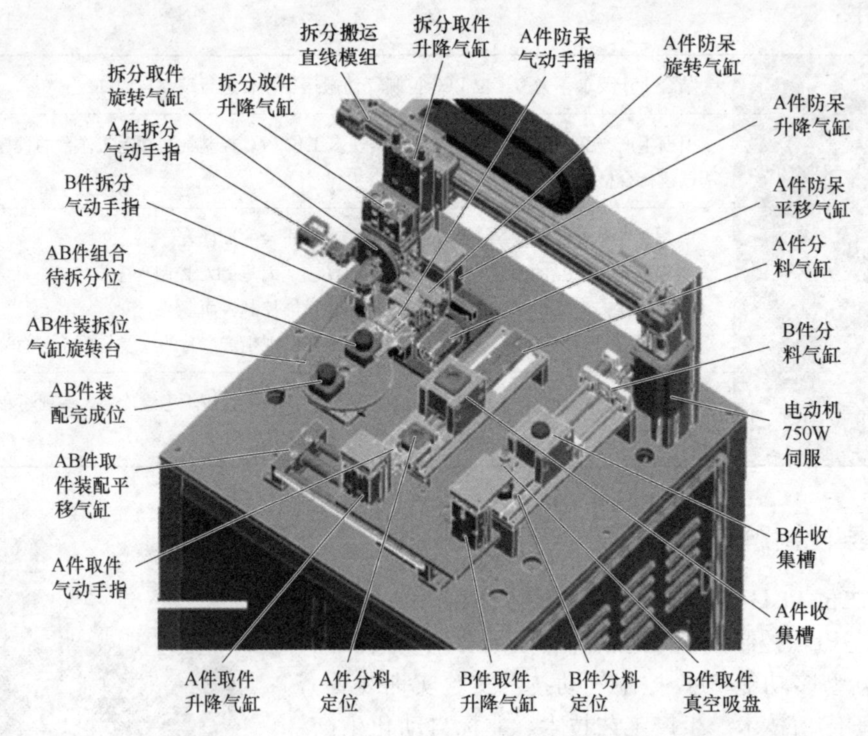

图 5-57 多工位 PLC 控制气动搬运工作台的各执行机构

表 5-3 多工位 PLC 控制气动搬运工作台案例实训 I/O 表

FX5U-80MT-ES（IN：40 OUT：40）							
No.	输入	名称	备注	No.	输出	名称	备注
1	X0	气压开关		1	Y0	伺服脉冲	
2	X1	伺服报警		2	Y1		
3	X2	起动按钮		3	Y2	伺服方向	
4	X3	暂停按钮		4	Y3	伺服报警复位	
5	X4	停止按钮		5	Y4	A 料分料电磁阀	
6	X5	急停按钮		6	Y5	B 料分料电磁阀	
7	X6	伺服原位		7	Y6	A 料抓取升降电磁阀	
8	X7	伺服限位		8	Y7	A 料抓取手指电磁阀	
9	X10	A 料底部检测到位		9	Y10	B 料吸取升降电磁阀	
10	X11	A 料上部检测到位		10	Y11	B 料吸取真空电磁阀	
11	X12	B 料检测到位		11	Y12	AB 件组装平移电磁阀	
12	X13	A 件分料气缸原位		12	Y13	AB 件装拆旋转电磁阀	
13	X14	B 件分料气缸原位		13	Y14	A 件防呆平移电磁阀	

（续）

FX5U-80MT-ES（IN：40　OUT：40）							
No.	输入	名称	备注	No.	输出	名称	备注
14	X15	A 件抓取升降气缸上限		14	Y15	A 件防呆升降电磁阀	
15	X16	A 件抓取升降气缸下限		15	Y16	A 件防呆抓取手指电磁阀	
16	X17	B 件吸取真空感应		16	Y17	A 件防呆旋转电磁阀	
17	X20	B 件吸取升降气缸上限		17	Y20	AB 件拆分取料升降电磁阀	
18	X21	B 件吸取升降气缸下限		18	Y21	AB 件拆分放料升降电磁阀	
19	X22	AB 件组装平移气缸原位		19	Y22	A 件拆分手指电磁阀	
20	X23	AB 件组装平移气缸工位		20	Y23	B 件拆分手指电磁阀	
21	X24	AB 件拆装旋转气缸原位		21	Y24	AB 件拆分旋转电磁阀	
22	X25	AB 件拆装旋转气缸工位					
23	X26	A 件防呆平移气缸原位					
24	X27	A 件防呆平移气缸工位					
25	X30	A 件防呆旋转气缸原位					
26	X31	A 件防呆旋转气缸工位					
27	X32	A 件防呆升降气缸原位					
28	X33	A 件防呆升降气缸工位					
29	X34	A 件拆分手指气缸原位					
30	X35	B 件拆分手指气缸原位					
31	X36	AB 件拆分取件升降气缸原位					
32	X37	AB 件拆分取件升降气缸工位					
33	X40	AB 件拆分放件升降气缸原位					
34	X41	AB 件拆分放件升降气缸工位					
35	X42	AB 件拆分旋转升降气缸原位					
36	X43	AB 件拆分旋转升降气缸工位					

2. 多工位 PLC 控制气动搬运工作台的程序编写

多工位 PLC 控制气动搬运工作台的程序分为直线伺服、手动和自动三个部分，可以实现各个气缸和伺服电动机的操作控制及参数设置，完成 A 和 B 产品的组装与拆分。

（1）直线伺服程序　直线伺服程序完成伺服回原点、设置位置参数、执行位置等功能。伺服回原点分在原点和不在原点两种情况，伺服复位状态程序如图 5-58 所示，“M100”和“M101”分别代表两种情况的复位标志。

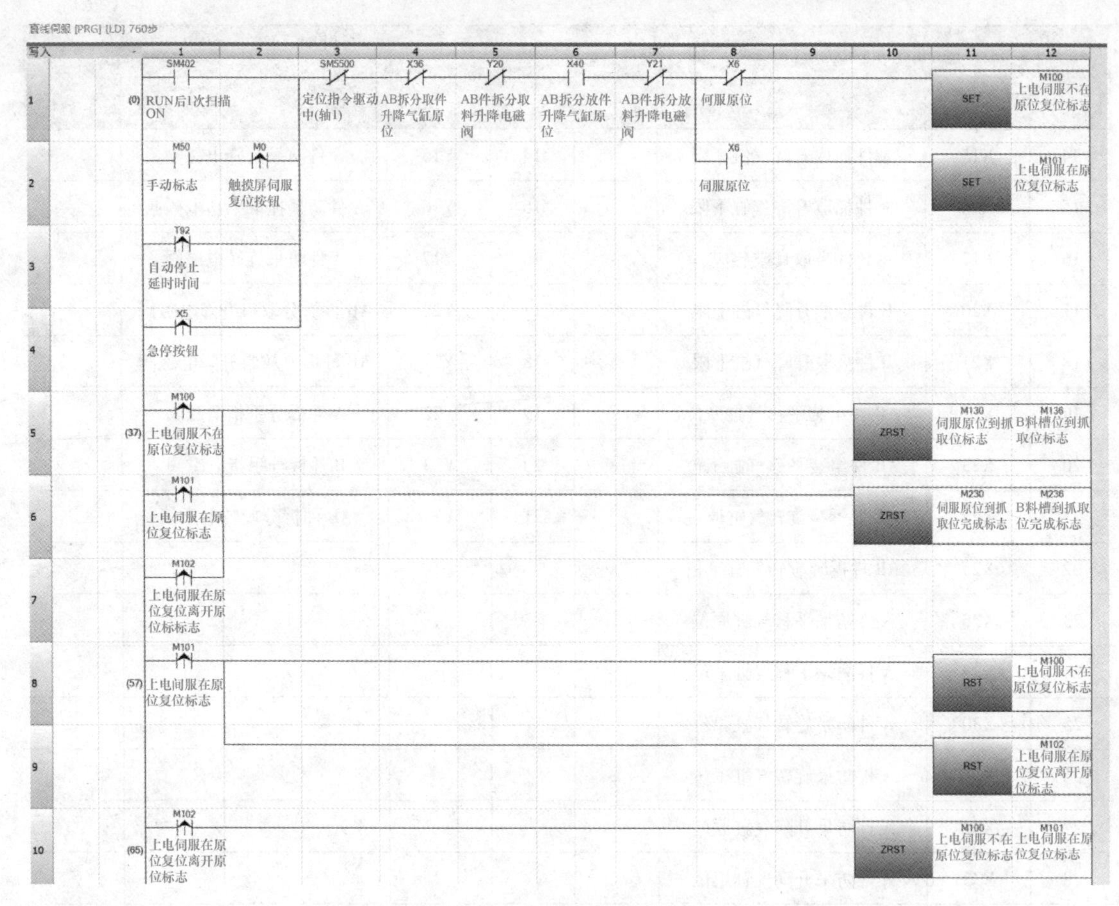

图 5-58　伺服复位状态程序

直线伺服在执行复位或者位置运动时，AB 件拆分取放料升降气缸应在原位，伺服运行状态及干涉提示如图 5-59 所示，如果 AB 件拆分取放料升降气缸在工位，置位“M61”和“M62”触摸屏界面会弹出提示内容。

伺服执行回原点程序：不在原点时，向原点移动直至原点“X6”信号为 ON，停止运动；在原点上时，向正方向移动，离开原点后，再执行向反方向移动，直至“X6”信号为 ON，停止运动。伺服复位程序如图 5-60 所示。

伺服执行复位和位置运行时，有一些必要条件，以避免干涉情况出现，如不满足条件，触摸屏上应给出提示信息。伺服位置执行条件程序如图 5-61 所示。

伺服执行位置运行时，将不同的位置参数传送给“D100”位置执行地址，将运行频率传送给“D102”频率执行地址。伺服位置参数程序如图 5-62 所示。

伺服位置执行程序如图 5-63 所示，不同的位置标志位执行不同位置地址的运动，执行完成后置位不同的状态，代表当前的位置。

（2）手动程序　手动程序主要由气缸执行，条件不满足时显示提示状态，执行状态与感应器状态不一致时显示报警。因为气缸较多，本案例仅介绍几个气缸的手动程序。

A 料和 B 料分料气缸手动执行程序如图 5-64 所示。

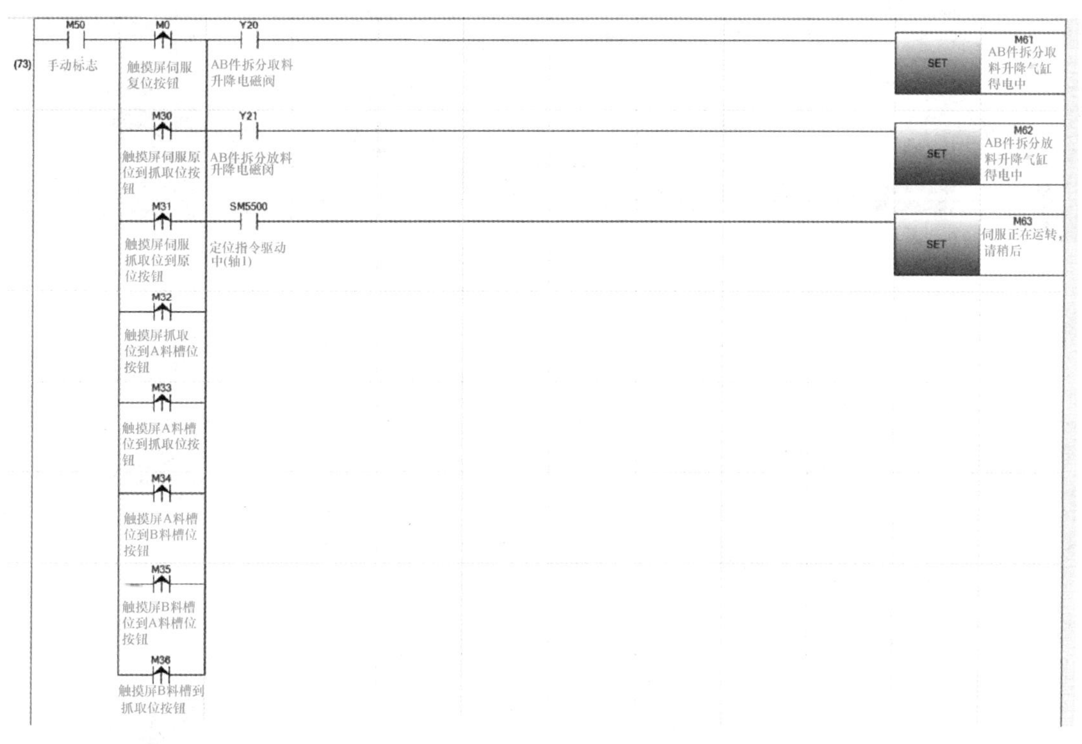

图 5-59　伺服运行状态及干涉提示

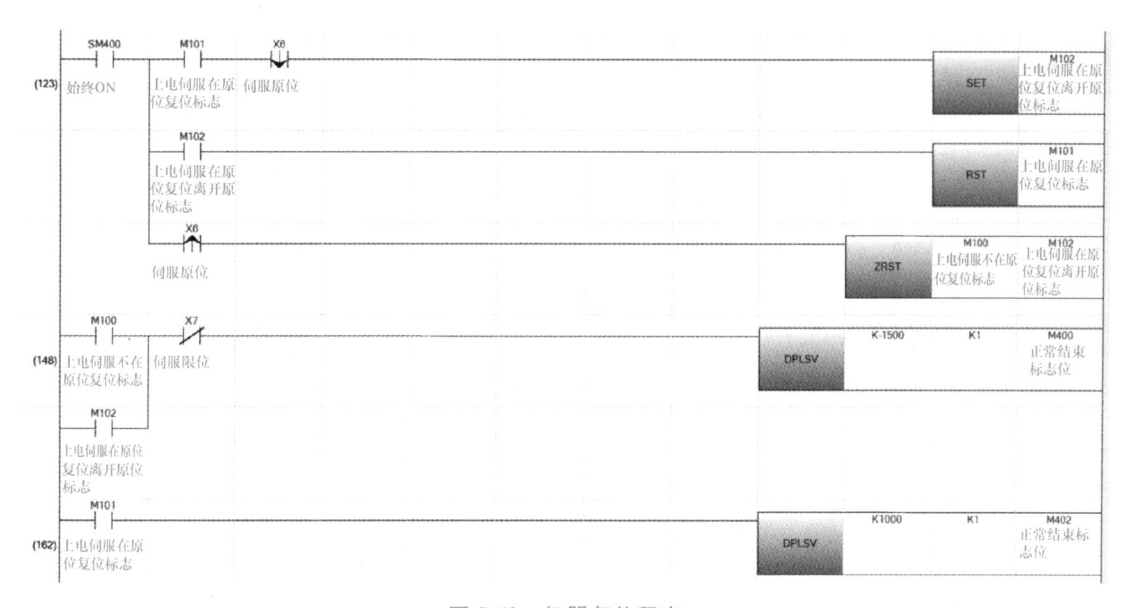

图 5-60　伺服复位程序

AB 件拆装旋转气缸手动执行程序如图 5-65 所示。此旋转气缸执行有很多条件，不满足条件时会显示提示内容。

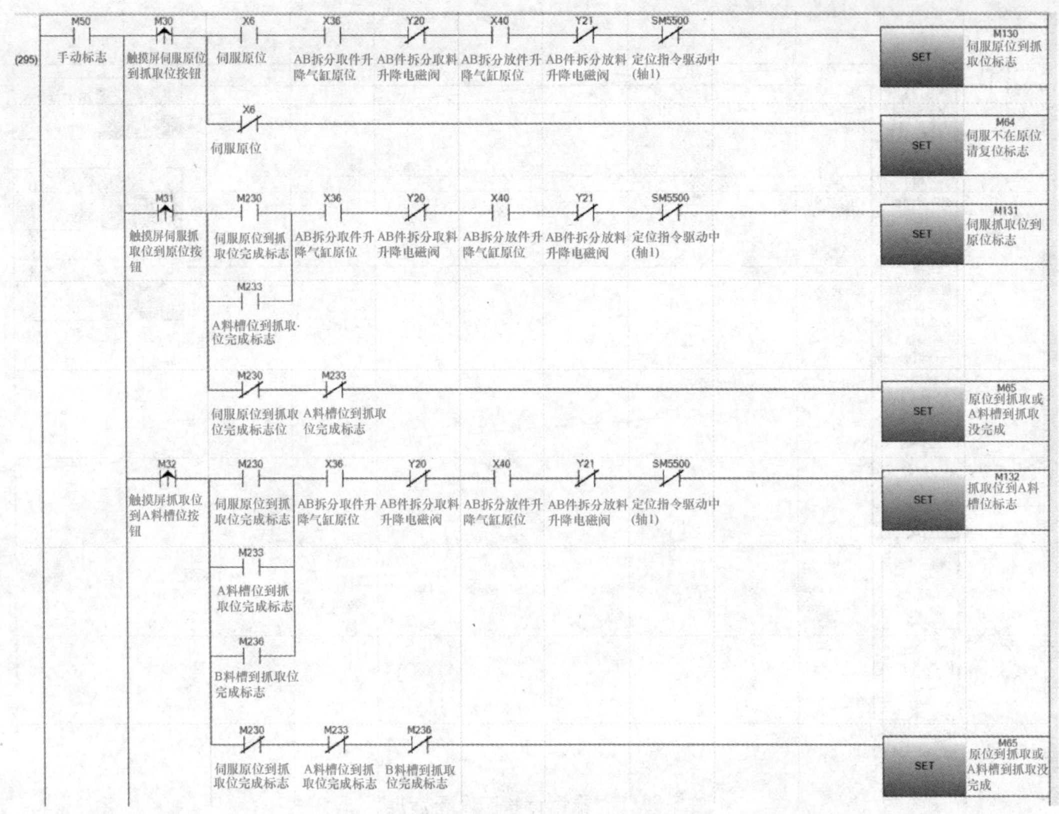

图 5-61　伺服位置执行条件程序

图 5-62　伺服位置参数程序

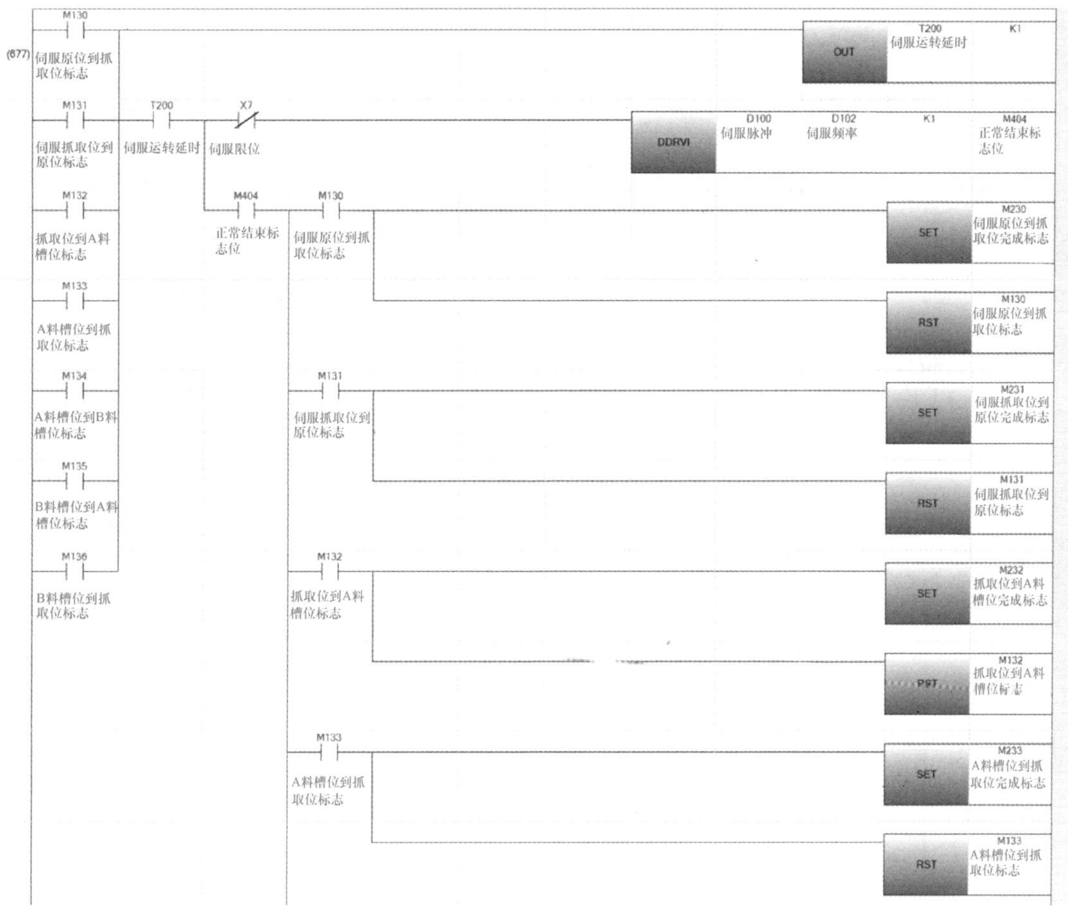

图 5-63　伺服位置执行程序

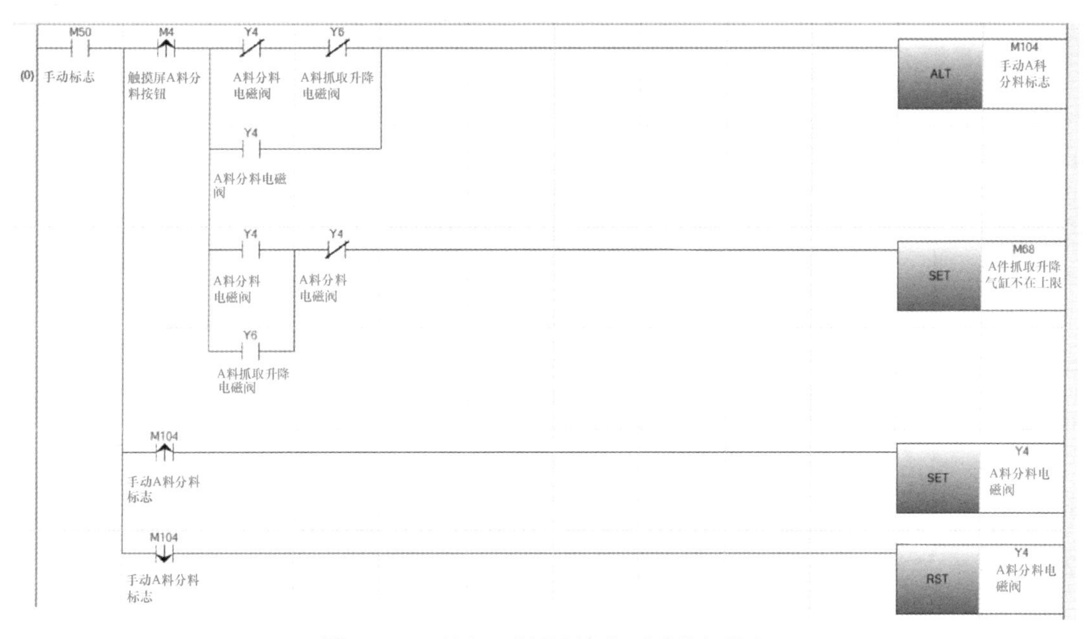

图 5-64　A 料和 B 料分料气缸手动执行程序

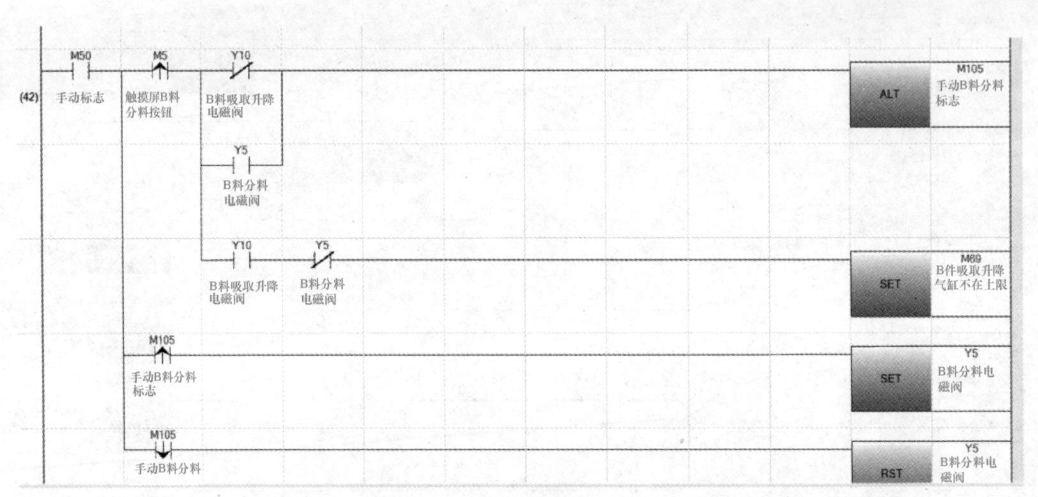

图 5-64　A 料和 B 料分料气缸手动执行程序（续）

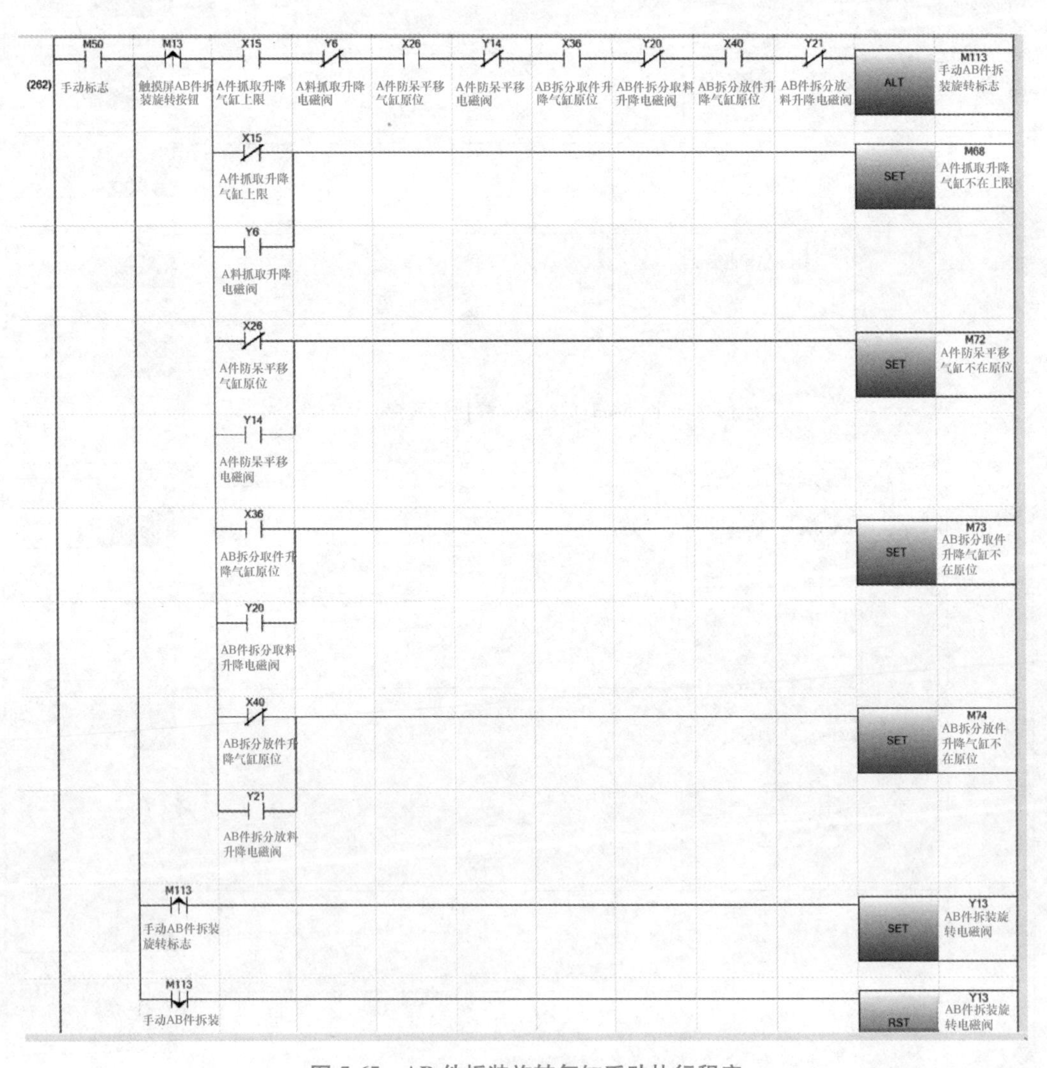

图 5-65　AB 件拆装旋转气缸手动执行程序

气缸执行状态与气缸感应器状态不一致时，显示故障报警。例如，A 料分料气缸“Y4”为 OFF 状态，A 件分料气缸感应器“X13”为 OFF 状态，输出“M81”故障报警，在触摸屏上显示报警信息，气缸状态报警程序如图 5-66 所示。

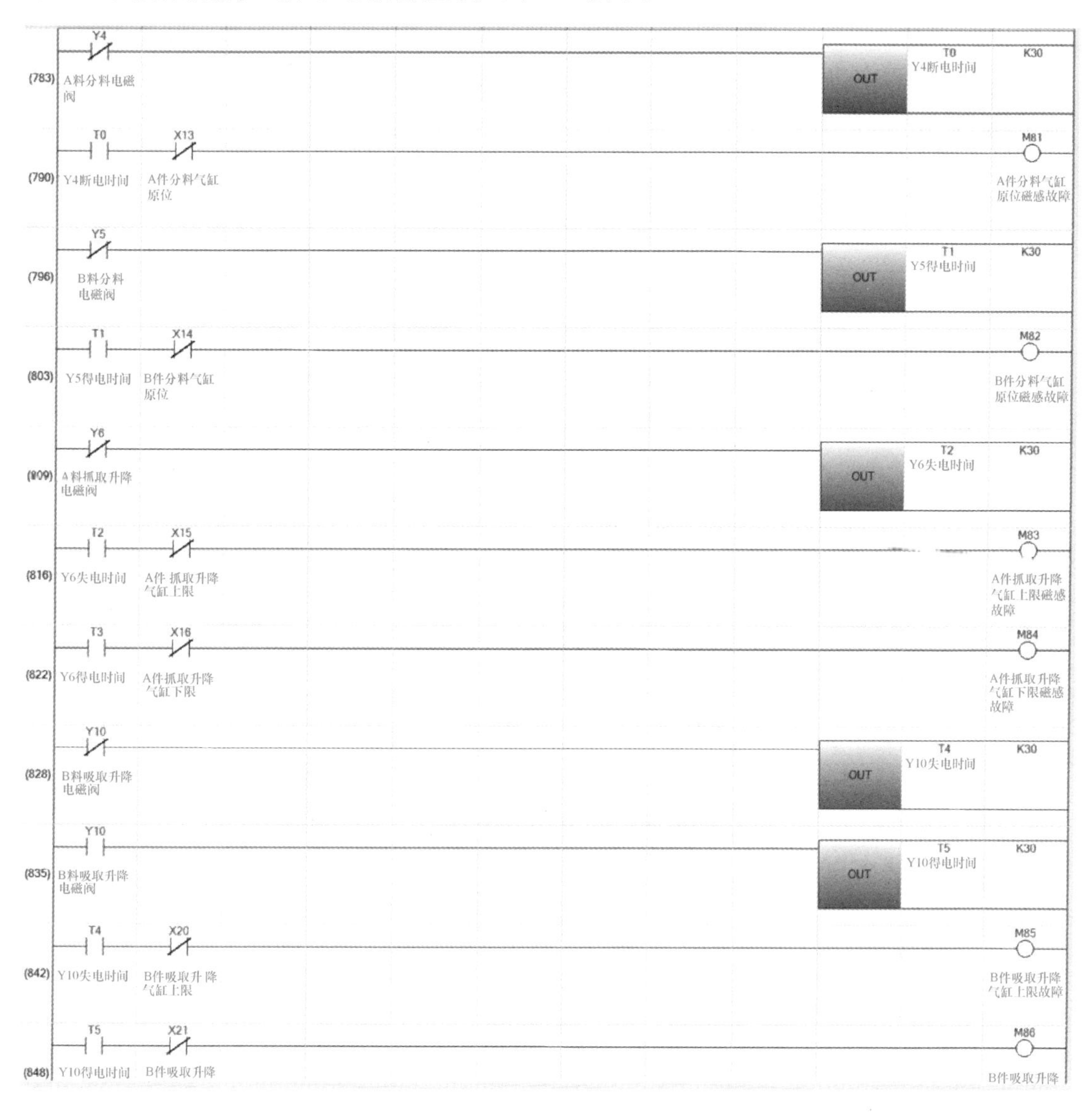

图 5-66　气缸状态报警程序

当某些条件满足时，程序会批量复位一些状态，状态复位程序如图 5-67 所示。

（3）自动程序　自动程序主要完成 A 料和 B 料的组装，并将组装好的产品经过旋转气缸传送到拆分工位，通过两个夹爪气缸进行拆分；然后通过直线模组分别移动到 A、B 的料盒位置，将料放入相应的料盒，完成动作循环。其中如遇到 A 料手动放反的情况，感应器会出现防呆检测，执行防呆程序，将 A 料移动并进行翻转再回收放入料盒内，再次进入搬运循环。

自动运行前，要先满足初始执行条件，气缸应在执行原位上，单击起动按钮“X2”执行自动运行标志。

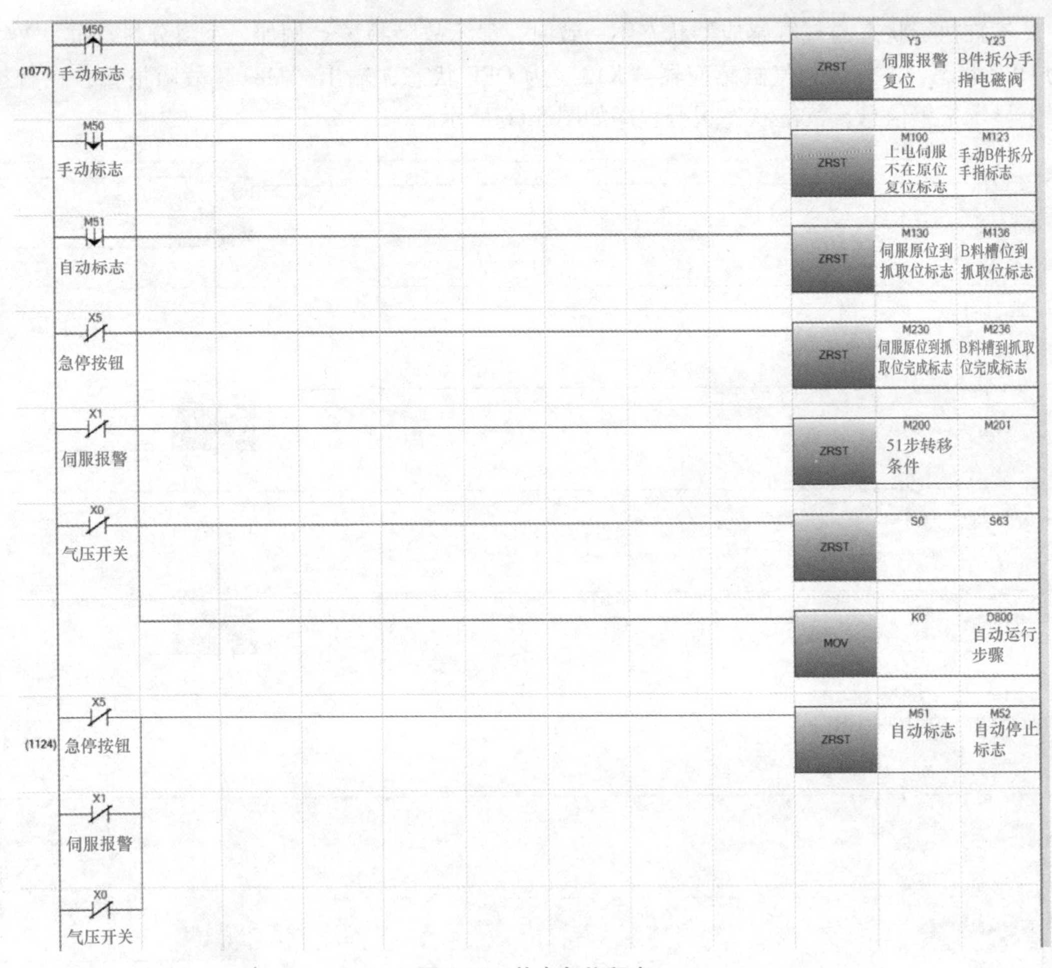

图 5-67　状态复位程序

第 1 步，执行 A 料、B 料分料气缸动作，感应器到位时，执行下一步，程序如图 5-68 所示。

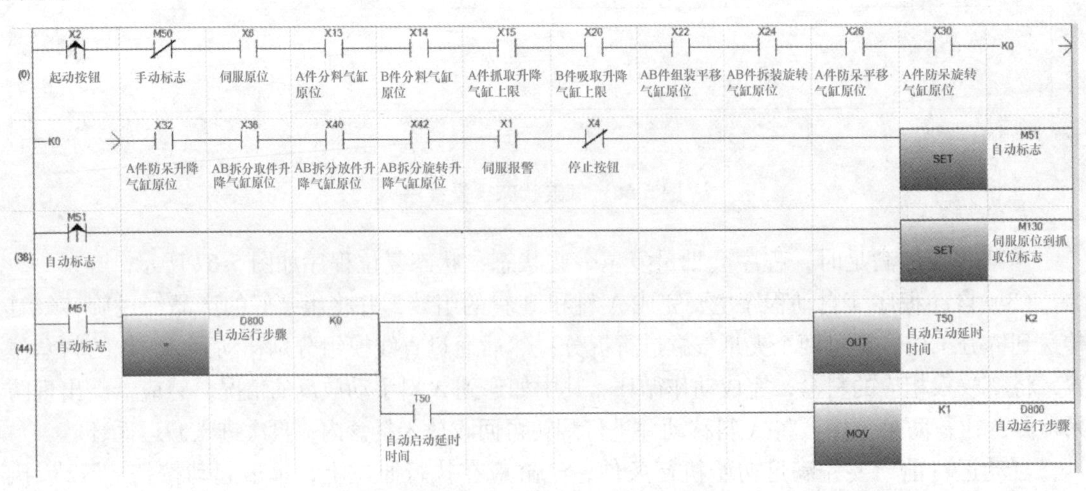

图 5-68　自动程序（一）

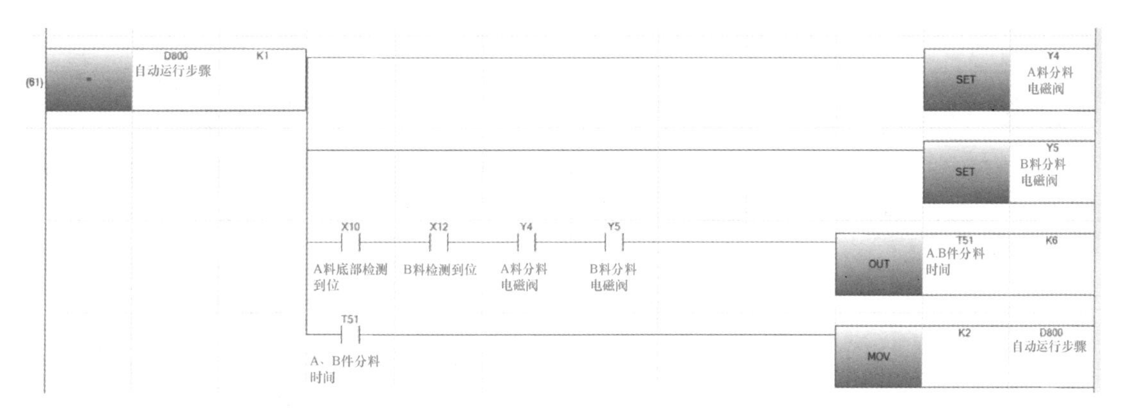

图 5-68 自动程序（一）（续）

第 2 步，当 A 料、B 料检测到位，并且 A 料上部检测信号“X11”为 ON 时，继续执行 A、B 料组装程序。当 A 料、B 料检测到位，并且 A 料上部检测信号“X11”为 OFF 时，此时 A 料放反无法执行组装，执行防呆程序，程序转移到第 50 步。

第 3 步，执行 B 料吸取升降气缸动作。当气缸到位时，打开真空电磁阀，复位 B 料吸取升降气缸，到位时执行下一步，程序如图 5-69 所示。

第 4 步，执行 AB 件组装，平移气缸动作。

第 5 步，第 4 步到位时，执行 B 料吸取升降气缸动作。当气缸到位时，关闭真空电磁阀，复位 B 料吸取升降气缸，将 B 料放入到 A 料上，到位时执行下一步，程序如图 5-70 所示。

第 6 步，执行 AB 件组装平移气缸动作，到位时执行 A 料抓取升降气缸动作，到位时执行 A 料抓取夹爪动作，夹住 A 料，复位 A 料抓取升降气缸，到位时执行下一步，程序如图 5-71 所示。

第 7 步，执行 AB 件组装平移气缸动作，到位时执行 A 料抓取升降气缸动作，到位时复位 A 料抓取夹爪，松开 A 料，复位 A 料抓取升降气缸，将 AB 组合料放到转台上，到位时执行下一步，程序如图 5-72 所示。

第 8 步，执行 AB 件装拆旋转气缸动作，将平台旋转至拆装位。

第 9 步，执行 AB 件拆分取料升降气缸动作，到位时执行 B 件拆分手指夹爪气缸动作，到位时复位 AB 件拆分取料升降气缸，到位时执行下一步，程序如图 5-73 所示。

第 10 步，执行 AB 件拆分旋转气缸动作。

第 11 步，第 10 步到位时，执行 AB 件拆分取料升降气缸动作，到位时执行 A 件拆分手指夹爪气缸动作，到位时复位 AB 件拆分取料升降气缸，到位时执行下一步，程序如图 5-74 所示。

第 12 步，伺服电动机执行抓取动作并送到 A 料槽位，复位 AB 件装拆旋转气缸，到达 A 料槽位时执行下一步。

第 13 步，执行 AB 件拆分取料升降气缸动作，到位时复位 A 件拆分手指夹爪气缸，将 A 料放入料槽，到位时复位 AB 件拆分取料升降气缸，到位时执行下一步，程序如图 5-75 所示。

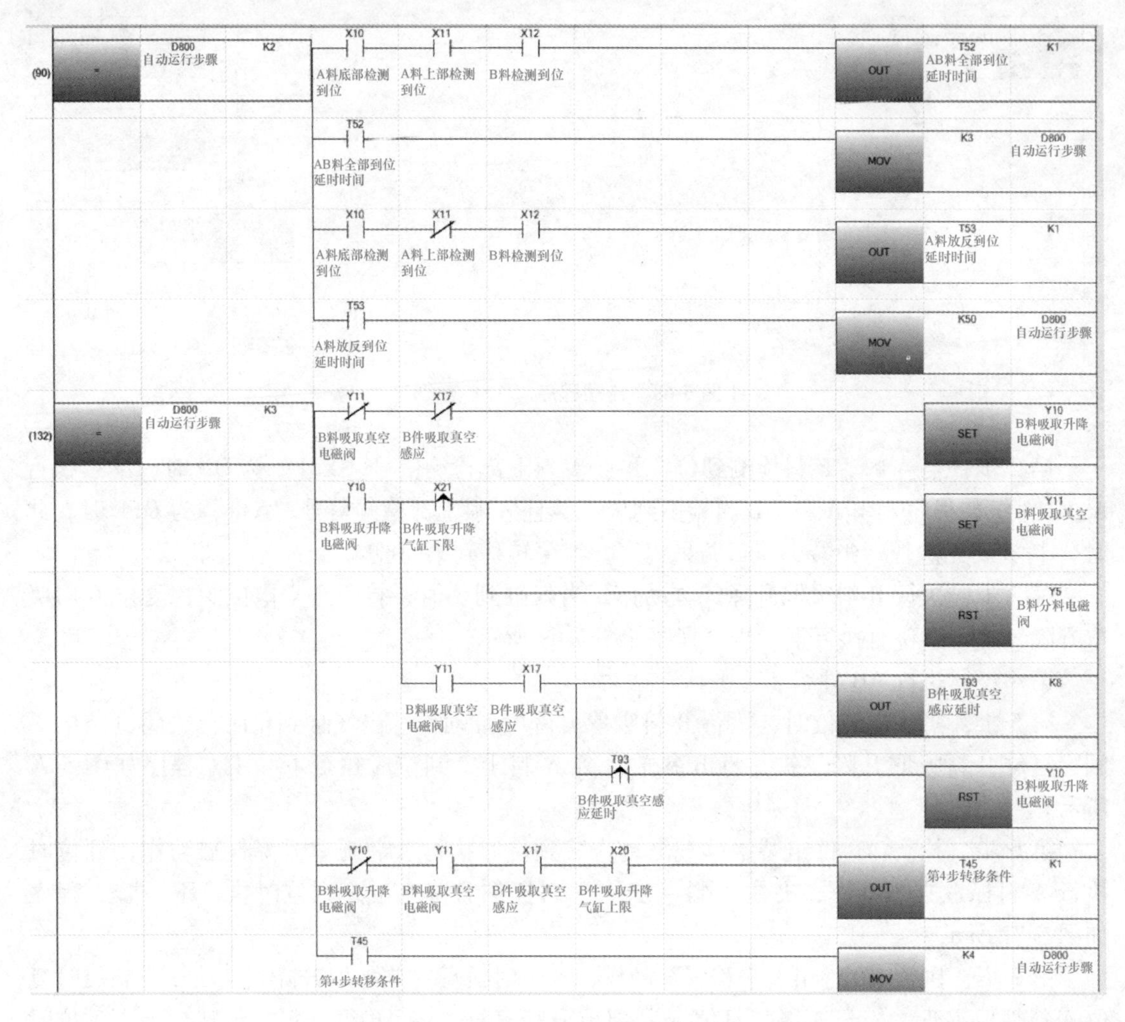

图 5-69　自动程序（二）

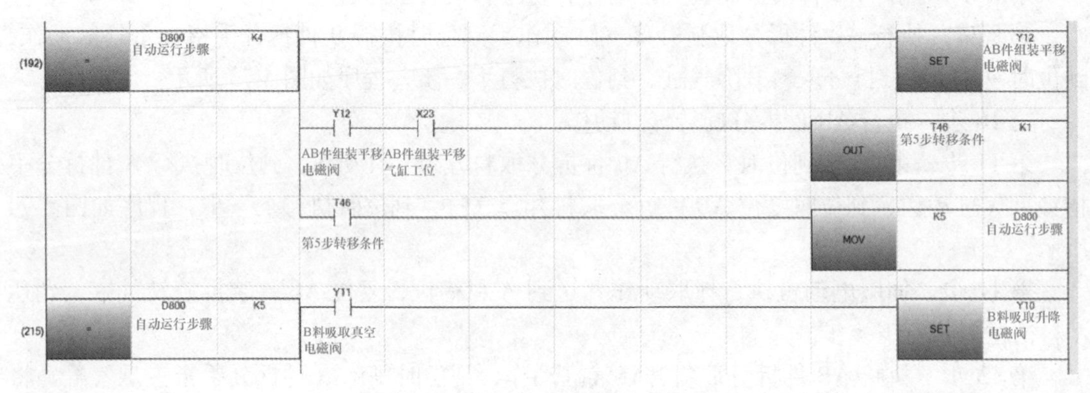

图 5-70　自动程序（三）

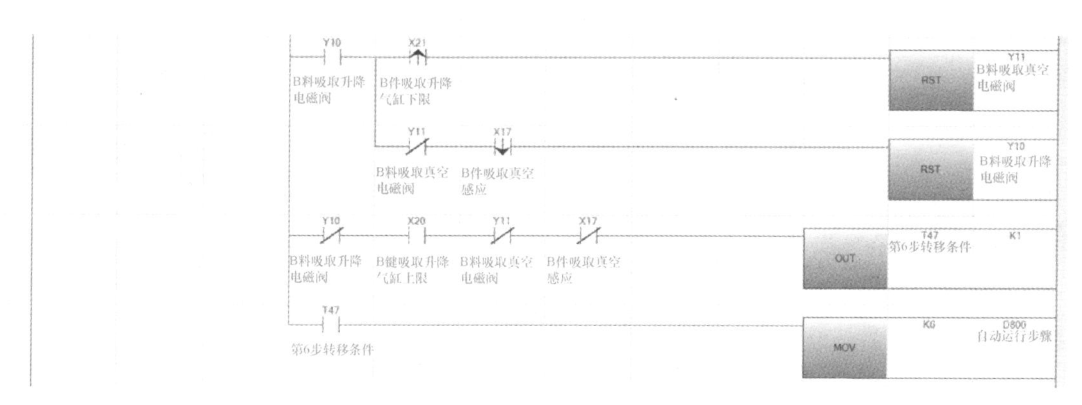

图 5-70　自动程序（三）（续）

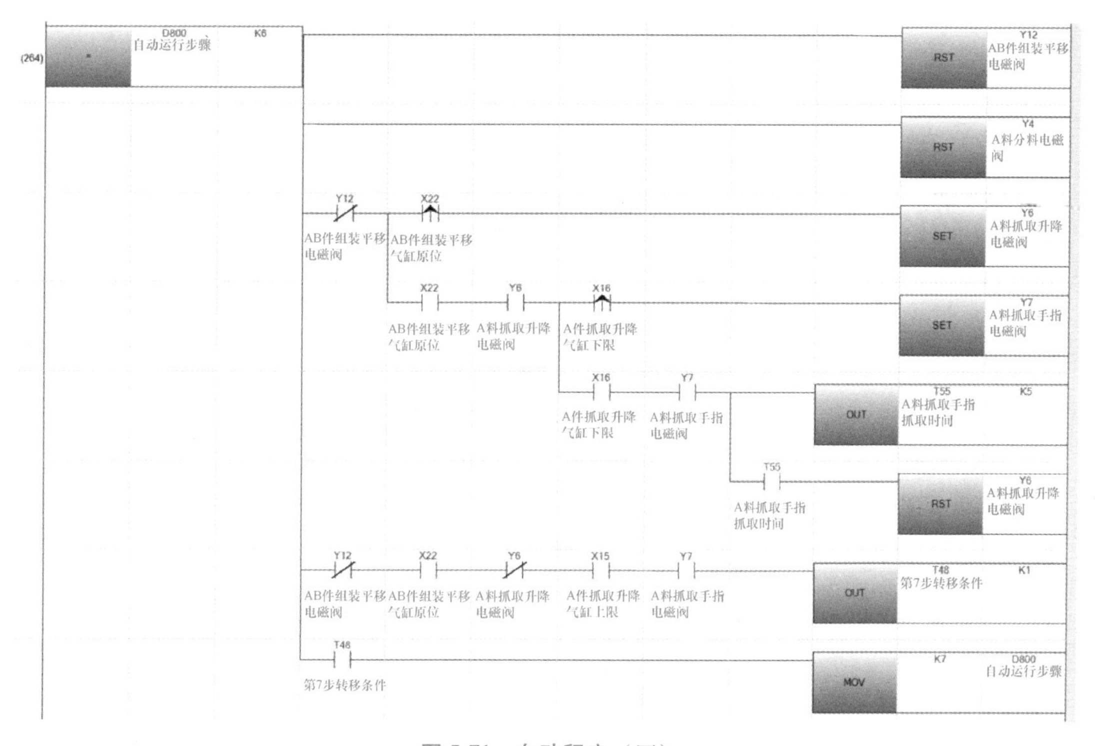

图 5-71　自动程序（四）

第 14 步，伺服电动机执行从 A 料槽位移动到 B 料槽位，复位 AB 件拆分旋转气缸，到达 B 料槽位时执行下一步。

第 15 步，执行 AB 件拆分取料升降气缸动作，到位时复位 B 件拆分手指夹爪气缸，将 B 料放入料槽，到位时复位 AB 件拆分取料升降气缸，到位时执行下一步，程序如图 5-76 所示。

第 16 步，伺服电动机执行 B 料槽位到抓取位动作，完成一次循环。当实际循环次数大于等于设定次数时停止自动运行；当实际循环次数小于设定次数时，继续回到第 0 步执行循环，程序如图 5-77 所示。

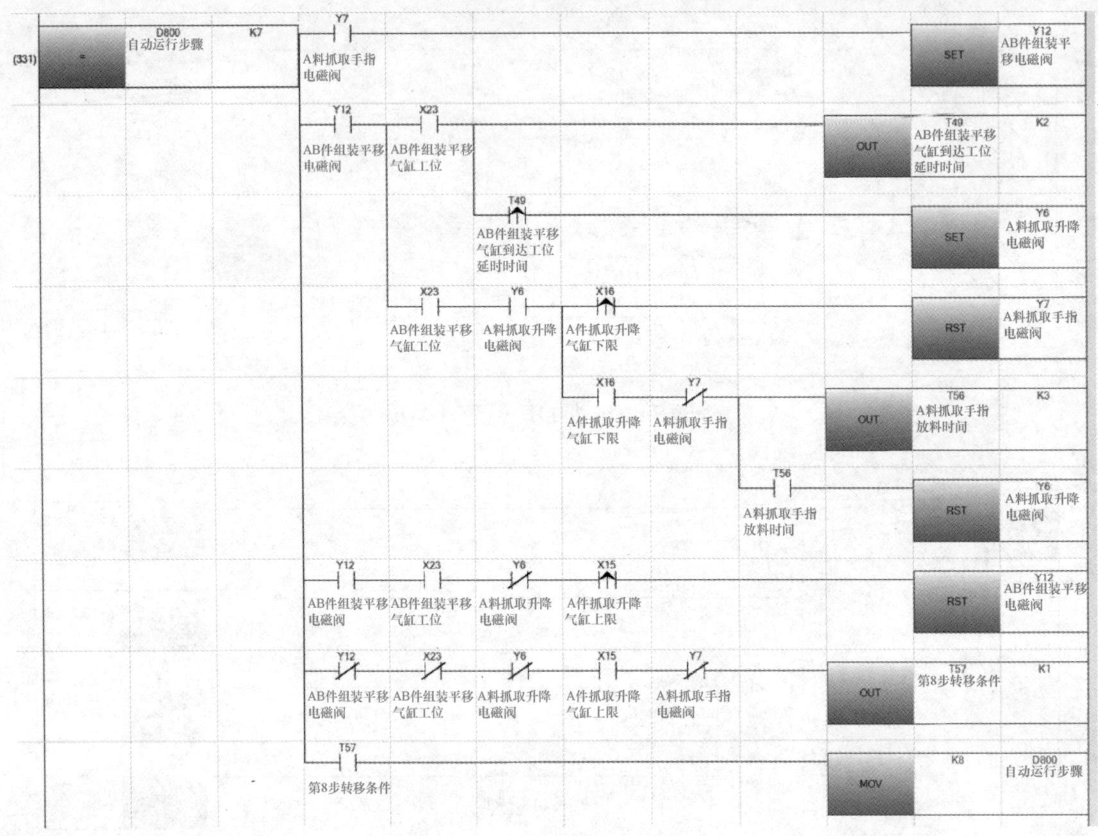

图 5-72　自动程序（五）

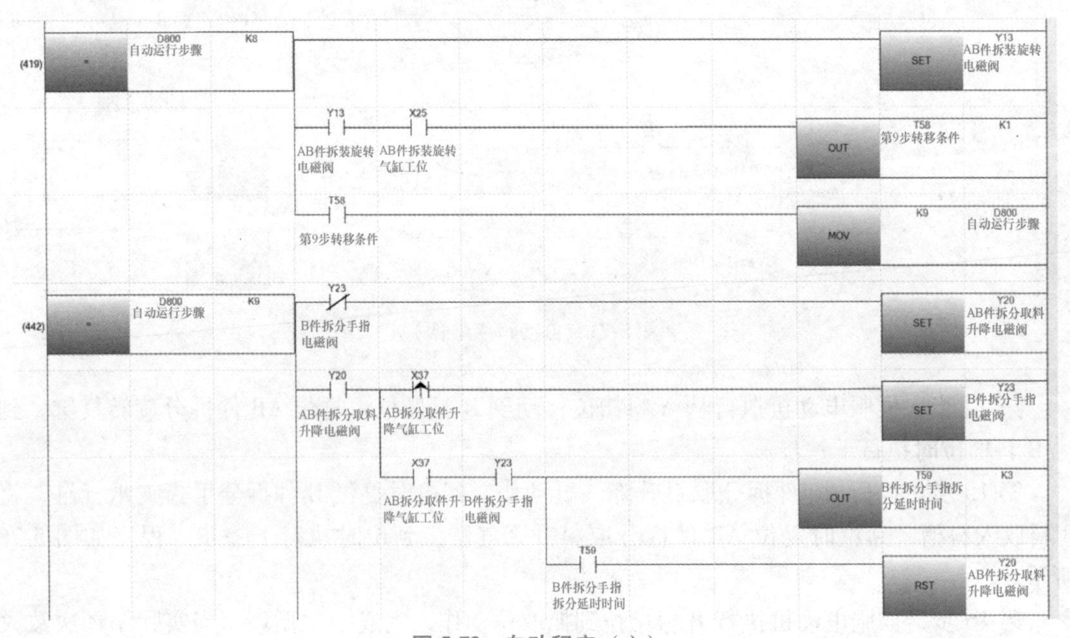

图 5-73　自动程序（六）

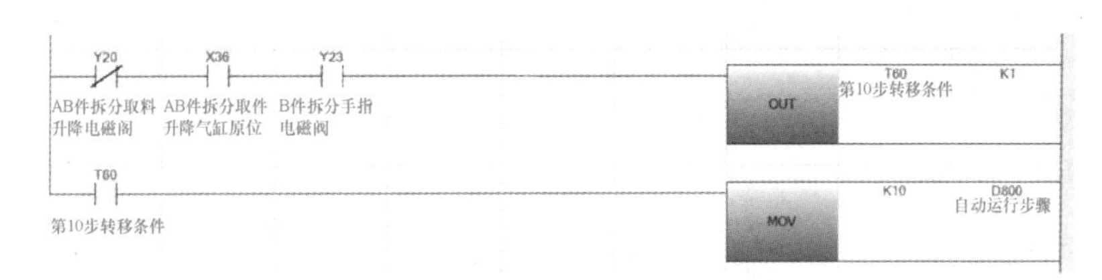

图 5-73　自动程序（六）（续）

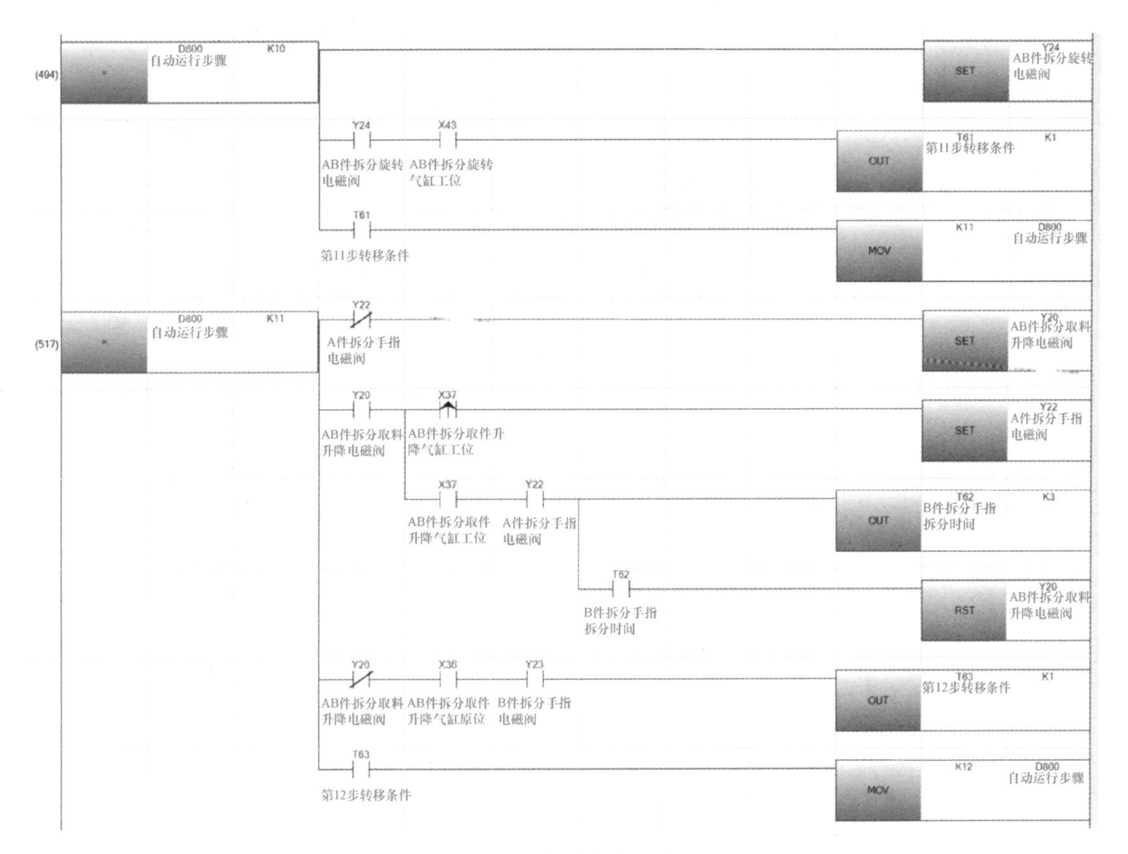

图 5-74　自动程序（七）

A 料放反的防呆程序为另一个程序循环，本案例不展开介绍，读者可自行设计。

3. 多工位 PLC 控制气动搬运工作台的操作界面设计

多工位 PLC 控制气动搬运工作台操作界面的主要设计内容包括开机界面、主界面、手动界面、参数设置界面、报警界面及报警事件信息登录界面。

（1）开机界面　开机界面如图 5-78 所示。开机界面上需要放置一张设备照片，还可以放置企业 LOGO 或者其他图片，还应设计一个功能键控件，以便进行界面切换。

（2）主界面　主界面如图 5-79 所示，主要是用于不同界面的切换。

（3）手动界面　手动界面如图 5-80 所示，其主要功能是操作各个气缸，以及操作伺服电动机执行不同位置。

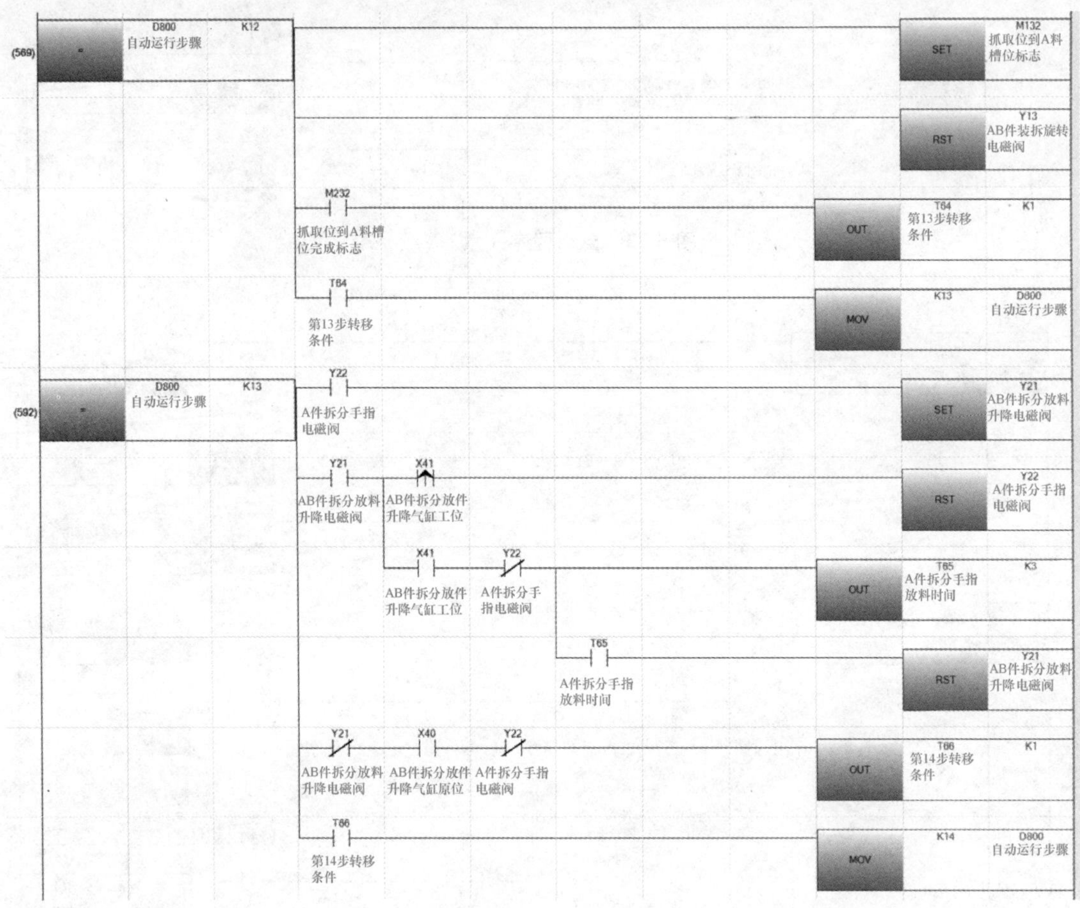

图 5-75　自动程序（八）

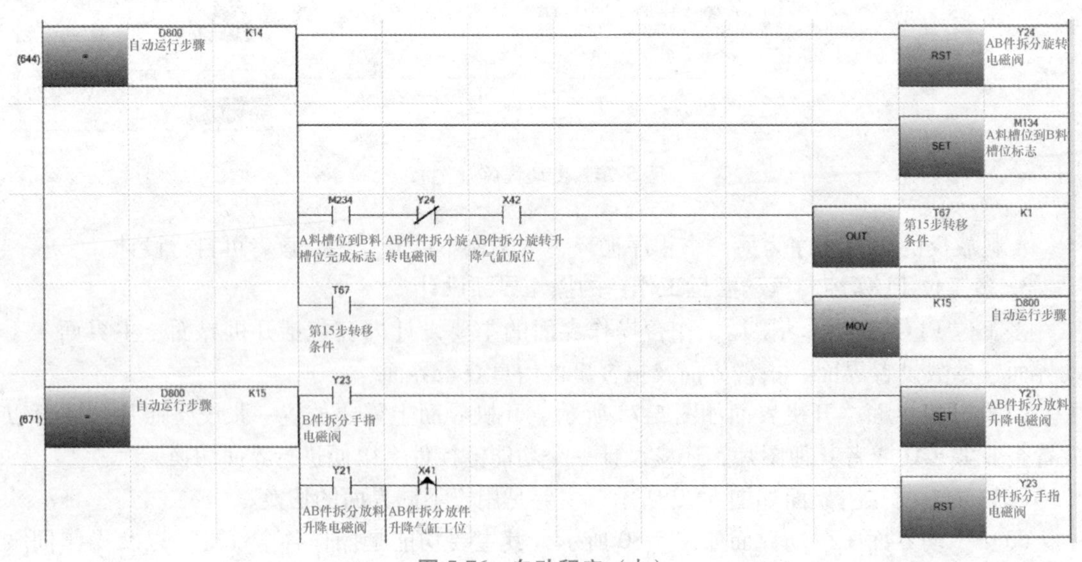

图 5-76　自动程序（九）

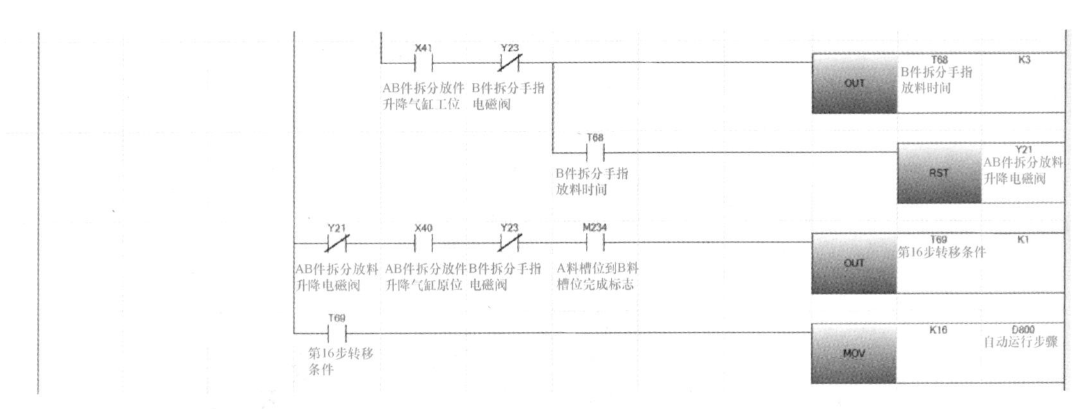

图 5-76　自动程序（九）（续）

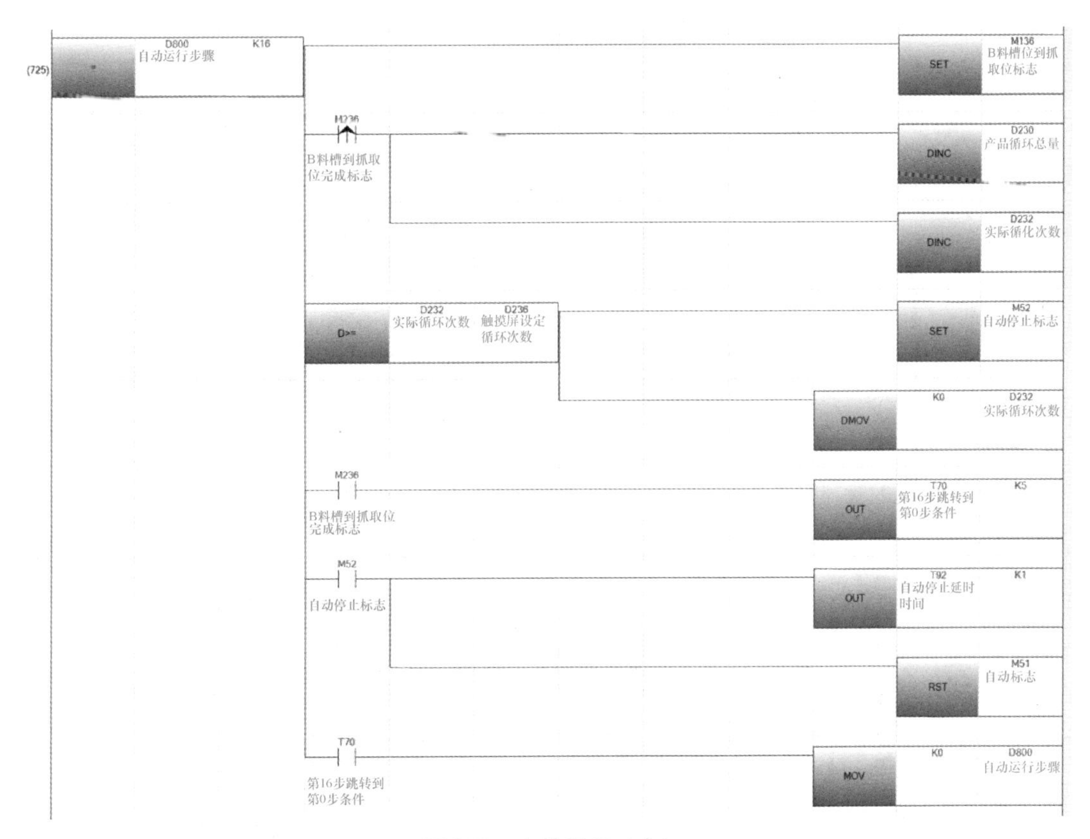

图 5-77　自动程序（十）

（4）参数设置界面　参数设置界面如图 5-81 所示，其主要功能是设置伺服电动机的速度及位置，并且设置循环次数。

（5）报警界面　报警界面如图 5-82 所示，主要用于显示报警内容，以及切换界面。

（6）报警事件信息登录界面　报警事件信息登录界面如图 5-83 所示，主要用于设置事件内容，以及设置读取的地址。

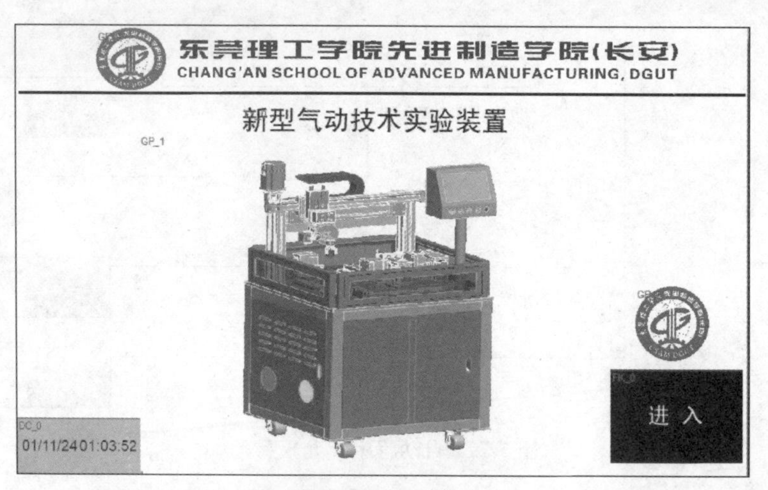

图 5-78　开机界面

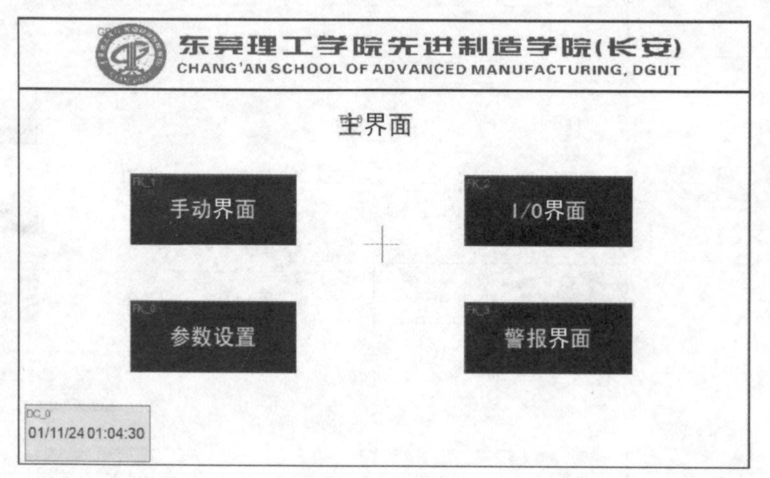

图 5-79　主界面

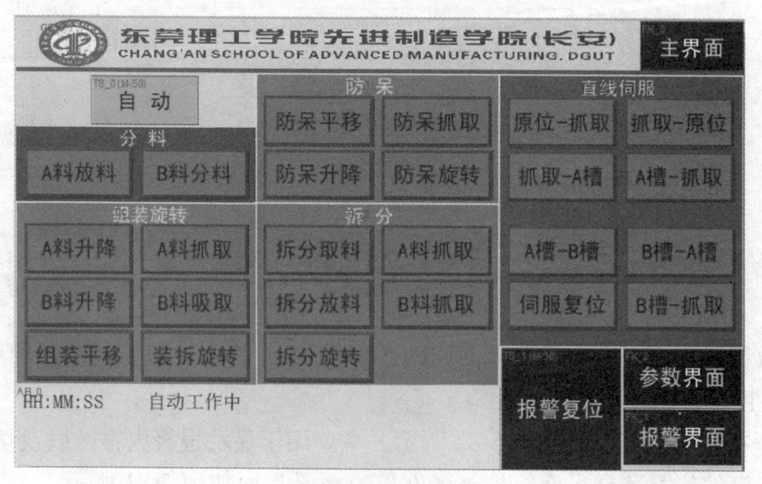

图 5-80　手动界面

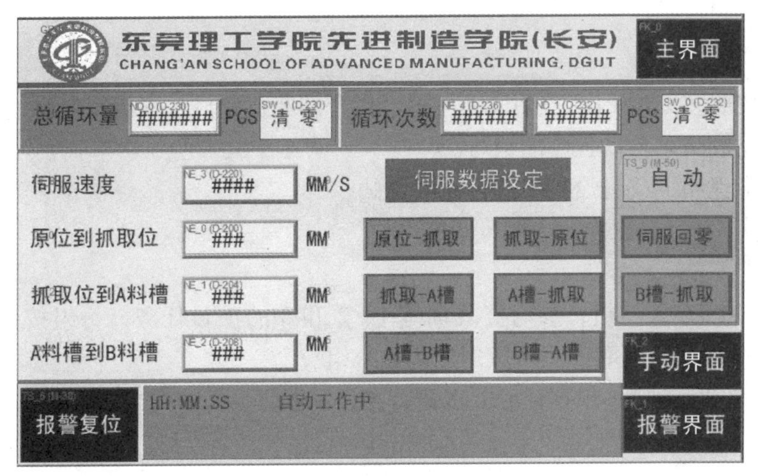

图 5-81　参数设置界面

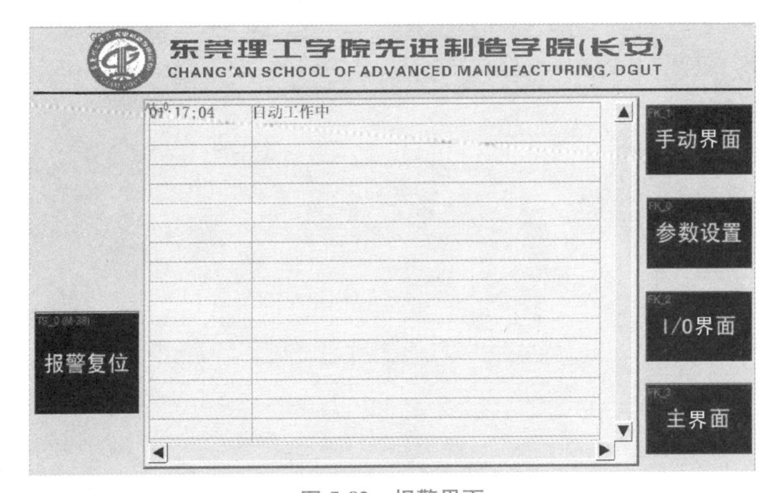

编号	类别	事件内容	地址类型	触发条件	读取地址
1	0	自动工作中	BIT	ON	Mitsubishi FX5U : M-51
2	0	手动工作中	BIT	ON	Mitsubishi FX5U : M-50
3	0	正在停止中，请勿操作其他	BIT	ON	Mitsubishi FX5U : M-52
4	0	送料伺服报警	BIT	OFF	Mitsubishi FX5U : X-1
5	0	急停中	BIT	OFF	Mitsubishi FX5U : X-5
6	0	伺服不在原位，请手动复位	BIT	ON	Mitsubishi FX5U : M-58
7	0	正在手动工作中，请先停止手动	BIT	ON	Mitsubishi FX5U : M-59
8	0	正在自动工作中，请先停止自动工作	BIT	ON	Mitsubishi FX5U : M-60
9	0	AB件拆分取料升降气缸得电中	BIT	ON	Mitsubishi FX5U : M-61
10	0	AB件拆分放料升降气缸得电中	BIT	ON	Mitsubishi FX5U : M-62
11	0	伺服正在运转，请稍后	BIT	ON	Mitsubishi FX5U : M-63
12	0	伺服不在原位，请先复位	BIT	ON	Mitsubishi FX5U : M-64
13	0	原位到抓取或A料槽到抓取没完成	BIT	ON	Mitsubishi FX5U : M-65
14	0	抓取到A料槽或B料槽到A料槽没完成	BIT	ON	Mitsubishi FX5U : M-66

图 5-83　报警事件信息登录界面

三、实战训练

训练 1：按照多工位 PLC 控制气动搬运工作台的案例完成程序编写及触摸屏界面设计。

训练 2：完成防呆自动程序的编写。

训练 3：将程序下载到设备中进行通电调试。

四、分组讨论和评价

分组讨论：5~6 人一组，参与实战训练 1、2 和 3 的项目任务，每组按要求分工完成；班级评出搬运过程完整且时间用时较短的优秀小组。

评价（自评和互评）：根据任务要求进行自评和互评。

参考文献

[1] 姚晓宁. 三菱 FX5U PLC 编程及应用 [M]. 北京：机械工业出版社，2021.

[2] 王一凡，宋黎菁. 三菱 FX5U 可编程控制器与触摸屏技术 [M]. 北京：机械工业出版社，2019.

[3] 向晓汉. 三菱 FX 系列 PLC 完全精通教程 [M]. 2 版. 北京：化学工业出版社，2022.

[4] 杨博. 伺服控制系统 PLC、变频器、触摸屏应用技术 [M]. 北京：化学工业出版社，2022.

[5] 公利滨. 图解三菱 PLC 编程 108 例 [M]. 北京：中国电力出版社，2017.

[6] 陶飞. 三菱 Q 系列 PLC 变频器 触摸屏综合应用 [M]. 北京：中国电力出版社，2017.

[7] 韩相争. PLC 与触摸屏、变频器、组态软件应用一本通 [M]. 北京：化学工业出版社，2018.

[8] 向晓汉，李润海. 西门子 S7-1200/1500PLC 学习手册 [M]. 北京：化学工业出版社，2018.

[9] 赵春生. 活学活用 PLC 编程 190 例：三菱 FX 系列 [M]. 北京：中国电力出版社，2020.

参考文献